ECHANG
SHOUYAO ANQUAN SHIYONG
YU EBING FANGZHI JISHU

鹅场兽药安全使用与鹅病防治技术

王永强　张 宁　陈学敏　主编

化学工业出版社
·北京·

内容简介

本书密切结合规模化养鹅业实际，系统介绍了鹅场兽药安全使用和鹅病防治技术等内容，并配有大量图片以便读者理解和掌握。不仅适合鹅场技术人员、饲养管理人员、兽医人员阅读，也可作为大专院校和农村函授及培训班的辅助教材和参考书。

图书在版编目（CIP）数据

鹅场兽药安全使用与鹅病防治技术/王永强，张宁，陈学敏主编.—北京：化学工业出版社，2024.3

ISBN 978-7-122-45065-4

Ⅰ.①鹅…　Ⅱ.①王…②张…③陈…　Ⅲ.①鹅病-兽用药-用药法②鹅病-防治　Ⅳ.①S858.33

中国国家版本馆CIP数据核字（2024）第033666号

责任编辑：邵桂林　　文字编辑：朱丽秀　陈小滔

责任校对：王　静　　装帧设计：韩　飞

出版发行：化学工业出版社

（北京市东城区青年湖南街13号　邮政编码100011）

印　　刷：三河市航远印刷有限公司

装　　订：三河市宇新装订厂

850mm×1168mm　1/32　印张10　字数288千字

2024年7月北京第1版第1次印刷

购书咨询：010-64518888　　售后服务：010-64518899

网　　址：http://www.cip.com.cn

凡购买本书，如有缺损质量问题，本社销售中心负责调换。

定　　价：58.00元

前言

PREFACE

近年来，我国养鹅业稳定发展，鹅的数量和相关产品产量逐年增加，规模化、集约化程度不断提高，鹅的疾病控制难度也越来越大，鹅病现场的临床诊断显得尤为重要。另外，生产中为了防治疾病，药物的误用、滥用等不规范使用现象普遍存在，导致药不对症、药物残留和环境污染等。目前，市场上有关鹅病防治的书籍不少，但都没有专门的章节介绍药物安全使用；兽药方面的著作虽多，但涉及鹅病防治方面的内容又过于简单，形成脱节。市场迫切需要将临床常用的药物与常见鹅病防治有机结合的读物。为此，组织有关人员编写了《鹅场兽药安全使用与鹅病防治技术》一书。

本书分为上、下两篇，上篇为鹅场兽药安全使用，包含兽药的基础知识、抗微生物药物的安全使用、抗寄生虫药物的安全使用、中毒解救药物的安全使用、作用于机体各系统的药物及其他药物的安全使用、中兽药方剂的安全使用、消毒防腐药物的安全使用、生物制品的安全使用、饲料添加剂的安全使用；下篇为鹅场疾病防治技术，包含鹅场的生物安全体系、鹅场的疾病诊治技术。

本书密切结合养鹅业实际，体现系统性、准确性、安全性要求，语言通俗易懂，技术先进实用，并配有大量图片，操作性和针对性强，可以帮助读者更好地掌握鹅的药物安全使用和疾病防治技术。不仅适合鹅场兽医工作者阅读，也适合饲养管理人员阅读，还可作为大专院校、农村函授及培训班的辅助教材和参考书。

本书图片主要是“家禽生产”课题组多年教学、科研与家禽生产服务的资料，为充实内容，也引用了一些别的彩图，在此一并致谢。

由于水平有限，书中可能会有疏漏和不当之处，敬请广大读者批评指正。

编者

目录

CONTENTS

上篇 鹅场兽药安全使用

下篇 鹅场疾病防治技术

上篇

鹅场兽药安全使用

第一章

兽药的基础知识

第一节　兽药的定义和分类

一、兽药的定义

兽药是用于预防、诊断和治疗动物疾病，或者有目的地调控动物生理机能、促进动物生长繁殖和提高生产性能的物质。

二、兽药的分类

兽药的分类见图 1-1。

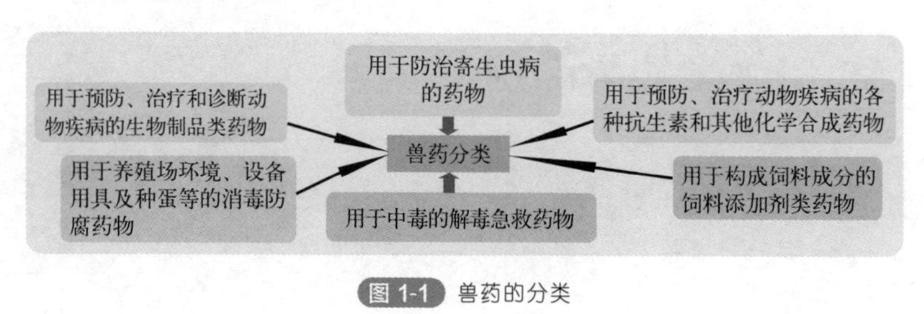

图 1-1　兽药的分类

第二节　兽药的剂型和剂量

一、兽药的剂型

将兽药经过适当加工制成便于应用、保存、运输，能更好发挥药物疗效的制品称为制剂。制剂的形态为剂型。同一种药物在生产中可制成不同的剂型，不同剂型的同种药物应用于机体后，其吸收程度也不大相同。鹅场常用的兽药剂型见表 1-1。

表 1-1　鹅场常用的兽药剂型

液体剂型	溶液剂	由不挥发性药物完全溶解在溶剂中制成的透明胶体。包括内服药、外用药或消毒药
	注射剂	分装并密封于特制容器中的、专供注射用的一种剂型，包括灭菌的水溶液、油剂、混悬液、乳浊液、粉末及冻干物
	煎剂	将中草药加水煎煮后所得到的液体
固体剂型	粉剂	将一种或几种药物混匀后制成的干燥固体剂型
	片剂	将粉剂加适当赋形剂后按一定剂量加压制成的圆形或扁圆形固体制剂
	胶囊剂	将粉剂药物盛装于特制的小胶囊中制成的一种剂型
	气雾剂	将某些药物稀释后或固体药物干粉利用雾化器喷出形成微粒状的制剂

二、兽药的剂量

药物对机体发生一定作用的量，通常指防治疾病的用药量。药物剂量和浓度的计量单位见表 1-2。

表 1-2　药物剂量和浓度的计量单位

类别	单位及表示方法	说明
重量单位	公斤或千克、克、毫克、微克，为固体、半固体剂型药物的常用剂量单位。其中以“克”作为基本单位或主单位	1 千克＝1000 克 1 克＝1000 毫克 1 毫克＝1000 微克
容量单位	升、毫升，为液体剂型药物的常用剂量单位。其中以“毫升”作为基本单位或主单位	1 升＝1000 毫升
浓度单位	百分浓度(%)：指 100 份液体或固体物质中所含药物的份数	100 毫升溶液中含有药物若干克(克/100 毫升)
		100 克制剂中含有药物若干克(克/100 克)
		100 毫升溶液中含有药物若干毫升(毫升/100 毫升)

续表

类别	单位及表示方法	说明
比例浓度	1∶x,指1克固体或1毫升液体药物加溶剂配成 x 毫升溶液。如1∶2000的洗必泰溶液	溶剂的种类未指明时,默认为蒸馏水
其他	单位(u)、国际单位(IU):为某些抗生素、激素、维生素、抗毒素(抗毒血清)、疫苗等的常用剂量单位	这些药物需经生物检定以判断其作用强弱,同时要与标准品比较,以确定一定量的检品药物中含有的效价单位。凡是按国际协议的标准检品测得的效价单位,均称为国际单位(IU)

第三节　药物的作用及影响因素

一、药物的作用

药物的作用是指药物与机体之间的相互影响，即药物对机体（包括病原体）的影响或机体对药物的反应。

1. 药物的有益作用

（1）防治作用　用药的目的在于防治疾病，能达到预期疗效者称为治疗作用。针对病因的治疗称为对因治疗，或称治本。如应用抗生素杀灭病原微生物以控制感染，应用解毒药促进体内毒物的消除等。此外，补充体内营养或代谢物质不足的疗法称为补充疗法或代替疗法。如应用微量元素等治疗畜禽的某些代谢病。应用药物以消除或改善症状的治疗称为对症治疗，或称治标。当病因不明，但机体已出现某些症状时，如体温上升、疼痛、呼吸困难、心力衰竭、休克等，就必须立即采取有效的对症治疗，以防止症状进一步发展，并为进行对因治疗争取时间。如使用解热镇痛药解热镇痛、止咳药减轻咳嗽、利尿药促进排尿，以及有机磷农药中毒时，用硫酸阿托品解除流涎、腹泻症状等都属于对症治疗。

对健康或无临床症状的家禽应用药物，以防止特定病原的感染称为预防作用。实际上，在集约化养禽业中的群体给药，往往既发挥治疗作用，又起到预防效果，统称防治作用。

（2）营养作用　新陈代谢是生命最基本的特征。家禽通过采食饲料，摄取营养物质，满足生命活动和产品形成的需要。在集约化饲养条件下，家禽不能自由觅食，所需营养全靠供应。同时，品种、生产目的、生产水平、发育阶段不同的家禽群体，对营养的需要也有一定的差异。此外，饲料中的营养物质，虽然在种类上与动物体所需大致相似，但其化合物构成、存在形式和含量却有着明显的差别。因此，应当供给家禽营养价值完全、能够满足其生理活动和产品形成需要的全价配合饲料。所以，营养性饲料添加剂（必需氨基酸、矿物质、维生素）的补充，对完善饲粮的全价性具有决定意义；而且对于病禽来说，饲料添加剂的营养作用，除有利于禽体康复、提高抗病能力外，还有治疗作用（如治疗维生素缺乏症）。

（3）调控作用　参与机体新陈代谢和生命活动过程调节的物质，属于生物活性物质，如激素、酶、维生素、微量元素、化学递质等。它们在动物体内的含量很少，有些在体内合成（如激素、酶、递质、某些维生素），有些需由饲料补充（某些微量元素和维生素）。生命活动是极其复杂的新陈代谢过程，又受不断变化的内外环境的影响。因此，机体必须随时调节各种代谢过程的方向、速度和强度，以保证各种生理活动和产品形成的正常进行。家禽新陈代谢的调节可在细胞水平和整体水平上进行，但都是通过酶完成的。药物的调控作用，主要是影响酶的活性或含量，以改变新陈代谢的方向、速度和强度。例如，肾上腺素激活腺苷酸环化酶，使细胞内激酶系统活化，促进糖原分解；许多维生素或金属离子，或参与酶的构成，或作为辅助因子，保证酶的活性，以调节新陈代谢。

（4）促生长作用　能提高家禽生产力、繁殖力的药物作用称为促生长作用。许多化学结构极不相同的药物，如抗生素、合成抗菌药物、激素、酶、中草药等，都具有明显的促生长作用，常作为促生长添加剂应用。它们通过各不相同的作用机制，加速家禽的生长，提高产蛋性能和产品形成能力。

2. 药物的毒副作用

（1）副作用　指药物在治疗剂量时所产生的与治疗目的无关的作

用。一般表现轻微，多是可以恢复的功能性变化。产生副作用的原因是药物的选择性低，作用范围大。当某一效应被当作治疗目的时，其他效应就成了副作用。因此，副作用是随治疗目的而改变的。例如：阿托品治疗肠痉挛时，则利用其松弛平滑肌作用，而抑制腺体分泌，引起口干便成了副作用；当作为麻醉前给药时，则利用其抑制腺体分泌作用，而松弛平滑肌，引起肠臌胀、便秘等则成了副作用。

（2）毒性作用　指由于用药剂量过大或用药时间过长而引起的机体生理生化功能紊乱或结构发生病理变化。有时两种相互增毒的药物同时应用，也会呈现毒性作用。因用药剂量过大而立即发生的毒性，称为急性毒性；因长时间应用而逐渐发生的毒性，称为慢性毒性。毒性作用的表现，因药而异，一般常见损害神经、消化、生殖、血液和循环系统及肝脏、肾脏功能，严重者可致死亡。药物的致癌、诱变、致畸、致敏等作用，也属毒性作用。此外，药物对家禽免疫功能、维生素平衡和生长发育的不良影响，都可视为毒性作用。

（3）变态反应　变态反应是机体免疫反应的一种特殊表现。药物多为小分子，不具抗原性；少数药物是半抗原，在体内与蛋白质结合成为全抗原，才会引起免疫反应。变态反应仅见于少数个体。例如，青霉素G制剂中杂有的青霉烯酸等，与体内蛋白质结合后成为完全抗原，当再次用药时，少数个体可发生变态反应。

（4）影响机体的免疫力　许多抗生素能提高机体的非特异性免疫功能，增强吞噬细胞的活性和溶酶体的消化力。若在应用抗菌药物的同时，进行死菌苗或死毒苗（灭活苗）抗原接种，则能促进机体免疫力的产生；若利用弱毒抗原（活菌苗）接种，则对抗体形成往往有明显的抑制作用，尤其是一些抑制蛋白质合成的抗菌药物（氟苯尼考、链霉素等），在抑制细菌蛋白质合成的同时，也影响机体蛋白质的合成，从而影响机体免疫力的产生。同时，抗菌药物也能抑制或杀灭活菌苗中的微生物，使其不能对机体免疫系统产生应有的刺激，影响免疫效果。因此，在各种弱毒抗原接种前后5～7天内，应禁用或慎用抗菌药物。如驱线虫药物左旋咪唑2毫克/升混饮，对鸡马立克病和新城疫疫苗接种有增效作用，而25～35毫克/升（驱虫剂量）则有免疫抑制作用。

3. 药物的其他不良作用

药物可以防治疾病，也会产生毒副作用，更能产生危害公共卫生安全的不良作用。

（1）药物残留　食用动物应用兽药后，常常出现兽药及其代谢物或杂质在动物细胞、组织或器官中蓄积、储存的现象，称为药物残留，简称药残。食用动物产品中的兽药残留对人类健康的危害，主要表现为细菌产生耐药性、变态反应、一般毒性作用、特殊毒性作用和激素样作用。

（2）机体微生态平衡失调　家禽消化道的微生物菌群是一个微生态系统，存在多种有益微生物，菌群之间维持着平衡的共生状态。微生物菌群的平衡和完整是机体抗病力的一个重要指标。微生态平衡失调是指正常微生物群之间和正常微生物与其宿主（机体）之间的微生态平衡，在外界环境影响下，由生理性组合转变为病理性组合的状态。

微生物菌群的变化，尤其是抗生素诱导的变化，使机体抵抗肠道病原微生物的能力降低。同时，还可使其他药物的疗效受到影响。如在治疗禽类腹泻时，大量使用土霉素后，不仅杀灭了致病菌，也对肠道内的其他细菌特别是厌氧菌有明显的抑制或杀灭作用，而厌氧菌如乳酸杆菌、双歧杆菌等对维持消化道菌群的抵抗力起着重要作用。因此，抗生素的使用有时会使机体抵抗力下降而增加机体对外源性感染的敏感性。由于不合理用药而引起的机体正常微生态屏障的破坏，使那些原来被菌群屏障所抑制的内源性病原菌或外源性病原菌得以大量繁殖，引起家禽的感染发病和产生耐药菌株。一些病原体在产生耐药性以后，可通过多种方式，将耐药性垂直传递给子代或水平转移给其他非耐药的病原体，造成耐药性在环境中广为传播和扩散，使应用药物防治疾病变得非常困难，这也是近年来耐药病原体逐渐增加和化学药物的抗病效果越来越差的重要原因。更值得警惕的是，医用抗生素作为饲料添加剂，有可能增加细菌耐药菌株。因为在低浓度下，敏感菌受抗生素抑制，耐药菌则相应增殖，并可能经过二次诱变，产生多价耐药菌株。同时，动物的耐药性病原体及其耐药性还可通过动物源性食品向人体转移，可能引起人体过敏，甚至导致癌症、畸胎等严重后果，造成公共卫生问题，使人类的疾病失去药物控制。

（3）环境污染　药物通过机体的代谢而排入环境，对环境造成污染。在集约化养殖业中，广泛应用某些饲料药物添加剂（如有机砷制剂），以及应用酚类消毒药、含氯杀虫药等，都可能导致水源、土壤污染。

二、影响药物作用的因素

药物作用是药物与机体相互作用的综合表现，因此总会受到来自药物、机体、给药方法以及环境等因素的影响。这些因素不仅能影响药物作用的强度，有时甚至还能改变药物作用的性质，影响动物性产品的安全性。因此，在临床用药时，一方面应掌握各种常用药物固有的药理作用，另一方面还必须了解影响药物作用的各种因素，才能更合理地运用药物防治疾病，以达到理想的防治效果。

1. 动物机体方面

（1）种属差异　多数药物对各种动物一般都具有类似的作用。但由于各种动物的解剖构造、生理功能、生化特点以及进化水平等的不同，对同一药物的反应，可以表现出很大的差异。例如，家禽对有机磷农药及呋喃类、磺胺类、氯化钠等药物很敏感，对阿托品、士的宁、氯胺酮等能耐受较大的剂量。鸭、鹅对常山酮、硫双二氯酚、槟榔等药物的敏感性较鸡强。同种动物的不同品种或品系对药物的敏感性亦不相同，如北京鸭比其他品种鸭对硫双二氯酚敏感，产蛋鸡比肉鸡对马度米星铵敏感，这些在用药时，都必须加以注意。

（2）生理差异　包括性别、年龄、体重和功能状态等方面。性别不同对药物的反应没有质的差异，但对产蛋期母禽用药须慎重，有些药物会影响生殖系统的功能，降低产蛋率；有些药物可经输卵管排泄，形成卵中药物残留。4 周龄以下雏鸡血脑屏障发育不健全，易发生氯化钠中毒。体重不同的禽只，对同量药物的反应也不相同，因此按每千克体重计算用药剂量比较合理。产蛋期母禽由于受雌激素的影响，对某些药物的吸收明显增多。家禽的肌肉脂肪比、换羽等生理状况，肝脏、肾脏功能障碍，脱水、营养缺乏或过剩等病理状态，都能对药物的作用产生影响。

（3）个体差异　在生理条件基本相同的群体用药时，大多数个体对药物的反应近似；但也有少数个体，对药物的反应有明显的量的差异，甚至有质的不同，这种现象一般符合正态分布。个体差异主要表现为少数个体对药物的高敏性或耐受性。高敏性个体对药物特别敏感，应用很小剂量，即能产生毒性作用；耐受性个体对药物特别不敏感，必须给予大剂量，才能产生应有的疗效。

2. 药物方面

（1）药物的化学结构与理化性质　大多数药物的药理作用与其化学结构有着密切的关系。这些药物通过与机体（病原体）生物大分子的化学反应，产生药理效应。因此，药物的化学结构决定着药物作用的特异性。化学结构相似的药物，往往具有类似的（拟似药）或相反的（拮抗药）药理作用。例如，磺胺类药物的基本结构是对氨基苯磺酰胺（简称磺胺），其磺酰氨基上的氢原子，如果被杂环（嘧啶、噻唑等）取代，可得到抗菌作用更强的磺胺类药物；而具有类似结构的对氨基苯甲酸，为其拮抗物。有的药物结构式相同，但其各种光学异构体的药理作用差别很大。例如，四咪唑的驱虫效力仅为左旋咪唑的一半。

药物的化学结构决定了药物的物理性状（溶解度、挥发性和吸附力等）和化学性质（稳定性、酸碱度和解离度等），进而影响药物在体内的过程和作用。一般来说，水溶性药物及易解离药物容易被吸收；不易被吸收的药物，可通过对其化学结构的修饰和改造以增加吸收量，如红霉素被制成丙酸酯或硫氰酸酯后，吸收量增加。有些药物是通过其物理性状而发挥作用的，如药用炭吸附力的强弱取决于其表面积的大小，而表面积的大小与颗粒的大小成反比，即颗粒越细，表面积越大，其吸附力越强。灰黄霉素与二硝托胺（球痢灵）的口服吸收量与颗粒大小有关，细微颗粒（0.7 毫克）的吸收量比大颗粒（10 毫克）高 2 倍。

（2）药物剂量　同一药物在不同剂量或不同浓度时，其作用有质或量的差别。例如，乙醇在浓度 70%（按容积计算约为 75%）时杀菌作用最强，浓度增高或降低，杀菌效力降低。在安全范围内，药物效应随着剂量的增加而增强，药物剂量的大小关系到体内血药浓度的高低和药效的强弱。

【提示】 在临床上，用药治疗疾病时，为了安全用药，必须随时注意观察动物对药物的反应并及时调整剂量，尽可能做到剂量个体化。在集约化饲养条件下群体给药时，则应注意使药物与饲料混合均匀，尤其是防止有效剂量小的药物因混合不匀而导致个别动物超量中毒的问题。

（3）药剂质量和剂型　药剂质量直接影响药物的生物利用度，与药效的发挥关系重大。不同质量的药物制剂，乃至同一药厂不同批号的制剂，都会影响药物的吸收以及血液中药物浓度，进而影响药物作用的快慢和强弱。一般来说，气体剂型吸收最快，吸入后从肺泡吸收，比液体剂型起效快；液体剂型次之；固体剂型吸收最慢，因其必须经过崩解和再溶解的过程才能被吸收。

3. 给药方法方面

（1）给药时间　许多药物在适当的时间应用，可以提高药效。例如，健胃药在动物饲喂前30分钟内投予，效果较好；驱虫药应在空腹时给予，才能确保药效。一般口服药物在空腹时给予，吸收较快，也比较完全。目前认为，给药时间也是决定药物作用的重要因素。

（2）给药途径　给药途径主要影响药物的吸收速度、吸收量以及血液中的药物浓度，进而影响药物作用快慢与强弱。个别药物会因给药途径不同，影响药物作用的性质。一般口服用药（包括混水、混料用药），药物在胃肠吸收比其他给药途径慢，起效也慢，而且易受许多条件如胃肠内食糜的充盈度、酸碱度（影响药物的解离度）、胃肠疾患等因素的影响，致使药物吸收缓慢而不完全。易被消化液破坏的药物不宜口服，如青霉素。口服一般适用于大多数在胃肠道能够被吸收的药物，也常用于在胃肠道难以被吸收从而发挥局部作用的药物，后者如磺胺脒等肠道抗菌药、驱虫药、泻药等。肌内注射的注射部位多选择在感觉神经末梢少、血管丰富、血液供应旺盛的骨骼肌组织，吸收较皮下注射快，疼痛较轻。注射水溶液可在局部迅速散开，吸收较快；注射油溶液或混悬液等长效制剂，多形成贮库后再逐渐散开，吸收较慢，一次用药可以维持较长的作用时间，药效稳定，并可减少注射次数。皮下注射是将药液注入皮下疏松结缔组织中，经毛细血管或淋巴管缓缓吸收，其发生作用的速度比肌内注射稍慢，但药效较持久。混悬的油剂及有刺激性的药物不宜皮下注射。气体、挥发性药物以及气雾剂可采用吸入法给药。此法给药方便易行，发生作用快而短暂。现行的气雾免疫法，在集约化养禽场或大规模饲养条件下是很有前景且值得重视的一种给药方法。

（3）用药次数与反复用药　用药的次数完全取决于病情的需要，给药的间隔时间则须参考药物的血浆半衰期。一般在体内消除快的药物应增加给药次数，在体内消除慢的药物应延长给药的间隔时间。磺胺类药物、抗生素等抗菌药物，以能维持血液中有效的药物浓度为准，一般每日 2～4 次；长效制剂每日 1～2 次。为了达到治疗的目的，通常需要反复用药一段时间，这段时间称为疗程。反复用药的目的在于维持血液中药物的有效浓度，比较彻底地治疗疾病，坚持给药到症状好转或病原体被消灭后，才停止给药。必要时，可继续第二个疗程，否则在剂量不足或疗程不够的情况下，病原体很容易产生耐药性。

（4）联合用药和药物的相互作用　两种或两种以上药物同时或先后使用，称为联合用药。联合用药时，各药之间相互发生作用，其结果可使药物作用增强或减弱，作用时间延长或缩短。

① 协同作用。联合用药后，药效增加者，称为协同作用。例如，抗菌药物可通过对细菌代谢不同环节的作用而达到协同，抗菌增效剂甲氧苄啶与磺胺类药物联合应用，抗菌作用可增加数倍至数十倍。

② 拮抗作用。联合用药后，药效减弱或消失者，称为拮抗作用。拮抗作用有三种。一是化学拮抗。一种药物在体内与另一种药物结合，使其作用减弱或消失。例如，含钙离子、铁离子的药物或饲料添加剂，能与四环素形成不溶性络合物，使后者吸收减少而难于发挥全身抗菌作用。二是生理拮抗。两种药物作用于同一生理系统，但产生相反的药理效应。例如，维生素 D 能促进钙的吸收，使血钙升高；降钙素则促使血钙向骨钙的转移，使血钙降低。三是药理拮抗。两种药物在同一作用部位或受体上的拮抗。例如，有机磷农药中毒时，抑制胆碱酯酶，使神经末梢释放的乙酰胆碱不能被分解，导致腺体分泌增强，平滑肌痉挛；阿托品则可通过抑制腺体分泌和缓解平滑肌痉挛

而解毒。

③ 配伍禁忌。药物在配伍时，由于各自理化性质的不同，可能出现沉淀、变色、吸附、潮解等理化变化，影响其稳定性和均匀性，以致不再适合药用，这种现象称为配伍禁忌。例如，吸附药与抗生素配合使用时，后者被吸附而降低全身抗感染作用的效力。又如，各种酶制剂在不适宜的 pH 条件下，活力都会受到损失。

4. 饲养管理和环境方面

药物的作用是通过动物机体来表现的，因此机体的功能状态与药物的作用有密切的关系。例如，化学治疗药物的作用与机体的免疫力、网状内皮系统的吞噬能力有密切的关系，有些病原体的最后消除还要依靠机体的防御机制。所以，机体的健康状态对药物的效应可以产生直接或间接的影响。

饲养和管理水平直接影响到家禽的健康和用药效果。饲养方面要注意饲料营养全面，根据动物不同生长时期的需要合理调配日粮的成分，以免出现营养不良或营养过剩。管理方面应考虑动物群体的大小，防止饲养密度过大；房舍的建设要注意通风、采光和动物活动的空间，要为动物的健康生长创造较好的条件。上述要求对患病动物更有必要，动物疾病的治疗，单纯依靠药物是不行的，一定要配合良好的饲养管理，加强护理，提高机体的抵抗力，使药物的作用得到更好的发挥。

药物的作用又与外界环境因素有着密切的关系。环境因素包括温度、湿度、时间和饲养管理条件等，这些因素可能使动物对药物的敏感性增高或降低。

许多消毒防腐药物的抗菌作用都受环境的温度、湿度和作用时间以及环境中的有机物多少等条件的影响。例如，甲醛的气体消毒要求空间有较高的温度（20℃以上）和较高的空气相对湿度（60%～80%）。温度低、空气相对湿度不够，甲醛容易聚合，聚合物没有杀菌力，消毒效果差。升汞的抗菌作用可因周围蛋白质的存在而大大减弱。

另外，应用药物（尤其是使用化学治疗药物或环境消毒药物）时，应尽可能注意选用那些在环境中或畜禽粪便中易于降解或消除的药物，以减轻或避免对环境的污染。

第四节 用药方法

不同的药物、不同的剂量，可以产生不同的药理作用，但同样的药物、同样的剂量，如果用药方法不同也可产生不同的药理效应，甚至引起药物作用性质的改变。不同的给药方法直接影响药物的吸收速度、药效出现的时间、药物作用的程度以及药物在体内维持及排出的时间。因此，在用药时应根据机体的生理特点，或病理状况，结合药物的性质，恰当地选择用药途径。

一、群体给药

1. 拌料给药

这是鹅场常用的一种给药途径。即将药物均匀地拌入料中，让鹅只在采食时，同时吃进药物。该法简便易行、节省人力、减少应激、效果可靠。主要适用于预防性用药，尤其适合长期给药。但对于病重的鹅，当其食欲降低时，不宜应用。拌料给药应注意如下方面。

（1）剂量准确　在进行混合料给药时应按照混合料给药剂量，准确、认真计算所用药物剂量，若按鹅只每千克体重给药，应严格按照鹅只体重，计算出总体重，再按照要求把药物拌进料内。这时应注意混合料是全天给药量，以免造成药量过小起不到作用或过大引起鹅群中毒现象的发生。

（2）混料均匀　在药物与饲料混合时，必须搅拌均匀，尤其是一些安全范围较小的药物，以及用量较少的药物，一定要均匀混合。为了保证药物混合均匀，通常采用分级混合法，即把全部用量的药物加到少量饲料中，充分混合后，再加到一定量饲料中，再充分混匀，然后再拌入到计算所需的全部饲料中。大批量饲料拌药更应多次逐步分级扩充，以达到充分混匀的目的。切忌把全部药量一次加入所需饲料中，简单混合会造成部分鹅只中毒而大部分鹅只吃不到药物，达不到防治疾病的目的或贻误病情。

（3）注意不良作用　有些药物混入饲料后，可与饲料中的某些成分发生拮抗反应。这时应密切注意不良作用，尽量减少拌料后不良反应的发生。如饲料中长期混合磺胺类药物容易引起鹅维生素B和维生素K缺乏，这时就应适当补充这些维生素。

2. 饮水给药

饮水给药也是比较常用的给药方法之一。它是指将药物溶解到鹅群的饮水中，让鹅群在饮水时饮入药物，发挥药理效应，这种方法常用于预防和治疗鹅病。尤其在鹅群发病，食欲降低而仍能饮水的情况下更为适用，但药物应该是水溶性。饮水给药应注意如下方面。

（1）适当停水　为了保证鹅在一定时间内饮入定量的药物，起到预防和治疗的效果，在用药前应让鹅只停止饮水一段时间，具有一定渴感后，再放入含有药物的水，让鹅在一定时间内充分喝到药水。特别是使用一些容易被破坏或失效的药物，如疫苗等。一般寒冷季节停饮3～4小时，气温较高季节停饮1～2小时。

（2）适宜水量　为了保证全群内绝大部分鹅在一定时间内都喝到一定量的药物水，不至于由于剩水过多造成吸入鹅体内药物剂量不够或加水不够、饮水不均，造成某些鹅缺水，而有些饮水过多。因此应严格掌握每只鹅一次饮水量，再计算全群水量，用一定系数加权后，确定全群给水量，然后按照药物浓度，准确计算用药剂量，把所需药物加到饮水中以保证药饮效果。因饮水量大小与鹅的品种、舍内温度、舍内湿度、饲料性质、饲养方法等因素密切相关，所以不同禽群、不同时期，饮水量不尽相同。

（3）正确操作　一般来说，饮水给药主要适用于容易溶解在水中的药物，对于一些不易溶解的药物可以采用适当的加热、加助溶剂或及时搅拌的方法，促进药物溶解，以达到饮水给药的目的。

3. 气雾给药

气雾给药是指使用能使药物气雾化的器械，将药物分散成一定直径的微粒，弥散到空间中，让鹅只通过呼吸道吸入体内或作用于鹅羽毛及皮肤黏膜的一种给药方法。其也可用于鹅舍、孵化器以及种蛋等的消毒。使用这种方法时，药物吸收快、出现作用迅速、节省人力；但需要一定的气雾设备，且鹅舍应能密闭，用于鹅时不能使用有刺激性的药物。应用气雾给药时应注意如下方面。

（1）恰当选择药物　为了充分利用气雾给药的优点，应该恰当选择所用药物。并不是所有的药物都可通过气雾途径给药，可应用于气雾途径给药的药物应该无刺激性，容易溶解于水。对于有刺激性的药物不应通过气雾给药。同时还应根据用药目的的不同，选用吸湿性不同的药物。若欲使药物作用于肺部，应选用吸湿性较差的药物；欲使药物主要作用于上呼吸道，就应该选用吸湿性较强的药物。

（2）准确掌握剂量　在应用气雾给药时，不可随意套用拌料或饮水给药浓度。为了确保用药效果，在使用气雾前应按照鹅舍空间情况、使用气雾设备要求，准确计算用药剂量，以免过大或过小，造成不应有的损失。

（3）控制雾粒大小　在气雾给药时，雾粒直径大小与用药效果有直接关系。气雾微粒越细，越容易进入肺泡内，但与肺泡表面的黏着力小，容易随呼气排出，影响药效。但若微粒越大，则不易进入家禽的肺部，容易落在空间或停留在家禽的上呼吸道黏膜，也不能产生良好的用药效果。同时微粒过大，还容易引起家禽的上呼吸道炎症。此外，还应根据用药目的，适当调节气雾微粒直径。如要使所用药物到达肺部，就应使用雾粒直径小的雾化器，反之，要使药物主要作用于上呼吸道，就应选用雾粒较大的雾化器。通过大量试验证实，进入肺部的微粒直径以 0.5～5 纳米最合适。雾粒直径大小主要是由雾化设备的设计功效和用药距离所决定。

4. 体外用药

体外用药主要指对鹅舍、鹅场环境、用具及设备、种蛋等的消毒，以及为杀灭鹅的体表寄生虫、微生物所进行的鹅体表用药。它包括喷洒、喷雾、熏蒸和药浴等不同方法。在使用外用药时应注意以下几个方面。

（1）注意选择药物　根据不同用药目的，选择不同的外用药物。目前常用于鹅场、鹅舍及用具消毒，以及杀灭鹅体表寄生虫的药物种类繁多，但不同的药物都具有其独特的作用特点，因此，在使用时应根据用药的目的，选择一定品种药物。同时还应注意耐药性，适当调换药物，不可拘泥于某几种药物，既浪费药物，又起不到一定的作用，往往还贻误时机。如系紧急消毒，为杀灭病毒，可适当选用碱性消毒药，如氢氧化钠等，既经济，又有效；若为了杀灭一些致病性芽孢菌，就应选用对芽孢作用较强的药物如甲醛等，而不应选用苯酚类药物。同样，如果是带鹅消毒，就应当选用对鹅刺激作用不大的一些消毒药如过氧乙酸、百毒杀、抗毒威等，而不应选择刺激性较强的药物如甲醛等。使用体外杀虫药也是如此，应根据所要杀灭的寄生虫的特点，选择有关的药物。这样就能做到有的放矢，收到立竿见影的效果。

（2）注意用药浓度　按照不同的作用强度，选择最佳用药浓度。常用的消毒药以及杀虫药除了具有杀灭寄生虫、微生物等作用外，一般对机体都有一定毒性，且其作用强度与浓度有直接关系。超过一定的浓度，就容易引起人或鹅群中毒，因此使用时应根据用药目的，严格按照不同药物要求，选择最佳用药浓度，以达到最佳用药效果。这在介绍具体药物时，还将逐一说明。

（3）注意用药方法　结合不同药物特性，采用适当的用药方法。不同的药物，有时尽管其作用相同，但其性质可能不同。有的易挥发，有的易吸湿，即使同一种药物，采用不同的用药方法，也可产生不同的药物效果，因此应该结合不同的药物性质特点，选择最能发挥该种药物特点的用药方法，以收到事半功倍的效果。如甲醛，易挥发、刺激性强，就可采用熏蒸法对密闭空鹅舍或出雏间隔孵化器进行消毒，而百毒杀等药物刺激性小，就可以进行带鹅消毒，以便收到良好的用药效果。

二、个体给药

1. 经口投服给药法

经口投服给药法简便易行、容易掌握、剂量准确。但由于药物投服后易受消化道酶和酸碱度的影响，降低药物效果，同时其产生作用比较迟缓，因此口服给药剂量应大于注射给药，且一般适用于不太危急的病例。

常用于经口投服的药物包括片剂、粉剂、丸剂和胶囊剂及溶液剂等。在投溶液剂时药量不宜过多，必要时可采用胶管直接插入食管，要严防药物进入气管，以免导致异物性肺炎或使鹅只窒息而死。

2. 皮下注射给药法

皮下注射给药法操作简单，药物容易吸收，且无刺激性。可采用颈部皮下、胸部皮下和腿部皮下等部位注射，是预防接种时常用的方法之一。应用皮下注射时药物量不宜太大。注射的具体方法是由助手抓鹅或术者左手抓鹅（成年鹅体型较大，最好两人操作），并用拇指、食指掐起注射部位的皮肤，右手持注射器沿皮肤皱褶处刺入针头，然后推入药液。

3. 肌内注射给药法

肌内注射给药法药物吸收快、药物作用稳定、方法简便、安全有效，是最常用的注射用药方法之一，可在预防和治疗鹅的各种疾病时使用。肌内注射部位有大腿外侧肌肉、胸部肌肉和翼根内侧肌肉等。在采用肌内注射时要注意使针头与肌肉表面呈35°～50°进针，不可直刺，以免刺伤大血管或神经，特别是胸部肌内注射时更应谨慎操作，切记不要使针头刺入胸腔或肝脏，以免造成鹅只死亡。在使用刺激性药物时，应采用深部肌内注射。

4. 静脉注射给药法

静脉注射法是将药物直接送入血液循环中，因而药效产生迅速、用药剂量准确。其适用于急性或危急、用药剂量较少且要求准确剂量的病例；同时也适用于一些有刺激性和必须进入血液中才能发挥药效的药物，如解毒药、高渗溶液等。但该方法操作技术要求较高，不易掌握，生产中不常用。

5. 腹腔注射给药法

腹腔注射给药法，药物经腹腔吸收后产生药效，其药效产生迅速，可用于剂量较大，不易经静脉给药的药物。具体方法是由助手抓鹅，使鹅腹部面向术者。最好采用头低尾高位，使腹腔脏器向下挤压，术者左手拇指、食指掐起腹壁，右手持注射器使针头穿过腹壁进入腹膜腔而又不刺入其他脏器或肠管内，然后将药物推入腹腔内。但该方法也要求一定的操作技术，使用不当容易伤及脏器造成鹅只伤亡或使药物注入肠管，不能充分发挥药物效用。

6. 气管注射给药法

气管注射给药法是将药物直接注入气管使其发挥药效，常用于治疗气管疾患或治疗气管交合线虫病。使用时，应注意仔细辨认气管位置。鹅的气管位于鹅颈部腹侧稍偏右，由许多气管软骨环连接组合而成。注射时，使针头沿气管环间隙刺入，将药物缓慢注入，注药剂量要小、速度要慢。

三、种蛋或鹅胚给药

由于某些致病性细菌或病毒可以经种蛋由母鹅直接传播给后代雏鹅，或经蛋壳侵入而使鹅胚或孵出的小鹅发病，因而在实际工作中经常使用给种蛋或鹅胚直接用药的方法，进行消毒以杀灭病原微生物或用来预防某些传染性疾病或治疗一些胚胎病，常用的种蛋或鹅胚给药方法如下。

1. 熏蒸法

熏蒸法是最常用于种蛋的一种消毒方法。通常是将消毒药物加热或通过化学作用使其挥发于一定空间中，以杀死空间和种蛋蛋壳表面的病原微生物（图 1-2）。

图 1-2　种蛋的熏蒸消毒

2. 浸泡法

浸泡法是指将种蛋放置到配制成一定浓度的、具有适宜温度的药液中，使药物被种蛋吸收或杀死种蛋表面的微生物。在浸泡前一般应用清水或温水洗涤蛋壳表面，否则不仅浪费药物还不能收到预想的效果。近年来也有采用浸泡法进行胚胎免疫的，如将孵化后期的鹅胚放到含有疫苗的溶液内一段时间，从而降低雏鹅对相应病毒或细菌性疾病的易感性，而起到免疫作用，也称超前免疫。

被粪便和污物污染的种蛋，应在每日集蛋时使用40℃左右的温水配成的浓度为0.1%的新洁尔灭溶液，洗擦蛋壳表面并抹干保存，或将种蛋清洗干净，用消毒液浸泡后立即入孵（图1-3）。

图1-3 被污染的种蛋（左）和洗蛋（右）

3. 注射法

注射法是将药物直接注射到鹅胚的一定部位如气室、尿囊腔、卵黄囊或绒毛尿囊膜等，可用于鹅胚疾病的预防和治疗，以及疫苗接种等。此外其还是实验室常用的经种蛋或鹅胚给药的方法之一（图1-4）。

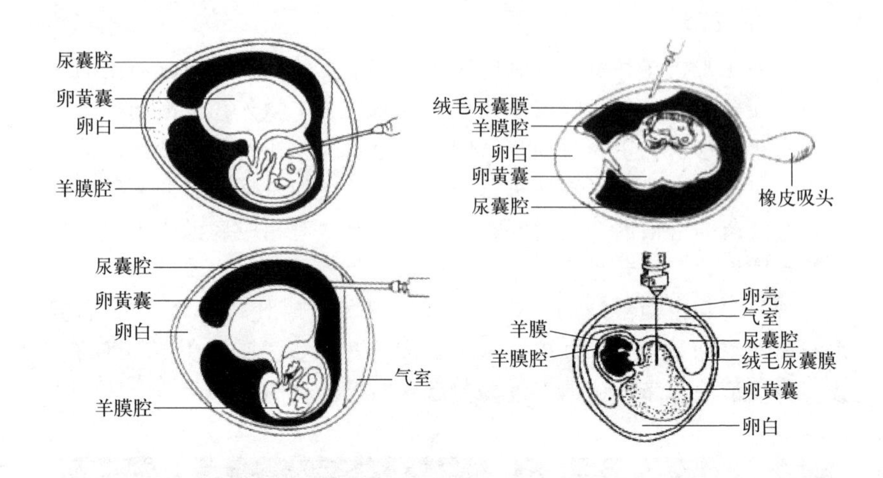

图 1-4　不同注射部位示意图

羊膜腔注射示意图（上左图）；绒毛尿囊膜注射示意图（上右图）；
尿囊腔注射示意图（下左图）；卵黄囊注射示意图（下右图）

第五节　用药的原则

养鹅用药的原则是发挥药物的有利作用，避免有害作用，消除不良影响因素，达到安全、有效、经济、方便的目的。

一、预防为主原则

现代养禽业饲养的家禽品种，都是育种学家经过长期世代选育而成的，具有早熟、高产和抗逆性差的特点，它们代谢旺盛，生长速度快，生长周期短（如肉鹅 56 天即可出栏），生理功能不十分完善，抵抗力弱，易受各种应激因素影响而发生疾病（一般来说，高产的家禽更容易发病）。

现代养禽业是规模化、集约化方式生产，单位空间内养殖的家禽数量多，加之人们缺乏科学养殖观念，禽舍简陋，环境卫生不良，导致禽舍通风和光照不好，舍内存在大量有害气体，滋生各种病原微生物、寄生虫和传播疾病的蚊、虫、鼠类，使得家禽更容易发病。家禽发病后，疾病蔓延快、发病率高、发病禽只数量多，给治疗造成很大困难。禽类个体小，治疗很不方便，治愈率低、死亡率高、治疗费用也高。因此，无论在发病时还是发病后进行治疗，都会使家禽的生产性能下降，给生产造成严重的经济损失。

在集约化生产条件下，许多疾病往往是突然暴发，如禽巴氏杆菌病，家禽得不到治疗就发生死亡。一些烈性传染病往往是病毒病，一般没有特效的化学药物进行治疗，如禽流感、小鹅瘟、鹅副黏病毒病等，这些疾病目前主要使用疫苗预防。另有一些常见多发性疾病，如大肠杆菌病、禽支原体病和球虫病是条件性疾病，机体在正常情况下都带有这些病的病原，一旦环境温度发生变化、饲料变更或饲养方式改变，这些疾病就会明显暴发，甚至大流行，从而引起高发病率和高死亡率。

现代养禽业特点决定了疾病发生和防治措施不同于庭院散放饲养，必须树立“防重于治”的疾病防制思想，注重预防工作，避免疾病发生。预防的目的是控制疾病的发生、保障正常生产、减少经济损失。预防措施包括计划免疫、全价营养、化学药物添加、环境消毒、减少诱因等方面。其中计划免疫与生物药品使用有关，全价营养、化学药物添加、环境消毒与化学药品使用有关，减少诱因与饲养管理有关。全价营养指饲料中的蛋白质（包括氨基酸）、能量物质、维生素、微量元素等应能完全满足家禽生长和生产的需要。若这些物质中的一种或几种不足，就会导致家禽出现缺乏症，阻碍家禽的生长和生产；若一种或几种过量，不是引起家禽中毒，就是诱发其他物质的缺乏症，也会阻碍家禽的生长和生产。化学药物添加指在饲料（或饮水）中添加一定量的抗菌药物或抗寄生虫药物，用以控制家禽的常见病和多发病。由于疫苗的保护力不是100%，许多疾病特别是常见多发的消化道和呼吸道疾病一般没有疫苗可用。因此，就需要在饲料或饮水中添加化学治疗药物，如土霉素、磺胺类药物等，用以抑制或杀灭病原生物，保障家禽的健康。有些药物还有促进家禽生长、提高饲料转化率的作用。环境消毒指在家禽生产过程中和禽苗引入之前，将消毒防腐药通过喷洒、浇泼等方式施于禽舍的地面、笼架、用具、环境，以及家禽的体表和排泄物，以杀灭病原微生物、寄生虫及其虫卵，消除环境中的生物病因。环境消毒是预防疾病的最重要措施之一。

二、特殊性原则

鹅与哺乳类比较，在解剖生理、生化代谢、遗传繁殖等方面，有明显的差异。它们对药物的敏感性、反应性和药物在体内的转化过程，既遵循共同的药理学规律，又存在着各自的种属差异。特别是在集约化饲养条件下，行为变化、群体生态和环境因素都对药物作用的发挥产生很大的影响。

1. 解剖生理方面

鹅没有牙齿，舌黏膜的味觉乳头较少，饲料又不在口腔停留。鹅对苦味药照食不误，因此消化不良时，不采用苦味健胃药而使用大蒜、醋酸等助消化药；服用具有苦味或其他异味药物时，不影响采食和饮水；对咸味也无鉴别能力，嗅觉功能也较差，常会无鉴别地挑食饲料中的盐粒而造成腹泻、脱水、血液浓稠等中毒症状，因此在饲料中添加氯化钠、乳酸钠、碳酸氢钠和丙酸钠等盐类时，要严格掌握添加比例和粒度，以防中毒。

鹅不会呕吐，饲料或药物中毒时用催吐药无效，可用盐类泻药，以促使毒物的排泄。鹅的食管进入胸部扩大形成纺锤形的食管膨大部，是饲料暂时停留的场所，可从该部位注射给药，但应注意对微生物区系的影响。

鹅的胃由腺胃和肌胃两部分组成。腺胃能分泌酸性胃液。肌胃中的砂砾，是不可缺少的，有利于片剂的崩解。鹅胃液 pH 为 3～4.5，胆汁亦为酸性，两者可中和碱性的胰液和肠液（家禽肠液的 pH 为 7.5～8.4），使小肠保持近于中性的环境（pH 6～6.9），使那些易受酸碱破坏的药物也能经口给药。在生产实践中，常将青霉素给鹅混饮，以防治敏感菌在消化道内的感染或继发感染，其原理也在于此。

鹅小肠的逆蠕动比哺乳动物强。在用硫酸镁、硫酸钠等盐类泻药解救有机化合物中毒时，家禽对这些盐类的浓度很敏感。盐类浓度在8%时会增强肠的逆蠕动而导致肌胃痉挛，延缓泻下，甚至造成新的药物中毒，故浓度必须控制在5%以下。

鹅大肠吸收维生素 K 的能力极差，在生产中添加磺胺类药物控制球虫病的同时，也使合成维生素 K 的微生物受到抑制。因此，鹅易发生维生素 K 缺乏症。治疗球虫病时添加维生素 K 还能控制血痢。

鹅的肠道短，蠕动紧张，内容物在肠管停留时间短、通过速度快，因此较难吸收药物，药效维持时间也短。

鹅的肝肾重与体重比大（鹅肝脏占体重的 1.5%～3.6%），但肾小球结构简单，一般仅 2～3 个动脉袢，有效滤过面积小，药物在体内代谢较快，对以原形经肾脏排泄的药物（如链霉素、新霉素）较为敏感。对磺胺类药物的吸收率比其他动物要高，加之肾小球有效滤过面积小，当磺胺类药物的剂量偏大或用药时间较长时，特别是纯种禽或雏禽，会发生强烈的毒性作用。如雏禽出现脾脏肿大、出血、梗死。在用磺胺类药物治疗家禽的肠炎、球虫病、霍乱时，应选用乙酰化率低、蛋白结合率低、乙酰化溶解度高、容易排泄的品种。同时，合用碳酸氢钠能促进磺胺类药物的排泄。应用复方制剂还可减少单个磺胺类药物的分量，减弱毒性作用。

鹅的呼吸系统有特殊的气囊结构（9 个气囊），气体交换在呼吸性细支气管进行，呼吸膜薄，仅为人的 1/5，有效交换面积大，高于人类的 10 倍以上，在吸气和呼气时，都能进行气体交换。气囊结构可扩大药物吸收面积、增加药物吸收量，因此对鹅用气雾法给药，可获得比较理想的效果；鹅不会咳嗽，对呼吸道疾病，使用镇咳药不起作用，而应选用化痰药和抗菌消炎药。

雏禽的血脑屏障发育健全之前，有些药物（如氯化钠）较易通过该屏障进入脑组织而导致中毒。但鹅有排盐的鼻腺，故对氯化钠敏感性降低。鹅进入产卵期时，可在骨髓腔形成特殊的骨髓骨，是钙的贮存库和蛋壳钙的供给源。

2. 生化代谢方面

（1）新陈代谢旺盛　鹅基础代谢强度很高。由于鹅新陈代谢旺盛，药物在体内转运、转化速度较快，药效维持时间短，一般不易蓄积中毒。

（2）生长发育迅速　鹅生长发育快速，中小型鹅品种雏鹅出壳体重 100 克，大型品种雏鹅 130 克。到 3 周龄，小型鹅品种雏鹅的体重比初生时增长6～7倍，中型鹅品种雏鹅增长9～10倍，大型鹅品种雏鹅增长11～12倍。50～60日龄小型鹅体重即可达到2千克，大型鹅可以达到5千克。所以，在用药时不仅要考虑日龄还要结合体重以合理确定药物的剂量。

（3）某些功能特殊　鹅的消化液中，不含分解纤维素的酶，只有少量纤维素可被盲肠细菌分解。家禽尿液在多数情况下呈酸性，雄禽尿液pH为6.4；雌禽在产卵期间，当钙沉积形成蛋壳时，尿液pH为5.3，产蛋后钙停止沉积，尿液pH为7.6。所以，在应用磺胺类药物时，应佐以碳酸氢钠，以减少磺胺类药物及其代谢物乙酰化磺胺结晶对肾脏的损伤。换羽是鹅特有的生物学现象，新陈代谢紊乱、营养缺乏或不平衡等应激因素，可引发换羽。在集约化养鹅业中，利用断水、断料，可实现强制换羽，有利于恢复母禽体质、改善蛋的品质、延长母禽的经济寿命。

（4）容易产生应激　鹅对环境因素的变化反应敏感，免疫接种、运输、称重、转群、更换饲料、噪声、高温等，都能引起应激反应。因此，应注意饲粮的全价性，当变更饲养制度、实施兽医或畜牧技术措施前，宜应用抗应激添加剂。

热应激时，家禽的呼吸频率很高，试图发汗和加快呼吸散热意义不大。应用氯丙嗪等镇静和降低体温的药物，虽能减少部分禽只死亡，但可引起血压下降、血糖降低、排卵延迟，甚至造成大群停止产蛋等严重不良反应。同时，镇静药及其代谢产物的残留，对消费者危害甚大，也不得添加使用。高温时，家禽的甲状腺分泌活动减弱而致产蛋量下降，应用甲状腺素制剂收效甚微，并且剂量不易掌握，常致停产、脱羽。因此，对于鹅的热应激，主要应采取通风、物理降温、维持食欲、补充维生素C和B族维生素等措施，必要时还可饮用利血平。

（5）缺乏某些酶　鹅血浆胆碱酯酶贮量很少，因此对有机磷类等抗胆碱酯酶药物非常敏感，容易中毒。驱除线虫时，最好选用左旋咪唑、苯并咪唑类和吩噻嗪；大剂量的维生素B_1也有抑制胆碱酯酶的作用。鹅体内缺乏羟化酶，许多主要经羟化代谢消除的药物常致家禽中毒。鹅以尿酸盐的形式排泄氨，因其缺乏形成尿素的酶，尿酸盐不易溶解，可沉积于关节、皮下、肾脏，导致痛风。饲粮蛋白质含量过高、维生素A缺乏及肾脏损伤时，都会出现尿酸盐在局部的沉积。阿司匹林等抗痛风药物可缓解尿酸盐沉积的症状。药酶也有种属差异，如鹅缺乏某些羟化酶，因此巴比妥类药物在鹅体能产生持久的中枢抑制效果。

3. 鹅对药物的敏感性

与哺乳动物比较，鹅对药物的敏感性存在着较大的差异，在选用药物时应予注意。

（1）对某些药物特别敏感　鹅对某些药物的敏感性很高，如鹅对合成抗菌药物（磺胺类、硝基呋喃类、喹噁啉类）较哺乳动物敏感，雏禽尤为敏感。

（2）对某些药物耐受性强　鹅对阿托品、士的宁、氯胺酮和左旋咪唑等有较强的耐受性。

三、综合性原则

疾病是病因、传播媒介和宿主三者相互作用的结果。病因有物理因素（如温度、湿度、光线、声音、机械力等）、化学因素（如有害气体、药物等）和生物因素（如细菌、病毒、霉菌、寄生虫等）；传播媒介有蚊、虫、鼠类，以及恶劣的环境和不良的饲养管理条件等；宿主即家禽机体。在传播媒介存在的条件下，病因较强而机体的抵抗力较弱，家禽就易发生疾病。反之，家禽抵抗力强，病因就不易诱发疾病。

在疾病防治过程中，使用药物的作用：一是消除病因，如抗生素抑制或杀灭病原微生物，维生素或微量元素治疗相应的缺乏症；二是减轻或消除症状，如抗生素退高热、止腹泻，硒和维生素E消除白肌病等；三是增强机体的抵抗力，如维生素、微量元素构建和强壮机体、维持正常结构和功能、提高免疫力等。但药物不能抵消理化病因，也不能完全消除传播媒介。要消除理化病因和传播媒介，主要依靠饲养管理。

综合性原则，是指添加用药与饲养管理相结合、治疗用药和预防用药相结合、对因用药和对症用药相结合。如抗菌药物只对病原生物起作用，即抑制或杀灭病原微生物或寄生虫，但对病原生物的毒素无拮抗作用，也不能清除病原的尸体，更不能恢复宿主的功能。有的抗菌药物本身还有一定的毒副作用。因此，在应用抗菌药物时，还要注意采取加强营养（可以提高机体的抵抗力或免疫力，使机体能够清除病原、毒素乃至药物所致的病理作用）和饲养管理（可以减少或消除各种诱因及媒介，切断发病环节）以及对症或辅助用药（纠正病原及其毒素所致的机体功能紊乱以及药物所致的毒副作用）等措施。

四、规程化用药原则

鹅病的发生和发展都有规律可循。大多数疾病都是在鹅生长发育的某个阶段发生（如鹅副伤寒大多发生于雏鹅），有些疾病只在某个特定的季节发生（如卡氏白细胞病发生在夏秋季节），有些疾病只在某个区域内流行。即使是营养缺乏症，也与鹅的年龄、生产性能和饲料等因素有关，也有规律可循。因此，应用药物防治动物疾病时，应熟知疾病发生的规律和药物的性能，有计划地切断疾病发生、发展的关键环节。

药物应用的规程化，是指针对鹅的疾病在本地的发生、发展和流行规律，有计划地在家禽生长发育的某一阶段、某个季节，使用特定的药物和具体的给药方案，以控制疾病、保障生产、避免损失。它包括针对何种疾病、使用何种（或几种）药物、何时使用、剂量多大、使用多久、休药期多长、何时重复使用（或何时更换为其他药物）等。规程化用药原则是针对目前一些养殖场“盲目添加、被动用药”的状况而提出的。

规程化用药不仅可以避免盲目添加和被动用药的现象，而且还是控制或消灭某些特定疾病的有效措施，是一种科学合理的用药方式。规程化用药也能减少药物残留和环境污染的发生，避免耐药生物的产生和传播，是提高养殖场经济效益、社会效益和生产效益的有效措施。要做到规程化用药，养殖场和饲料加工厂必须密切联系。饲料加工厂要熟知养殖场实际用药的需要，有目的、有计划地添加符合养殖场需要的药物；养殖场要了解饲料中药物的添加情况，将加药饲料的效果等信息及时反馈给饲料加工厂。

五、无公害原则

药物具有二重性。一方面，它能提高鹅产品的产量和质量、防治鹅病、改善饲料转化率、保障和促进养殖生产。另一方面，药物的不合理使用和滥用，也有一些负面作用，如残留、耐药性、环境污染等公害，影响养殖业的持续发展乃至人类社会的安全。所以，使用药物，一要不使用违禁药物；二要科学合理地用药，避免对人类、畜禽和环境造成危害。

第六节　药物的贮藏和保管

药物在贮藏保管过程中易受到外界多种因素的影响，贮藏不当会引起效价降低或失效，甚至会变质导致毒副作用增强。因此，有必要了解药物本身理化性质和外来因素对药物质量的影响，针对不同类别的药物采取有效的措施和方法进行贮藏保管。

一、药物的包装、标签与说明书

1. 包装的基本要求

《兽药管理条例》（2004 年 11 月 1 日起施行）第二十条规定：兽药包装应当按照规定印有或者贴有标签，附具说明书，并在显著位置注明“兽用”字样。直接接触兽药的包装材料和容器应当符合药用要求。兽药包装材料应符合质量及卫生要求，按规定加贴标签和说明书。兽药分装的包装，必须注明兽药名称、规格、生产企业名称、批准文号、产品批号、分装单位和分装批号，并附有说明书。规定有效期的兽药，分装后必须注明有效期。

2. 标签的基本要求

《兽药标签和说明书管理办法》于 2003 年 3 月 1 日起施行，其中规定了兽药标签的基本要求和兽药说明书的基本要求。

兽药产品（原料药除外）必须同时使用内包装标签和外包装标签。内包装标签必须注明兽用标识、兽药名称、适应证（或功能与主治）、含量/包装规格、批准文号或《进口兽药登记许可证》证号、生产日期、生产批号、有效期、生产企业信息等内容。

外包装标签必须注明兽用标识、兽药名称、主要成分、适应证（或功能与主治）、用法与用量、含量/包装规格、批准文号或《进口兽药登记许可证》证号、生产日期、生产批号、有效期、停药期、贮藏、包装数量和生产企业信息等内容。

安瓿、西林瓶等注射或内服产品由于包装尺寸的限制而无法注明上述全部内容的，可适当减少项目，但至少须标明兽药名称、含量规格、生产批号。

兽用原料药的标签必须注明兽药名称、包装规格、生产批号、生产日期、有效期、贮藏、批准文号、运输注意事项或其他标记、生产企业信息等内容。

对贮藏有特殊要求的必须在标签的醒目位置标明。兽药有效期按年月顺序标注。年份用四位数表示，月份用两位数表示，如“有效期至 2002 年 09 月”，或“有效期至 2002.09”。

3. 说明书的基本要求

兽用化学药品、抗生素产品的单方、复方及中西复方制剂的说明书必须注明以下内容：兽用标识、兽药名称、主要成分、性状、药理作用、适应证（或功能与主治）、用法与用量、不良反应、注意事项、停药期、外用杀虫药及其他对人体或环境有毒有害的废弃包装的处理措施、有效期、含量/包装规格、贮藏、批准文号、生产企业信息等。

兽用生物制品说明书必须注明以下内容：兽用标识、兽药名称、主要成分及含量（型、株及活疫苗的最低活菌数或病毒滴度）、性状、接种对象、用法与用量（冻干疫苗须标明稀释方法）、注意事项（包括不良反应与急救措施）、有效期、规格（容量和头份）、包装、贮藏、废弃包装处理措施、批准文号、生产企业信息等。兽用生物制品说明书见图 1-5。

中兽药说明书必须注明以下内容：兽用标识、兽药名称、主要成分、性状、功能与主治、用法与用量、不良反应、注意事项、有效期、规格、贮藏方法、批准文号和生产企业信息等。

小鹅瘟活疫苗使用说明书

【兽用】

本品系用小鹅瘟病毒鸭胚化弱毒GD株接种敏感鸭胚，收获感染胚液加适宜稳定剂，经冷冻真空干燥制成，用于预防小鹅瘟。

【兽药名称】小鹅瘟活疫苗

通用名/商品名 小鹅瘟活疫苗

英文名 Gosling Plague Vaccine , Living

汉语拼音 Xiao E Wen Huo Yi Miao

【主要成分与含量】小鹅瘟病毒鸭胚化弱毒(株)抗原液及适宜稳定剂。每羽份病毒含量≥103ELD_{50}。

【性状】本品为微黄或微红色海绵状疏松团块，易与瓶壁脱离，加稀释液后迅速溶解。

【作用与用途】供产蛋前的母鹅注射，用于预防小鹅瘟。免疫后21~270日内所产的种蛋孵的小鹅具有抵抗小鹅瘟的免疫力。

【用法与用量】

肌内注射。在母鹅产蛋前20~30日，按瓶签注明羽份用灭菌生理盐水稀释，每只1毫升。

【注意事项】

1.本疫苗雏鹅禁用。

2.稀释后应放冷暗处保存，4小时内用完。

【废弃包装处理措施】请将疫苗废弃包装物作消毒处理或予以烧毁，不得随意丢弃。

【规格】50羽份/瓶、 100羽份/瓶、 200羽份/瓶。

【包装】20瓶/盒×30盒/箱。

【贮藏】在-15℃以下。

【有效期】1年。

【批准文号】

【生产批号/日期】见瓶签。

图1-5 说明书标注的基本内容

二、兽药的贮藏保管条件

由于各种药物之间的成分、化学性质、剂型不同等，它们各自的稳定性均有差异。同时，药物在贮藏期间，由于外界环境因素的作用，导致药物的稳定性发生变化，药物质量亦受影响，必须根据《兽药质量标准》要求提出的具体规定执行。如“遮光（指不透明的容器包装，如棕色瓶或黑色纸包裹的无色透明、半透明容器）、密闭（将容器密闭，以防止尘土及异物进入）保存”；“密封（将容器密封，以防止风化、吸潮、挥发和异物进入）保存”；“密闭，在阴凉（指不超过 20℃）、干燥处保存”等。贮藏保管条件在兽药标签、说明书中也有相应的描述。

三、不同兽药的贮藏保管

一般药品都应按《中华人民共和国兽药典》或《兽药规范》中该药“贮藏”项下的规定条件，因地制宜地贮存与保管。各种药物的贮藏保管方法如下。

1. 预混剂的贮藏保管

预混剂是指 1 种或 1 种以上的药物与适宜的基质均匀混合制成的粉末状或颗粒状制剂，作为药物添加剂的一种剂型，专用于混饲给药，如盐霉素钠预混剂、杆菌肽锌预混剂、氟苯尼考预混剂、依维菌素预混剂等。

预混剂在贮存过程中，温度、湿度、空气及微生物等对其质量均有一定影响，其中以湿度影响最大。因为预混剂的分散度较大（一般比原料药大），其吸湿性也比较显著，吸湿后可引起药物结块、变质或受到微生物污染等，因此对于预混剂的保管养护，防潮是关键。

一般预混剂均应在干燥处密闭低温避光保存，同时还要结合药物的性质、散剂剂型和包装的特点来考虑。预混剂的具体保管要求如下：

第一，纸质包装的预混剂容易吸潮，吸潮后药物粉末发生润湿、结块，有时纸袋上出现迹印或霉斑等现象，所以应严格注意防潮保存。此外，纸质包装容易破裂，贮运中要避免重压，以防破漏。有些纸质包装用过糨糊加工，还应注意防止鼠咬、虫蛀。

第二，塑料薄膜包装的预混剂虽较纸质包装稳定，但由于目前塑料薄膜在透气、透湿方面还有一定的局限性，尤其在南方潮湿地区，仍须注意防潮，并且不宜久贮。

第三，含吸湿性载体的预混剂应密封于干燥处，注意防潮。中草药载体预混剂吸湿后易发生霉变、虫蛀，亦应防潮。

第四，含有遇光易变质药物的预混剂，要避光保存，特别要防止日光的直接照射。

此外，预混剂的包装一般相差不大，品种名称比较复杂，在保管养护中要按品名、规格、用途分类集中保管，收货、发货要仔细校对，以免错收错发。对易吸湿变质的预混剂要经常检查有无吸湿情况；使用吸湿剂保存的预混剂，还要定期检查吸湿情况，及时加以更换。

2. 注射剂的贮藏保管

注射剂亦称为针剂，是供注射用的一种制剂。注射剂在贮存期的保管，应根据药物的理化性质，并结合其溶液和包装容器的特点，综合加以考虑。

（1）根据药物性质考虑贮藏保管方法

① 一般注射剂。一般应避光贮存，并按《中华人民共和国兽药典》规定的条件保管。

② 遇光易变质的注射剂。如肾上腺素、盐酸氯丙嗪、对氨基水杨酸钠、维生素类注射剂等，在保管中要注意采取各种遮光措施，防止紫外线照射。

③ 遇热易变质的注射剂。包括抗菌注射剂、脏器制剂或酶类注射剂、生物制品等，它们绝大部分都有有效期规定，在保管中除应在规定的温度条件下贮存外，还要遵守“先产先出、近期先出”的原则，在炎热季节加强检查。

抗菌注射剂。一般性质都不稳定，遇热后可促进分解，效价下降，故应置凉处避光保存，并注意“先产先出、近期先出”的原则。如为胶塞铝盖小瓶包装的粉针剂，还应注意防潮，贮存干燥处。

脏器制剂或酶类注射剂。如垂体后叶注射液、催产素注射液、注射用玻璃酸酶等，受温度影响较大，光照亦可使其失去活性。因此，一般均须在凉暗处遮光保存。一般来说，本类注射液低温保存能增加其稳定性，但温度不宜过低而使其冻结，否则亦会因变性而降低效力。此外，对于胶塞铝盖小瓶装的粉针剂型，应注意防潮，贮存干燥处。

钙盐、钠盐类注射剂。氯化钠、乳酸钠、枸橼酸钠、水杨酸钠、碘化钙、碳酸氢钠及氯化钙、溴化钙、葡萄糖酸钙等注射液，久贮后药液能侵蚀玻璃，尤其是对于质量较差的安瓿玻璃，能发生脱片及浑浊（多量小白点）。这类注射液在保管时要注意“先产先出”的原则，不宜久贮，并加强澄明度检查。

中草药注射剂。由于其含有一些不易除尽的杂质（如树脂、鞣质），或由于浓度过高、所含成分（如醛、酚、苷类）性质不稳定，故在贮存过程中可因条件的变化或发生氧化、水解、聚合等反应，逐渐出现浑浊和沉淀。温度的改变（高温或低温）可以促使其析出沉淀。因此，中草药注射液一般都应避光、避热、防冻保存，并注意“先产先出”，久贮产品应加强澄明度检查。

（2）结合溶媒和包装容器特点考虑贮藏保管方法

① 水溶液注射剂（包括水混悬型注射剂、乳浊型注射剂）。这一类注射剂因以水为溶媒，故在低温下易冻结，冻结后体积膨胀，往往使容器破裂；少数注射剂受冻后即使容器没有破裂，也会发生质量变异，致使不可供药用。因此，水溶液注射剂在冬季应注意防冻，库房温度一般应保持在0℃以上。浓度较大的注射剂冰点较低，如25％和50％葡萄糖注射液，一般在－11～－13℃才会发生冻结。所以各地可根据仓库温度情况适当掌握贮存地点。

大容量的水溶液注射剂，除应注意防冻外，还须注意在贮运过程中切不可横卧倒置。因盛装溶液的玻璃瓶口是以玻璃纸或薄膜衬垫后塞以橡胶塞（目前使用的橡胶塞其配方中含有硫、硫化物、氧化锌、碳化钙及其他辅料等）的，橡胶塞虽经反复处理，但由于玻璃纸和薄膜均为半透膜，横卧或倒置时会使药液长时间与之接触，橡胶塞的一些杂质往往能透过薄膜而进入药液，形成小白点，贮存时间越长，澄明度变化越大（涤纶薄膜性能稳定，电解质不易透过）。玻璃纸本身也能被药液侵蚀后形成小白点，甚至有大的碎片脱落，影响药物的澄明度。此外，在贮存或搬运过程中，不可扭动、挤压或碰撞瓶塞，以免漏气，造成污染。输液瓶也能被药液侵蚀，其表面的硅酸盐，在药液中可分解成偏硅酸盐沉淀，所以在保管中应分批号按出厂日期先后次序，有条理地贮存和发出，尽快周转使用。

② 油溶液注射剂（包括油混悬液注射剂）。此类药物的溶媒是植物油，由于内含不饱和脂肪酸，遇日光、空气或贮存温度过高，其颜色会逐渐变深而发生氧化酸败。因此，油溶液注射剂一般都应避光、避热保存。油溶液注射剂在低温下虽有凝冻现象，但不会冻裂容器，解冻后仍能恢复澄明的油溶液或均匀混悬液，因此不必防冻。在将冻

或解冻过程中，油溶液有轻微浑浊的现象，如天气转暖或稍加温即可熔化，这是解冻过程必有的现象，对质量无影响。有时油溶液注射剂凝冻温度也不一样，这是因为制造时所使用的植物油不同，它们的冰点也不同，如花生油的冰点为－5℃左右，而杏仁油的冰点为－20℃左右。因此，在低温下用花生油作溶媒的注射剂先发生凝冻。

③ 使用其他溶媒的注射剂。这一类注射剂较少，常用的溶媒有乙醇、丙二醇、甘油或它们的混合溶液。因为乙醇、丙二醇和甘油的冰点较低，故冬季可不必防冻。如洋地黄毒苷注射液系用乙醇（内含适量甘油）作溶媒，含乙醇量为37%～53%，曾在室外－10～－30℃的低温下冷冻41天亦未冻结。因此，这类注射剂主要应根据药物本身性质进行保管，如洋地黄毒苷注射液受热后易分解失效，故应于凉处避光保存，并注意“先产先出、近期先出”的原则。

④ 注射用粉针。目前有两种包装，一种为小瓶装，另一种为安瓿装。小瓶包装的封口若为橡皮塞外轧铝盖再烫蜡，看起来很严密，但并不能完全保证不漏气，仍可能受潮。尤其在南方潮热地区更易发生吸湿变质，亦可因运输贮存中的骤冷骤热，使瓶内空气骤然膨胀或收缩，以致外界潮湿空气进入瓶（瓿）内，从而使药物发生变质。因此，胶塞铝盖封口的注射用粉针在保管过程中应注意防潮（绝不能放在冰箱内），并且不得倒置（防止药物与橡皮塞长时间接触而影响药物质量），有有效期规定的尚应注意“先产先出、近期先出”。安瓿装的注射用粉针是熔封的，不易受潮，故一般比小瓶装的稳定，如注射用青霉素，安瓿装的有效期为3年，而小瓶装的有效期为2年。安瓿装的注射用粉针主要根据药物本身性质进行保管，但应检查安瓿有无裂纹冷爆现象。

3. 片剂的贮藏保管

片剂系指药物或提取物经加工压制成片状的口服或外用制剂。片剂除含有主药外，尚加有一定的辅料如淀粉等赋以成形。片剂因含药材粉末或浸膏量较多，极易吸湿、松片、裂片，以至黏结、霉变等。

片剂应密封贮藏，置于室内凉爽、通风、干燥、避光处保存，防止包装贮运过程中发生磨损或碎片。在湿度较大时，淀粉等辅料易吸收水分，可使片剂发生松散、破碎、发霉、变质等现象，因此湿度对片剂的影响最为严重。其次温度、光照亦能导致某些片剂变质失效。所以，片剂的保管养护工作，不但要考虑所含原料药物的性质，而且还要结合片剂的剂型、辅料及包装特点，综合加以考虑。

第一，所有片剂除另有规定外，都应密闭在干燥处保存，防止受潮、发霉、变质。贮存片剂的仓库，空气相对湿度以60%～70%为宜，最高不得超过80%，如遇梅雨季节或在南方潮热地区空气相对湿度超过80%时，则应注意采取防潮、防热措施。

第二，包衣片（糖衣片、肠溶衣片）吸湿、受热后，易发生包衣褪光、褪色、粘连、溶化；霉变，甚至膨胀脱壳等现象，因此保管要求较一般片剂严，应注意防潮、防热保存。

第三，含片中除一般赋形剂外，还掺有多量糖分，吸湿、受热后易溶化粘连，严重时能发生霉变，应注意密封，在干燥阴凉处保存。

第四，含有易挥发性药物的片剂受热后能使药物挥散、成分损失、含量降低，从而影响效用，故应注意防热，在阴凉处保存。

第五，含有生药、脏器或蛋白质类药物的片剂如健胃片、甲状腺片、酵母片等易吸湿松散、发霉、虫蛀，应注意密封在干燥处保存。

第六，吸湿后易变色、变质及潮解、溶化、粘连的药物片剂，需要特别注意防潮。

第七，主药对光敏感的片剂如磺胺类药物片剂等，必须盛于遮光容器内（如棕色瓶），注意避光保存。

第八，抗菌药物片剂、某些生化制剂及洋地黄等一些性质不稳定的片剂，多有有效期规定及贮存条件的要求，应严格按照规定的贮存条件保管，有有效期规定的则应掌握“先产先出、近期先出”的原则，以免过期失效。

第九，中草药片剂易吸湿，贮存不当易粘连变质，如果含有挥发性成分，久贮后还会减味、降低疗效，因此保管时要注意防潮。

4. 生物制品的贮藏保管

兽医生物制品是以天然或人工改造的微生物、寄生虫、生物毒素或生物组织及代谢产物等为原料，采用生物学、生物化学以及生物工程学的方法加工制成的用于预防、治疗和诊断畜禽等动物疾病的生物制剂。其包括供预防传染病用的疫苗和类毒素，供诊断用的各种抗原、抗体及核酸探针等特异性诊断制剂，供治疗和紧急预防用的免疫血清和抗毒素，以及白细胞介素、干扰素、免疫增强剂等非特异性免疫活性因子和以血液制品（血浆、白蛋白液等）为主的其他生物制品等五大类。

生物制品的保管必须按其说明书要求进行。兽医生物制品多是用微生物或其代谢产物所制成，从化学成分上看，多具蛋白质特性，而且有的制品本身就是活的微生物。因此，生物制品一般都怕热、怕光，有的还怕冻，保存条件直接会影响到制品质量。一般来说，温度越高，保存时间越短。最适宜的保存条件是2～10℃的干暗处。活疫苗是活的微生物，若温度过高，微生物的新陈代谢也同时增加，会导致其加速死亡；活疫苗除干燥制品不怕冻结外，其他制品一般不能在0℃以下保存，否则会因冻结而造成蛋白质变性，融化后会发生大量溶菌或出现摇不散的絮状沉淀而影响免疫效果，甚至会加重接种后的反应。灭活苗的性质相对较稳定，保存有效期长，一般保存在阴暗干燥的室温下即可。

生物制品多标有失效期或有效期，如已过期即不可使用。因此，应在适当的环境下保管生物制品以保证其有效期。同时，应经常检查生物制品的质量，观察有无变色、变质、破裂及标记不清等情况，发现异常应停止使用。

生物制品通常采用冰箱贮藏保管，在此期间，应注意以下事项：

第一，制订冰箱使用制度，冰箱应保持一定的温度、定期化霜、定期清洁。每次开启冰箱时间不要过长，以免影响生物制品质量。遇有停电时，要设法将生物制品妥善放置。冰箱内严禁存放食物及其他物品，以免污染生物制品。

第二，相似的生物制品分开放，避免用错；同类制品有效期长的，放在冰箱里面，接近失效期的放在外边，便于使用；不常用的疫苗，可放在最底层。

第三，生物制品缓冲剂应与生物制品放在一起，便于使用；特殊生物制品要标记，以免使用时发生差错。

第四，对易潮解的生物制品要妥善保管，放置在玻璃瓶或塑料袋内（袋口要扎紧），要放在贮冰槽内或冷藏器的冰上。

第二章

抗微生物药物的安全使用

第一节　抗微生物药物的概述及安全使用要求

一、抗微生物药物的概述

1. 概念及作用机理

抗微生物药是指能在体内外选择性地杀灭或抑制病原微生物（细菌、支原体、真菌等）的药物。由于常用于防治感染性疾病，其又称抗感染药。包括抗生素（是从某些放线菌、细菌和真菌等微生物培养液中提取得到、能选择性地抑制或杀灭其他病原微生物的一类化学物质，包括天然抗生素及半合成抗生素）、合成抗菌药、抗病毒药、抗真菌药、抗菌中草药等，它们在控制畜禽感染性疾病、促进动物生长、提高养殖经济效益方面具有极为重要的作用。抗微生物药物的作用机理主要是阻碍细菌的细胞壁合成，导致菌体变形、溶解而死亡，干扰微生物蛋白质的合成，从而产生抑制作用和杀灭微生物（图 2-1）。

2. 种类

抗微生物药物的种类见表 2-1。

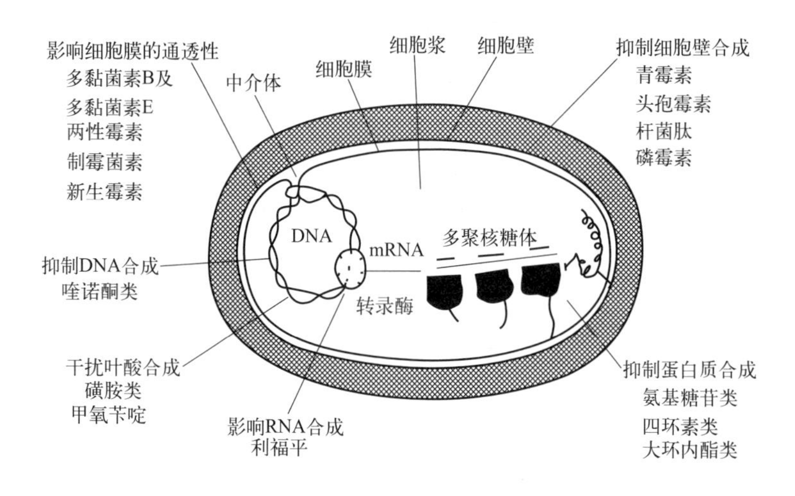

图 2-1　抗微生物药物的作用机理图

表 2-1　抗微生物药物的种类

<table>
<tr><td rowspan="11">抗生素</td><td rowspan="7">根据作用特点分</td><td>抗革兰氏阳性菌的抗生素，如青霉素类、红霉素、林可霉素等</td></tr>
<tr><td>抗革兰氏阴性菌的抗生素，如链霉素、卡那霉素、庆大霉素、新霉素和多黏菌素等</td></tr>
<tr><td>广谱抗生素，如四环素类和酰胺醇类</td></tr>
<tr><td>抗真菌的抗生素，如制霉菌素、灰黄霉素、两性霉素等</td></tr>
<tr><td>抗寄生虫的抗生素，如依维菌素、潮霉素 B、越霉素 A、莫能霉素、马度米星等</td></tr>
<tr><td>抗肿瘤的抗生素，如丝裂霉素、放线菌素 D、柔红霉素等</td></tr>
<tr><td>用作饲料药物添加剂的饲用抗生素，有促进动物生长、提高生长性能的作用，如杆菌肽锌、维吉尼霉素等</td></tr>
<tr><td rowspan="4">根据化学结构分</td><td>β-内酰胺类，包括青霉素类、头孢菌素类等</td></tr>
<tr><td>氨基糖苷类，包括链霉素、庆大霉素、卡那霉素、新霉素、大观霉素、小诺霉素、安普霉素等</td></tr>
<tr><td>四环素类，包括土霉素、四环素、多西环素（强力霉素）等</td></tr>
<tr><td>酰胺醇类，包括甲砜霉素、氟苯尼考等</td></tr>
</table>

续表

<table>
<tr><td rowspan="6">抗生素</td><td rowspan="6">根据化学结构分</td><td>大环内酯类，包括红霉素、吉他霉素、泰乐菌素等</td></tr>
<tr><td>林可胺类，包括林可霉素、克林霉素</td></tr>
<tr><td>多烯类，包括两性霉素 B、制霉菌素等</td></tr>
<tr><td>聚醚类，包括莫能霉素、盐霉素、马度米星、拉沙洛西等</td></tr>
<tr><td>含磷多糖类，如黄霉素、大碳霉素等，主要用作饲料添加剂</td></tr>
<tr><td>多肽类，包括杆菌肽、多黏菌素等</td></tr>
<tr><td colspan="2" rowspan="2">抗真菌药</td><td>多烯类，如两性霉素 B 和制霉菌素等</td></tr>
<tr><td>非多烯类，如灰黄霉素和克霉唑等</td></tr>
<tr><td colspan="2" rowspan="4">合成抗菌药</td><td>氟喹诺酮类，如环丙沙星等</td></tr>
<tr><td>磺胺类，如磺胺嘧啶、磺胺二甲嘧啶、磺胺-6-甲氧嘧啶、磺胺邻二甲嘧啶等</td></tr>
<tr><td>二氨基嘧啶类，如三甲氧苄氨嘧啶、二甲氧苄氨嘧啶</td></tr>
<tr><td>喹噁啉类，如乙酰甲喹等</td></tr>
</table>

二、抗微生物药物的安全使用要求

在自然界中，引起畜禽细菌性疾病的病原非常多，由其引起的疾病危害严重，如禽的沙门菌病、大肠杆菌病和葡萄球菌病等，给养禽业造成了巨大的损失。药物预防和治疗是预防和控制细菌病的有效措施之一，尤其是对尚无有效可用的疫苗或免疫效果不理想的细菌病，如沙门菌病、大肠杆菌病、巴氏杆菌病等，在一定条件下采用药物预防和治疗，可收到显著的效果。在应用抗菌药物治疗禽病时，要综合考虑到病原微生物、抗菌药物以及机体三者相互间对药物疗效的影响（图 2-2），科学合理地使用抗菌药物。

1. 严格掌握适应证，准确用药

正确诊断是临床选择药物的前提，有了正确的诊断，才能了解其致病菌，从而选择对致病菌高度敏感的药物。根据临床诊断，弄清致病微生物的种类及其对药物的敏感性，最好进行药敏试验，选择对病原微生物高度敏感、临床效果好、不良反应较少的抗生素。

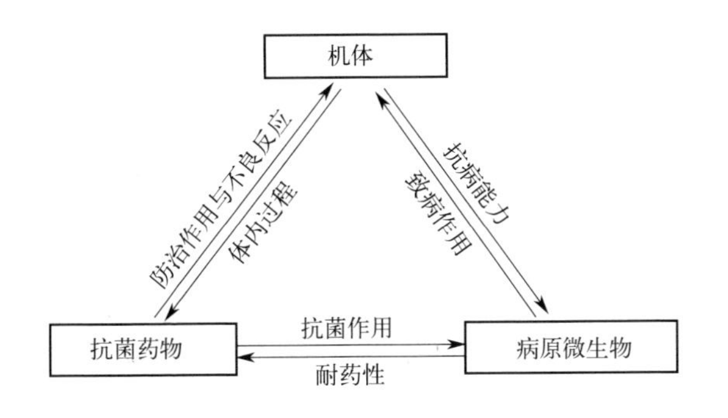

图 2-2 机体、抗菌药物及病原微生物的相互作用

对革兰氏阳性菌引起的感染，可选用青霉素、红霉素、四环素类和头孢氨苄等药物。对革兰氏阴性菌引起的感染，可选用链霉素、头孢他啶、头孢呋辛等药物。被耐青霉素及四环素的葡萄球菌感染，可选用半合成青霉素类、红霉素、卡那霉素、庆大霉素等药物；被铜绿假单胞菌感染的选用庆大霉素和多黏菌素等药物。

2. 正确用药

（1）注意使用剂量要适当　剂量小起不了作用，剂量大造成浪费并引起严重不良反应。开始应用时剂量稍大，对于急性传染病和严重感染时，剂量也宜稍大；而肝、肾功能不良时，按所用抗生素药物对肝、肾的影响程度而酌减用量。

（2）注意使用时间适宜　药物的治疗要视病情而确定用药时间。一般传染性和感染性疾病初期用药效果好，应连续用药 3～5 天，至症状消失后再用 1～2 天，切忌停药过早而导致疾病复发。

（3）注意给药途径恰当　严重感染时多采用注射给药，药物能够尽早发挥作用；一般感染和消化道感染以内服为宜，但严重消化道感染而引起菌血症或败血症的也要注射给药。

（4）注意用药的阶段性　某些疾病具有特定的易感日龄、发病季节或环境条件，根据这种规律应有针对性地用药，从而收到事半功倍的理想效果。如雏鹅（1～3 周龄）容易发生沙门菌病，发病率高，危害严重，除了做好育雏前消毒卫生和育雏管理工作外，可以在饮水中添加恩诺沙星、多西环素、氟苯尼考、磺胺类等抗菌药物预防；球虫病，鹅 3 周龄～3 月龄易发，另外在气温较高、雨量较多的季节（常见于 7～10 月）更易发生，所以要根据鹅日龄和饲养季节适时使用磺胺类药物和抗球虫药物防治球虫病。

（5）注意联合用药　对于一些严重的混合感染或病原未明的病例，当使用一种抗菌药无法控制疾病时，可以适当地联合用药，以扩大抗菌谱、增强疗效、减少用量和降低毒性。抗微生物药物的联合应用见表 2-2。

表 2-2　抗微生物药物的联合应用

病原菌	抗菌药物的联合应用
一般革兰氏阳性菌和革兰氏阴性菌	青霉素 G＋链霉素，红霉素＋氟苯尼考，磺胺间甲氧嘧啶（SMM）或磺胺对甲氧嘧啶（SMD）或磺胺二甲嘧啶（SM_2）或磺胺嘧啶（SD）＋甲氧苄啶（TMP）或二甲氧苄啶（DVD），卡那霉素或庆大霉素＋氨苄青霉素
金黄色葡萄球菌	红霉素＋氟苯尼考，苯唑西林＋卡那霉素或庆大霉素，红霉素或氟苯尼考＋庆大霉素或卡那霉素，红霉素＋利福平或杆菌肽，头孢霉素＋庆大霉素或卡那霉素，杆菌肽＋头孢霉素或苯唑西林
大肠杆菌	链霉素、卡那霉素或庆大霉素＋四环素类、氟苯尼考、氨苄青霉素、头孢霉素，多黏菌素＋四环素类、氟苯尼考、庆大霉素、卡那霉素、氨苄青霉素或头孢霉素类，磺胺二甲嘧啶（SM_2）＋甲氧苄啶（TMP）或二甲氧苄啶（DVD）
变形杆菌	链霉素、卡那霉素或庆大霉素＋四环素类、氟苯尼考、氨苄青霉素，磺胺间甲氧嘧啶（SMM）＋甲氧苄啶（TMP）
铜绿假单胞菌	多黏菌素 B 或多黏菌素 E＋四环素类、庆大霉素、氨苄青霉素，庆大霉素＋四环素类

3. 避免产生耐药性

随着抗菌药物的广泛使用，细菌耐药性的问题也日益严重，为防止耐药菌株的产生，临床防治疾病用药时应做到：一要严格掌握用药指征，不滥用抗菌药物。所用药物用量充足，疗程适当。二要单一抗菌药物有效时，不采用联合用药。三要尽可能避免局部用药和滥作预防用药。四要病因不明者，切勿轻易使用抗菌药物。五要尽量减少长期用药。六要确定为耐药菌株感染时，应改用对病原菌敏感的药物或采取联合用药。对于抗菌药物添加剂也须强调合理使用，要改善饲养管理条件、控制药物品种和浓度，尽可能不用医用的抗生素作动物药物添加剂；按照使用条件，用于合适的靶动物；严格遵照休药期和应用限制，减少药物毒性作用和残留量。

4. 注意配伍和禁忌

常用抗微生物药物配伍结果见表2-3。

表2-3 常用抗微生物药物配伍结果

类别	药物	配伍药物	结果
青霉素类	氨苄西林钠、阿莫西林、舒巴坦钠	链霉素、新霉素、多黏霉素、喹诺酮类	疗效增强
		替米考星、罗红霉素、氟苯尼考、盐酸多西环素	疗效降低
		维生素C、多聚磷酸酯、罗红霉素	沉淀、分解失效
		氨茶碱、磺胺类	沉淀、分解失效
头孢菌素类	头孢拉定、头孢氨苄	新霉素、庆大霉素、喹诺酮类、硫酸黏菌素	疗效增强
		氨茶碱、磺胺类、维生素C、罗红霉素、四环素、氟苯尼考	沉淀、分解失效、疗效降低
	头孢唑啉(先锋霉素Ⅴ)	强效利尿药	肾毒性增强
氨基糖苷类	硫酸新霉素、庆大霉素、卡那霉素、安普霉素	氨苄西林钠、头孢拉定、头孢氨苄、盐酸多西环素、甲氧苄啶	疗效增强
		维生素C	抗菌减弱
		氟苯尼考	疗效降低
		同类药物	毒性增强
大环内酯类	罗红霉素、阿奇霉素、替米考星	庆大霉素、新霉素、氟苯尼考	疗效增强
		盐酸林可霉素、链霉素	疗效降低
		氯化钠、氯化钙	沉淀析出游离碱
多黏菌素类	硫酸黏菌素	盐酸多西环素、氟苯尼考、头孢氨苄、罗红霉素、替米考星、喹诺酮类	疗效增强
		硫酸阿托品、头孢氨苄、新霉素、庆大霉素	毒性增强

续表

类别	药物	配伍药物	结果
四环素类	盐酸多西环素、土霉素、金霉素	同类药物及泰乐菌素、泰妙菌素、甲氧苄啶(磺胺增效剂)	疗效增强
		氨茶碱	分解失效
		三价阳离子	形成不溶性难以吸收的络合物
氯霉素类	氟苯尼考、甲砜霉素	新霉素、盐酸多西环素、硫酸黏菌素	疗效增强
		氨苄西林钠、头孢拉定、头孢氨苄	疗效降低
		卡那霉素、喹诺酮类、磺胺类、呋喃类、链霉素	毒性增强
		叶酸、维生素 B_{12}	抑制红细胞生成
喹诺酮类	环丙沙星、恩诺沙星	头孢拉定、头孢氨苄、氨苄西林、链霉素、新霉素、庆大霉素、磺胺类	疗效增强
		四环素、盐酸多西环素、氟苯尼考、呋喃类、罗红霉素	疗效降低
		氨茶碱	析出沉淀
		金属阳离子	形成不溶性难以吸收的络合物
茶碱类	氨茶碱	盐酸多西环素、维生素C、盐酸肾上腺素等酸性药物	浑浊分解失效
		喹诺酮类	疗效降低
林可胺类	盐酸林可霉素、磷酸克林霉素	甲硝唑	疗效增强
		罗红霉素、替米考星、磺胺类、氨茶碱	疗效降低、浑浊失效
磺胺类	磺胺喹噁啉(SQ)	甲氧苄啶、新霉素、庆大霉素、卡那霉素	疗效增强
		头孢拉定、头孢氨苄、氨苄西林	疗效降低
		氟苯尼考、罗红霉素	毒性增强

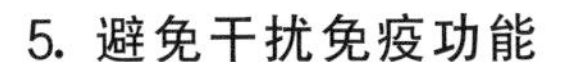

5. 避免干扰免疫功能

某些抗微生物药物在防治疾病时能抑制免疫功能。如庆大霉素、金霉素等，还有在马立克疫苗液中加入庆大霉素引起免疫失败的报道。抗生素可以抑杀菌苗中微生物、影响抗原含量、干扰某些活菌苗的主动免疫过程，导致体内抗体产生数量少或免疫失败，因此，在进行各种菌苗预防注射前后数天内，以不用抗生素为宜。

第二节　抗生素类药物的安全使用

一、青霉素类

1. 青霉素G（苄青霉素）

【性状】其钠钾盐为白色结晶性粉末，易溶于水。

【作用与用途】青霉素G对“三菌一体”，即革兰氏阳性和阴性球菌、革兰氏阳性杆菌、放线菌和螺旋体等高度敏感，常作为首选药。临床上主要用于对青霉素G敏感的病原菌所引起的各种感染，如家禽链球菌病、葡萄球菌病、螺旋体病、禽霍乱、支原体病。

【用法与用量】青霉素G钠或钾。粉针，每支20万、40万、80万、160万国际单位；苄星青霉素粉针，30万单位/瓶、60万单位/瓶、120万单位/瓶；复方苄星青霉素粉针，120万单位/瓶（含苄星青霉素、普鲁卡因青霉素和青霉素G钾各30万单位）。肌内注射，青霉素G钠或钾，禽5万国际单位，2～3次/天，连用2～3天；复方苄星青霉素，每千克体重1万～2万国际单位/次，隔2～3天1次。饮水，青霉素G钠或钾，雏禽每只每次2000～4000国际单位，每天1～2次，连续使用3～5天。

【药物相互作用（不良反应）】不宜与四环素、土霉素、氯霉素、卡那霉素、庆大霉素、大环内酯类、磺胺类抗微生物药及碳酸氢钠、维生素C、去甲肾上腺素、阿托品、氯丙嗪等混合应用。

青霉素G的毒性极小，其不良反应除局部刺激性外，主要是过敏反应。如果出现过敏反应，应立即停止用药，进行对症治疗。反应严重的，应立即注射肾上腺素、肾上腺皮质激素进行抢救。

【注意事项】 多数细菌对青霉素 G 不易产生耐药性，但金黄色葡萄球菌在与青霉素长期反复接触后，能产生并释放大量的青霉素酶（β-内酰胺酶），使青霉素的 β-内酰胺环裂解而失效。对耐药金黄色葡萄球菌感染的治疗，可采用半合成青霉素类、头孢菌素类、红霉素等进行治疗。遇湿易分解失效，其铝盖胶塞瓶装制剂不宜放置冰箱中。

2. 氨苄西林（氨苄青霉素、安比西林）

【性状】 白色结晶性粉末。微溶于水，其钠盐易溶于水。密封保存于冷暗处。

【作用与用途】 广谱青霉素，对革兰氏阳性菌和革兰氏阴性菌，如链球菌、葡萄球菌、炭疽杆菌、布鲁氏菌、大肠杆菌、巴氏杆菌、沙门菌等均有抑杀作用，但对革兰氏阳性菌的作用不及青霉素，对铜绿假单胞菌和耐药金黄色葡萄球菌无效。主要治疗敏感菌引起的呼吸道感染、消化道感染、尿路感染和败血症。

【用法与用量】 针剂，每支 0.5 克、1 克和 2 克；片剂，0.25 克/片；5%氨苄西林可溶性粉。内服，家禽 10～20 毫克/千克体重，每天 2～3 次，连用 2～3 天；可溶性粉，混饮，60 毫克/升，每日 1 次，连用 2～3 天；肌注，5～20 毫克/千克体重，每天 2～3 次，连用 2～3 天。

【药物相互作用（不良反应）】 本品与其他半合成青霉素、卡那霉素、庆大霉素等合用易发挥协同作用。本品毒性低，但与青霉素有交叉过敏反应。其他同青霉素 G。

【注意事项】 同青霉素 G。

3. 阿莫西林（羟氨苄青霉素）

【性状】 类白色结晶性粉末，微溶于水。

【作用与用途】 本品的作用、用途、抗菌谱与氨苄西林基本相同，但杀菌作用快而强，内服吸收比较好，对呼吸道、泌尿道及肝、胆系统感染疗效显著。与氨苄西林有完全的交叉耐药性。

【用法与用量】 阿莫西林片和胶囊，内服，家禽 15～20 毫克/千克体重，每天 2 次；阿莫西林可溶性粉：家禽内服，一次量 250 毫克/千克体重，每日 2 次，连用 2～3 天；混饮，2.5 克/4 千克，自由饮水，连用3～5天。

【药物相互作用（不良反应）】、【注意事项】同青霉素G。

4. 海他西林（缩酮氨苄青霉素）

【性状】类白色结晶性粉末。在水、乙醇、乙醚中不溶，其钾盐易溶于水和乙醇。

【作用与用途】本身无抗菌性，但在体内外的水溶液和中性液体中可迅速溶解为氨苄西林发挥抗菌作用，常与氨苄西林配成复方制剂，用于治疗敏感菌引起的感染。

【用法与用量】海他西林片，50毫克/片、100毫克/片、200毫克/片。混饮，禽类60毫克/升，每日1次，连用2～3天。

二、头孢菌素类

1. 头孢噻吩（先锋霉素Ⅰ、噻孢霉素）

【性状】白色结晶性粉末，易溶于水。遮光、密封置阴凉干燥处保存。

【作用与用途】对革兰氏阳性菌和革兰氏阴性菌及钩端螺旋体均有较强作用，但对铜绿假单胞菌、真菌、支原体、结核分枝杆菌和原虫无效。主要用于葡萄球菌、链球菌、肺炎球菌、巴氏杆菌、大肠杆菌、沙门菌等引起的呼吸道、尿道感染等。可用于禽的葡萄球菌病和大肠杆菌病。

【用法与用量】注射用头孢噻吩钠，0.5克/瓶、1克/瓶。肌内注射，家禽10～20毫克/千克体重，每天1～2次。

【药物相互作用（不良反应）】不宜与庆大霉素合用。与青霉素有交叉过敏。其他同青霉素G。

【注意事项】内服吸收不良，只供注射。对肝、肾功能有影响。

2. 头孢氨苄

【性状】本品为白色至灰黄色冻干粉末，微臭。

【作用与用途】具有广谱抗菌作用。该药对各种革兰氏阳性菌、革兰氏阴性菌包括产β-内酰胺酶的菌株均有效，敏感菌有沙门菌、大肠杆菌、巴氏杆菌、嗜血杆菌、链球菌、葡萄球菌、坏死杆菌、放线菌等。其杀菌作用远比庆大霉素、氨苄西林、林可霉素、壮观霉素等其他抗生素强大。用于大肠杆菌、沙门菌等感染，猪的细菌性呼吸道感染。

【用法与用量】片（胶囊）剂，每片（粒）0.125 克、0.25 克；头孢氨苄混悬液，每 100 毫升 2 克。内服，家禽 35～55 毫克/千克体重，每日 4 次；每千克体重肌内注射 1 毫克，对鸭浆膜炎等巴氏杆菌病有特效。

【药物相互作用（不良反应）】本品罕见肾毒性，但病畜肾功能严重损害或合用其他对对肾有害的药物时，易于发生。

【注意事项】用稀释液或注射用水现用现配，稀释后的溶液 2～8℃冷藏可保存 7 天，室温可保存 12 小时，冷冻可保存 8 周。片剂或粉剂避光、阴冷处可保存 2 年。药效颜色变化和稀释后轻微混浊不影响效果。

三、大环内酯类

1. 红霉素

【性状】大环内酯类抗生素为白色或类白色结晶或粉末，难溶于水。

【作用与用途】抗菌谱同青霉素，对多数革兰氏阴性杆菌不敏感，但对耐青霉素的金黄色葡萄球菌仍然有效。此外，对肺炎支原体、立克次体、钩端螺旋体有效。主要用于治疗耐药金黄色葡萄球菌感染和青霉素过敏的病例，也可用于多杀性巴氏杆菌的感染，对肺炎球菌、链球菌、炭疽杆菌等引起的疾病及禽支原体病等也有治疗作用。

【用法与用量】内服，禽每天 10 毫克/千克体重，分 2 次内服或按 0.01%浓度饮水，连用 3～5 天，或按 0.01%～0.02%浓度混饲，连用 5 天；肌内注射，家禽 10～30 毫克/千克体重，每天 2 次。

【药物相互作用（不良反应）】红霉素液体剂型遇到酸性物质以及丁胺卡那霉素、硫酸链霉素、盐酸四环素、复合维生素 B、维生素 C 等会出现混浊，沉淀易失效。本品对新生仔畜毒性大，内服可引起胃肠功能紊乱。

【注意事项】细菌对红霉素易产生耐药性，但不持久，停药数月后可恢复敏感性。

2. 泰乐菌素

【性状】白色结晶性粉末，微溶于水，呈弱碱性，其盐类易溶于水且稳定。

【作用与用途】本品是一种畜禽专用抗生素，对革兰氏阳性菌和部分革兰氏阴性菌、螺旋体、立克次体以及衣原体等有抑制作用，对支原体有特效。对革兰氏阳性菌的作用较红霉素稍弱，与本类抗生素之间有交叉耐药性。临床上主要用于防治禽的慢性呼吸道病、传染性鼻炎、气囊炎、滑液性关节炎、肠炎等；并用作禽的饲料药物添加剂，能促进增重和提高饲料效益。

【用法与用量】肌内注射，按每千克体重25～50毫克，一日1次，连用3天。或混饮，预防量为0.05%，治疗量为0.1%～0.02%，连用3～5天（以泰乐菌素计）。

【药物相互作用（不良反应）】注意本品不能与聚醚类抗生素合用，否则，导致后者的毒性增强。

【注意事项】本品有较强的局部刺激性。产蛋母禽和泌乳奶牛禁用。休药期，磷酸泰乐菌素预混剂5天，酒石酸泰乐菌素可溶性粉1天。

3. 北里霉素（柱晶白霉素）

【性状】白色粉末，其酒石酸盐为白色或淡黄色粉末。能溶于水，无异味。

【作用与用途】与红霉素相似。对革兰氏阳性菌和支原体有较强抗菌作用，对部分革兰氏阴性菌、钩端螺旋体、立克次体及衣原体也有效。小剂量作饲料添加剂，具有促进生长作用。

【用法与用量】内服，1.5～2毫克/千克体重；治疗慢性呼吸道感染，混饮浓度为500毫克/升，连用3～5天；混饲浓度为330～500毫克/千克，连用5～7天。

【药物相互作用（不良反应）】一般无不良反应。

【注意事项】蛋禽产蛋期禁用。

4. 螺旋霉素

【性状】螺旋霉素游离碱为白色至淡黄色粉末，难溶于水，其硫酸盐、盐酸盐和己二酸盐能溶于水。

【作用与用途】抗菌谱类似红霉素，但效力不及红霉素。对革兰氏阳性菌和部分革兰氏阴性菌，如葡萄球菌、链球菌、肺炎球菌、大肠杆菌等有抗菌作用；对支原体、钩端螺旋体、立克次体亦有效。主要用于防治敏感菌所致的感染和禽支原体病。

【用法与用量】肌内注射或皮下注射，家禽 25～50 毫克/千克体重，每天 1 次。内服量为注射量的 2～3 倍。

【药物相互作用（不良反应）】螺旋霉素不影响茶碱等药物的体内代谢，但可使茶碱的作用增强，联合时应减少茶碱的用量；泰乐菌素、卡那霉素、杆菌肽锌、恩拉霉素、北里霉素、维吉尼霉素和黄霉素均不宜与螺旋霉素配伍。

【注意事项】本品能损坏肝脏和肾脏，肝肾功能不全者慎用；由于排泄慢，对食用动物，用药后需要较长时间的休药期。

四、林可胺类

1. 林可霉素（洁霉素）

【性状】盐酸林可霉素为白色结晶粉末。易溶于水。

【作用与用途】主要对革兰氏阳性菌，如金黄色葡萄球菌、链球菌、肺炎球菌、破伤风梭菌、炭疽杆菌、大多数产气荚膜梭菌等有较强抗菌作用，特别适用于耐青霉素、红霉素菌株的感染及对青霉素过敏的病畜。常用于支原体和嗜血杆菌感染。对革兰氏阴性菌、肠球菌作用较差。

【用法与用量】内服，每 1000 千克饲料添加 22～44 克，连用 1～4 周。混饮，每升水 15～30 毫克。肌内注射，20～40 毫克/千克体重，每天 1 次，连用 3 天。治疗坏死性肠炎，每升水中加入 16.9 毫克，连用 3～5 天，效果良好（以盐酸林可霉素计）。

【药物相互作用（不良反应）】本品与大观霉素和庆大霉素合用有协同作用；本品与氨基糖苷类和多肽类抗生素合用，可能加剧对神经肌肉接头的阻滞作用；本品与红霉素合用，有拮抗作用；本品与卡那霉素、新霉素混合静注，发生配伍禁忌。

【注意事项】产蛋期禁用。

2. 克林霉素（氯林可霉素）

【性状】克林霉素盐酸盐（或磷酸盐）为白色结晶性粉末，味苦，易溶于水。

【作用与用途】同林可霉素，但抗菌活性是林可霉素的4～8倍。

【用法与用量】内服或肌内注射，用量同林可霉素。

【药物相互作用（不良反应）】与林可霉素、红霉素有交叉耐药性。与大环内酯类和氯霉素相拮抗，故不能与氯霉素、红霉素等合用。

【注意事项】产蛋期禁用。

五、氨基糖苷类

1. 链霉素

【性状】链霉素是一种有机碱，不溶于水，能与酸结合成盐，一般制成硫酸链霉素。

【作用与用途】抗菌谱较青霉素广，主要是对结核分枝杆菌和多种革兰氏阴性菌有强大的杀菌作用。对沙门菌、大肠杆菌、布鲁氏菌、巴氏杆菌、痢疾杆菌、副伤寒杆菌、嗜血杆菌均敏感，对禽败血支原体也有作用。对革兰氏阳性球菌的作用不如青霉素；对钩端螺旋体、放线菌等也有效。主要用于对本品敏感的细菌所引起的急性感染，如大肠杆菌引起的肠炎、白痢、子宫炎、败血症和鹅卵黄性腹膜炎等；巴氏杆菌引起的禽霍乱等；钩端螺旋体病、放线菌病、伤寒、副伤寒、支原体病、禽传染性鼻炎、幼禽溃疡性肠炎等。

【用法与用量】肌内注射，成年禽100～200毫克/只，雏禽10～40毫克/只，每天2次；家禽混饮浓度为0.02%～0.03%，连用3～5天；喷雾，每立方米空间为20万～30万单位；内服，1次量，每只家禽50毫克。

【药物相互作用（不良反应）】本品遇酸、碱或氧化剂、还原剂均易被破坏而失活。在弱碱性环境中抗菌作用增强。与两性霉素、红霉素、新生霉素钠、磺胺嘧啶钠在水中相遇会产生混浊沉淀，故在注射或饮水给药时不能合用。

【注意事项】链霉素对其他氨基糖苷类有交叉过敏现象。对氨基糖苷类过敏的病畜应禁用本品；病畜出现失水或肾功能损害时慎用；用本品治疗尿道感染时，宜同时内服碳酸氢钠使尿液呈碱性；常用的硫酸链霉素、干燥粉针剂，在室温可保存数年之久，硫酸链霉素盐类水溶液，在室温中及 pH 3～7 时较稳定，可保存一周，但色泽可能变深，如变成深色，则不可供注射用。

2. 庆大霉素

【性状】常用其硫酸盐，易溶于水，在乙醇中不溶，性质稳定。

【作用与用途】抗菌谱广，对大多数革兰氏阴性菌及革兰氏阳性菌都具有较强的抑菌或杀菌作用，特别是对耐药性金黄色葡萄球菌引起的感染有显著疗效。对结核分枝杆菌和支原体等也有效。主要用于耐药性金黄色葡萄球菌、铜绿假单胞菌、变形杆菌、大肠杆菌等所引起的各种严重感染，如呼吸道、尿道感染，败血症、乳腺炎等。对禽慢性呼吸道病、坏死性皮炎和肉垂水肿等均有效。

【用法与用量】混饮，每升水的含药量，家禽预防用 20～40 毫克，治疗用 50～100 毫克；肌内注射，鹅 2～3 毫克/千克体重，每天 2～3 次。

【药物相互作用（不良反应）】本品对肾脏和听神经有毒性。

【注意事项】有呼吸抑制作用。

3. 卡那霉素

【性状】白色或类白色粉末。有吸湿性，易溶于水。密封保存于阴凉干燥处。

【作用与用途】抗菌谱广，对多种革兰氏阳性菌（包括结核分枝杆菌在内）及革兰氏阴性菌都具有较好的抗菌作用。革兰氏阳性菌中，以金黄色葡萄球菌（包括耐药性金黄色葡萄球菌）、炭疽杆菌较敏感，链球菌、肺炎链球菌敏感性较差；对金黄色葡萄球菌的作用约与庆大霉素相等。革兰氏阴性菌中，以大肠杆菌最敏感，肺炎球菌、沙门菌、巴氏杆菌、变形杆菌等近似，对其他革兰氏阴性菌的作用低于庆大霉素。主要用于敏感菌引起的各种感染，如禽霍乱、雏禽白痢、鹅卵黄性腹膜炎、坏死性肠炎、慢性呼吸道病等。

【用法与用量】 肌内注射，家禽10～30毫克/千克体重，每天2次；家禽混饮浓度为0.009%～0.026%，混饲浓度为0.015%～0.045%。

【药物相互作用（不良反应）】 不宜与钙剂合用。不易与其他抗生素配伍。

【注意事项】 对肾脏和听神经有毒害作用。

4. 阿米卡星（丁胺卡那霉素）

【性状】 其硫酸盐为白色或类白色结晶性粉末。几乎无臭，无味。

【作用与用途】 半合成的氨基糖苷类抗生素。本品的耐酶性能较强，当微生物对其他氨基糖苷类耐药后，对本品还常敏感。主要用于对卡那霉素或庆大霉素耐药的革兰氏阴性杆菌所致的消化道、泌尿道、呼吸道、腹腔、生殖系统等部位的感染以及败血症等。

【用法与用量】 肌内注射，家禽5～7.5毫克/千克体重，每天2次。

【药物相互作用（不良反应）】 同链霉素。

【注意事项】 病畜应足量饮水，以减少肾小管损害；不可静脉注射，以免发生神经肌肉阻滞和呼吸抑制。其他见链霉素。

5. 大观霉素（壮观霉素）

【性状】 其盐酸盐或硫酸盐为白色或类白色结晶性粉末，易溶于水。

【作用与用途】 抗菌谱广，对革兰氏阴性菌、革兰氏阳性菌都有效，主要适用于对青霉素、四环素耐药的病例，对支原体也有效。内服后不吸收，在肠道发挥抗菌作用；肌内注射或皮下注射后吸收良好，全部从尿排泄。用于治疗禽的大肠杆菌感染，禽类各种支原体感染和禽的多杀性巴氏杆菌、沙门菌引起的感染。

【用法与用量】 禽类混饮浓度0.06%～0.1%，连用5～7天。

【药物相互作用（不良反应）】 本品的耳毒性和肾毒性低于其他常用的氨基糖苷类抗生素，但能引起神经肌肉阻滞作用，注射钙剂可解救。

【注意事项】 本品内服吸收较差，仅限于肠道感染。严重急性感染宜注射给药。

六、四环素类

1. 土霉素

【性状】土霉素为淡黄色的结晶性或无定形粉末。在水中极微溶解，易溶于稀酸、稀碱。

【作用与用途】土霉素主要是抑制细菌的生长繁殖。抗菌谱广，不仅对革兰氏阳性菌如肺炎球菌、溶血性链球菌、部分葡萄球菌、破伤风梭菌和炭疽杆菌等有效，而且还对革兰氏阴性菌如沙门菌、大肠杆菌、巴氏杆菌属、布鲁氏菌等有抗菌作用；此外对立克次体、衣原体、支原体、螺旋体、放线菌和某些原虫等有效。但对铜绿假单胞菌、病毒和真菌无效；对革兰氏阳性菌的作用不如青霉素和头孢菌素；对革兰氏阴性菌的作用不如链霉素。

临床上用于如支原体引起的禽慢性呼吸道病、巴氏杆菌引起的禽霍乱、大肠杆菌或沙门菌引起的下痢等全身感染；用于呼吸道感染和原虫病等。

【用法与用量】内服，一次量禽50～100毫克/只，每天2次，连用3～5天；肌内注射，一次量，25毫克/千克体重，每天2次，连用3～5天；混饮浓度，0.016%～0.026%；混饲浓度，0.02%～0.08%，连用3～5天。

【药物相互作用（不良反应）】忌与碱溶液和含氯量高的水溶液混合；锌、铁、铝、镁、锰、钙等多价金属离子与其形成难溶的络合物而影响吸收，避免与乳类制品和含上述金属离子的药物和饲料共服。

【注意事项】应用土霉素可引起肠道菌群失调、二重感染等不良反应，故成年反刍动物和家兔不宜内服此药；水溶液不稳定，宜现用现配。遮光、密封置于干燥处。

2. 金霉素

【性状】盐酸金霉素为金黄色或黄色结晶。微溶于水。

【作用与用途】与土霉素相似。对革兰氏阳性菌如金黄色葡萄球菌感染的疗效较土霉素好。亦可用作饲料添加剂。

【用法与用量】内服同土霉素。混饲按0.02%～0.06%浓度。

【药物相互作用（不良反应）】同土霉素。

【注意事项】注意本品对胃肠黏膜和注射局部刺激作用较重，不可肌内注射，长期使用容易引起禽的脂肪肝变性。其他同土霉素。密封保存于干燥冷暗处。

3. 四环素

【性状】盐酸四环素为黄色结晶性粉末。有吸湿性，可溶于水。

【作用与用途】同土霉素，但对革兰氏阴性菌的作用较强。内服吸收良好。

【用法与用量】内服剂量同土霉素。混饲浓度为0.02%～0.06%；混饮浓度为0.012%～0.035%。

【药物相互作用（不良反应）】、**【注意事项】**同土霉素。

4. 多西环素（强力霉素）

【性状】其盐酸盐为淡黄色或黄色结晶性粉末。易溶于水，微溶于乙醇。1%水溶液的pH为2～3。

【作用与用途】抗菌谱与其他四环素类相似，体内外抗菌活性较土霉素、四环素强。细菌对本品与土霉素、四环素等存在交叉耐药性。主要用于治疗畜禽的支原体病、大肠杆菌病、沙门菌病、巴氏杆菌病和鹦鹉热等。

【用法与用量】内服，15～25毫克/千克体重，一天一次，连用3～5天；混饲浓度为0.01%～0.02%；混饮浓度为0.005%～0.01%；肌内注射，一次量，家禽15～25毫克。

【注意事项】蛋禽产蛋期和奶牛泌乳期禁用，其他同土霉素。

七、酰胺醇类

酰胺醇类包括甲砜霉素和氟苯尼考，两者为氯霉素的衍生物。

1. 甲砜霉素

【性状】白色结晶性粉末，无臭，微溶与水，溶于甲醇，几乎不溶于乙醚或氯仿。

【作用与用途】广谱抗生素。对多数革兰氏阴性菌和革兰氏阳性菌均有抑菌（低浓度）和杀菌（高浓度）作用，对部分衣原体、钩端螺旋体、立克次体和某些原虫也有一定的抑制作用。对肠杆菌科细菌和金黄色葡萄球菌的活性较氯霉素弱，与氯霉素存在交叉耐药性，但某些对氯霉素耐药的菌株仍然对甲砜霉素敏感。主要用于畜禽的细菌性疾病，尤其是大肠杆菌、沙门菌及巴氏杆菌感染。

【用法与用量】内服，禽 20～30 毫克/千克体重，每天 2 次。混饲，每 1000 千克饲料 200～300 克。

【药物相互作用（不良反应）】不产生再生障碍性贫血，但可抑制红细胞、白细胞和血小板生成，程度比氯霉素轻。

【注意事项】禁用于免疫接种期的动物和免疫功能严重缺损的动物；肾功能不全的病畜要减量或延长给药间隔。

2. 氟苯尼考（氟甲砜霉素）

【性状】白色或类白色结晶性粉末。无臭。

【作用与用途】畜禽专用抗生素。其抗菌活性是氯霉素的 5～10 倍；对氯霉素、甲砜霉素、阿莫西林、金霉素、土霉素等耐药的菌株，使用氟苯尼考仍有效。主要用于预防和治疗畜、禽的各类细菌性疾病，尤其对呼吸道和肠道感染疗效显著，如巴氏杆菌病、大肠杆菌病、沙门菌病、传染性鼻炎、慢性呼吸道疾病及葡萄球菌病等。

【用法与用量】内服，20～30 毫克/千克体重，每天 2 次；肌内注射，20 毫克/千克体重，每天 2 次。混饮：每千克水 100 毫克（即每瓶本品加水 300 千克），连用 3 天。

【药物相互作用（不良反应）】有胚胎毒性，故妊娠动物禁用。

【注意事项】本品不良反应少，不引起骨髓造血功能的抑制或再生障碍性贫血。

八、多肽类

1. 多黏菌素 E（黏菌素、抗敌素）

【性状】硫酸盐为白色或微黄色粉末。有引湿性。在水中易溶，在乙醇中微溶。

【作用与用途】本品为窄谱杀菌剂，对革兰氏阴性杆菌的抗菌活性强。主要敏感菌有大肠杆菌、沙门菌、巴氏杆菌、布鲁氏菌、弧菌、痢疾杆菌、铜绿假单胞菌等，尤其对铜绿假单胞菌具有强大的杀菌作用。内服不吸收，用于治疗禽畜的大肠杆菌性下痢和对其他药物耐药的细菌性痢疾。外用于烧伤和外伤引起的铜绿假单胞菌局部感染和眼、耳、鼻等部位细菌的感染。注射已少用。

【用法与用量】内服，家禽 3～8 毫克/千克体重，每天 1～2 次；混饮，每升水，20～60 毫克（以多黏菌素计）；混饲（用于促生长），每 1000 千克饲料，禽 2～20 克（以多黏菌素计）。

【药物相互作用（不良反应）】本品吸收后，对肾脏和神经系统有明显毒性，在剂量过大或疗程过长，以及注射给药和肾功能不全时均有中毒的危险。

【注意事项】蛋禽产蛋期禁用。

2. 杆菌肽

【性状】白色或淡黄色粉末。具有吸湿性。易溶于水和乙醇。本品的锌盐为灰色粉末，不溶于水，性质稳定。

【作用与用途】对革兰氏阳性菌有杀菌作用，包括耐药的金黄色葡萄球菌、肠球菌、链球菌，对螺旋体和放线菌也有效，但对革兰氏阴性杆菌无效。本品的抗菌作用不受环境中脓、血、坏死组织或组织渗出液的影响。临床上还可局部应用于革兰氏阳性菌所致的皮肤、伤口感染，眼部感染和乳腺炎等。

【用法与用量】杆菌肽锌（以杆菌肽计），内服，禽 20～50 毫克/千克体重，每天 1～2 次；混饲，每 1000 千克饲料，16 周龄以下禽 4～40 克。可溶性粉（以杆菌肽计），混饮，每升水，治疗 50～100 毫克，连用 5～7 天，预防 25 毫克（主要用于耐青霉素的金黄色葡萄球菌感染）。

【药物相互作用（不良反应）】本品与青霉素、链霉素、新霉素、多黏菌素等合用有协同作用。

【注意事项】产蛋期禁用。

第三节　合成抗菌药物的安全使用

一、磺胺类

1. 磺胺嘧啶（SD）

【性状】白色或类白色结晶粉。几乎不溶于水，其钠盐溶于水。

【作用与用途】 抗菌力较强，对各种感染均有较好疗效，常用于治疗禽霍乱、禽伤寒、禽白痢、住白细胞虫病、弓形虫病等，亦是治疗各种脑部细菌感染的良好药物。

【用法与用量】 磺胺嘧啶片，口服，家禽 0.14～0.2 克/千克体重（首次量），以后按 0.07～0.1 克/千克体重（维持量）给药，每日 2 次；磺胺嘧啶钠注射液，静脉或深部肌内注射，家禽 0.05～0.1 克/千克体重，每日 2 次；复方磺胺嘧啶片，口服，家禽 30 毫克/千克体重，每日 2 次；复方磺胺嘧啶钠注射液，肌内注射，禽 0.17～0.2 毫升/千克体重，每日 1～2 次。混饮，家禽 0.2 毫升/升。

【药物相互作用（不良反应）】 薄荷醇和冰片具有促进磺胺嘧啶透过血脑屏障作用，可减少对血脑屏障结构的损伤；磺胺嘧啶钠的注射液或水溶液呈碱性，因此不可与酸性较强的药物如维生素 C 等合用；不可与阿米卡星、庆大霉素、卡那霉素、林可霉素、链霉素、四环素、碳酸氢钠、氢化可的松、青霉素 G、氯化钾、氯化钙、葡萄糖酸钙、维生素 C、维生素 B_6、酚磺乙胺、阿托品和红霉素等配伍联用。

【注意事项】 应用磺胺类药物治疗全身感染性疾病时，应注意以下几方面内容。

① 首次用药要给予突击量，即大于治疗量 1 倍，使其迅速达到有效血浆浓度（5～10 毫克/100 毫升），以后给予维持量（治疗量）。

② 如果有中毒等不良反应出现，要立即停药，并供给充足的饮水，在饮水中可加入 0.5%～1%碳酸氢钠或 5%的葡萄糖；也可在饲料中加 0.05%维生素 K 或在饲料中加倍使用 B 族维生素，均可缓解不良反应。使用磺胺类药物时，可增加一定量的碳酸氢钠，以碱化尿液，促进磺胺类药物及其代谢产物的排泄。

③ 要防止耐药性的产生。细菌对磺胺类药物有交叉耐药性，如果使用某种磺胺类药物，细菌产生耐药性后，应换用其他类抗生素或喹诺酮类药物。

④ 磺胺类药物只有抑菌作用而无杀菌作用，在用药期间应加强饲养管理、提高机体的抗病力。

2. 磺胺二甲嘧啶（SM_2）

【性状】 白色或微黄色结晶或粉末。几乎不溶于水，其钠盐溶于水。

【作用与用途】抗菌力较强，但比磺胺嘧啶稍弱，有抗球虫作用。用于防治巴氏杆菌病、呼吸道和消化道感染、球虫病及禽霍乱、伤寒、副伤寒、传染性鼻炎等。

【用法与用量】口服，禽 0.14～0.2 克/千克体重（首次量），以后按 0.07～0.1 克/千克体重（维持量）给药，每日 2 次。混饲，家禽混饲浓度为 0.4%～0.5%，混饮浓度为 0.1%～0.2%，连用 3 天。注射用量同内服。

【药物相互作用（不良反应）】、【注意事项】同磺胺嘧啶。

3. 磺胺甲噁唑（新诺明，SMZ）

【性状】白色结晶性粉末。几乎不溶于水。

【作用与用途】抗菌作用较其他磺胺药强。与抗菌增效剂甲氧苄啶合用，抗菌作用可增强数倍至数十倍。主要用于治疗呼吸道、尿道感染，如葡萄球菌病、大肠杆菌病、禽霍乱、禽副伤寒、禽慢性呼吸道病和细菌性痢疾等。

【用法与用量】复方新诺明片，内服，家禽 20～30 毫克/千克体重，每天 2 次，连用 3 天；增效联磺片，口服（以磺胺甲噁唑计），20～25 毫克/千克体重，每日 1～2 次，连用 3～5 天；磺胺甲噁唑注射液，深部肌内注射（以磺胺甲噁唑计），0.05 克/千克体重，每日 2 次。

【药物相互作用（不良反应）】咪康唑与复方磺胺甲噁唑联用，可增强体外抗白色念珠菌的效力；左旋咪唑与复方磺胺甲噁唑配伍联用治疗弓形虫病，可破坏虫体、减少抗原刺激、改善症状；对乙酰氨基酚（扑热息痛）可加强复方磺胺甲噁唑的作用，使血药浓度升高、增强药效、减少不良反应；磺胺甲噁唑可使茶碱血药浓度明显升高；本品肾毒性较大，应用时宜与碳酸氢钠同服，并供给充足饮水。

【注意事项】同磺胺嘧啶。

4. 磺胺对甲氧嘧啶（磺胺-5-甲氧嘧啶，消炎磺，SMD）

【性状】白色或微黄色结晶粉。几乎不溶于水，其钠盐溶于水。

【作用与用途】抗菌范围广，但抗菌效力比磺胺间甲氧嘧啶弱。

口服吸收迅速而完全，排泄慢，维持有效血药浓度时间长。主要经尿液排泄，尿液中溶解度和浓度均较高，故对尿路感染疗效显著。与磺胺增效剂甲氧苄啶、二甲氧苄啶合用，其增效作用较其他磺胺类药物显著。主要用于敏感菌如化脓性链球菌、沙门菌、肺炎球菌和伤寒沙门菌等所引起的生殖道、呼吸道、泌尿道、肠道和皮肤软组织感染，也可用于球虫病的治疗。

【用法与用量】磺胺对甲氧嘧啶，口服，家禽 50～100 毫克/千克体重，每日 1～2 次，连用 3～5 天；混饲，治疗球虫病时用量为 0.5～2 克/千克，预防时用 0.5～1 克/千克，每日 1～2 次，连用 3～5 天。复方磺胺对甲氧嘧啶片，口服（以磺胺对甲氧嘧啶计），家禽 20～25 毫克/千克体重，连用 3～5 天，休药期 28 天；复方敌菌净片，口服（以磺胺对甲氧嘧啶计），家禽 30 毫克/千克体重，每日 1～2 次，连用 3～5 天。复方磺胺对甲氧嘧啶钠注射液，肌内注射，家禽 0.1～0.2 毫升/千克体重，每日 1～2 次；混饮，家禽 0.2 毫升/升。预混剂，混饲（以磺胺对甲氧嘧啶计），家禽 1 克/千克，休药期 28 天。

【药物相互作用（不良反应）】与甲氧苄啶按 5∶1 比例配合，对金黄色葡萄球菌、大肠杆菌、变形杆菌等的抗菌活性可增强 10～30 倍。其他同磺胺嘧啶。

【注意事项】同磺胺嘧啶。

5. 磺胺间甲氧嘧啶（磺胺-6-甲氧嘧啶，制菌磺，SMM）

【性状】白色或微黄色结晶粉。几乎不溶于水，其钠盐溶于水。

【作用与用途】体内外抗菌作用最强的磺胺药，对球虫和弓形虫也有显著作用。用于防治各种敏感菌所致的畜禽呼吸道、消化道、尿道感染及球虫病等。与甲氧苄啶合用可增强疗效。

【用法与用量】磺胺间甲氧嘧啶片，口服（磺胺间甲氧嘧啶计），家禽 50～100 毫克/千克体重，每日 1～2 次，连用 3～5 天；混饲，治疗球虫病时用 0.5～2 克/千克，预防时用 0.5～1 克/千克，每日 1～2 次，连用 3～5 天。复方磺胺间甲氧嘧啶片，口服（以磺胺间甲氧嘧啶计），家禽 20～25 毫克/千克体重，每日 1～2 次，连用 3～5 天。

【药物相互作用（不良反应）】、**【注意事项】**同磺胺嘧啶。

6. 磺胺脒（SG）

【性状】白色针状结晶性粉末。无臭或几乎无臭、无味，遇光易变色。微溶于水。

【作用与用途】内服吸收少，在肠内可保持较高浓度。用于防治肠炎、腹泻等细菌性感染。

【用法与用量】内服，一次量，禽0.12～0.2克/千克体重（首次量），维持量70～100克/千克体重，每天2次。

【药物相互作用（不良反应）】用量过大或肠阻塞、严重脱水等病畜应用易损害肾脏。

【注意事项】成年反刍动物少用。

7. 琥珀酰磺胺噻唑（SST）

【性状】白色或微黄色结晶粉。不溶于水。

【作用与用途】内服不易吸收，在肠内经细菌作用后，释出磺胺噻唑而发挥抗菌作用。抗菌作用比磺胺脒强，副作用也较小。用途同磺胺脒。

【用法与用量】、**【药物相互作用（不良反应）】**、**【注意事项】**同磺胺脒。

8. 磺胺噻唑（ST）

【性状】白色或淡黄色结晶、颗粒或粉末。极微溶于水。

【作用与用途】抗菌作用比磺胺嘧啶强，用于敏感菌所致的肺炎、出血性败血症、子宫内膜炎及禽霍乱、鸡白痢等。对感染创可外用其软膏剂。

【用法与用量】家禽混饲浓度为0.5%。

【药物相互作用（不良反应）】本品排泄时容易在肾小管析出结晶。

【注意事项】内服时与适量碳酸氢钠合用。

9. 磺胺地索辛（磺胺-2,6-二甲氧嘧啶，SDM）

【性状】白色或乳白色结晶粉，微溶于水。

【作用与用途】抗菌作用与磺胺嘧啶相似，抗原虫作用比磺胺喹噁啉强。主要用于防治禽霍乱、禽传染性鼻炎、畜禽球虫病、住白细胞虫病等。

【用法与用量】 内服，家禽 0.1～0.2 克/千克体重，每天 1 次。混饲浓度为 0.1%～0.2%，混饮浓度为 0.05%～0.1%，连用 5～7 天。

【药物相互作用（不良反应）】、【注意事项】 同磺胺嘧啶。

10. 磺胺多辛（磺胺-5,6-二甲氧嘧啶，周效磺胺，SDM′）

【性状】 白色或近白色结晶粉，几乎不溶于水。

【作用与用途】 抗菌作用同磺胺嘧啶，但稍弱。内服吸收迅速。主要用于轻度或中度呼吸道、消化道和尿道感染，对球虫病和弓形虫病也有疗效。

【用法与用量】 内服，0.01～0.1 克/千克体重，每天 1 次；混饲浓度为 0.05%～0.1%，混饮浓度为 0.025%～0.05%，连用 5 天；肌内注射，0.025 克/千克体重，每天 1 次。

【药物相互作用（不良反应）】、【注意事项】 同磺胺嘧啶。

二、抗菌增效剂

1. 甲氧苄啶（甲氧苄氨嘧啶、三甲氧苄氨嘧啶，TMP）

【性状】 白色或淡黄色结晶性粉末。味微苦。在乙醇中微溶，在水中几乎不溶，在冰醋酸中易溶。

【作用与用途】 抗菌谱广，其抗菌作用与磺胺类药物相似但效力较强。对多种革兰氏阴性菌和革兰氏阳性菌均有抗菌作用，其中较敏感的有溶血性链球菌、葡萄球菌、大肠杆菌、变形杆菌、巴氏杆菌和沙门菌等，但对铜绿假单胞菌、结核分枝杆菌、丹毒杆菌、钩端螺旋体无效。本品与磺胺药的复方制剂合用，对禽球虫病、住白细胞虫病、禽霍乱、禽传染性鼻炎、大肠杆菌病等，均有良好的防治效果。

【用法与用量】 内服或肌内注射，各种畜禽 10 毫克/千克体重，每天 2 次。混饲浓度为 0.02%～0.04%，混饮 0.012%～0.02%。

【药物相互作用（不良反应）】 与磺胺类药物配伍联用，可增强疗效且不易产生耐药性；与氨基糖苷类药物、利福平、小檗碱联用有协同抗菌作用；与大环内酯类药物如红霉素、麦迪霉素等合用在体外试验发现有增效作用；与青霉素、土霉素联用有显著增效作用；与林可霉素有协同作用，可增强抗菌效力、提高疗效、减少药物不良反应；与多西环素联用对少部分菌株有协同和累加抗菌作用，对大部分菌株无增效作用；与黏菌素类药物联用，增效作用达2～32倍，且对铜绿假单胞菌有协同作用；与喹诺酮类药物联用，增效作用显著，药物副作用亦低于单独用药。与四环素联用体外试验无增效作用；与大剂量对乙酰氨基酚长期联用，可引起贫血、血小板降低或白细胞减少。

【注意事项】单用易产生耐药性，一般不单独作抗菌药使用。

2. 二甲氧苄啶（二甲氧苄氨嘧啶，DVD）

【性状】白色粉末或微金黄结晶，味微苦，在水、乙醇中不溶，在盐酸中溶解，在稀盐酸中微溶。

【作用与用途】与甲氧苄啶相同但作用较弱。内服吸收不良，在消化道内可保持较高浓度，因此，用于防治肠道感染的抗菌增效作用比甲氧苄啶强。常与磺胺类药物联合，用于防治畜禽球虫病及肠道感染等。

【用法与用量】内服，各种畜禽10毫克/千克体重，每天2次。

【药物相互作用（不良反应）】、【注意事项】同甲氧苄啶。

三、喹诺酮类

1. 恩诺沙星

【性状】本品为白色结晶性粉末。无臭、味苦。在水中或乙醇中极微溶解，在醋酸、盐酸或氢氧化钠溶液中易溶。其盐酸盐及乳酸盐均易溶于水。

【作用与用途】本品为广谱杀菌药，对支原体有特效。临床上主要用于大肠杆菌、沙门菌、铜绿假单胞菌、嗜血杆菌、巴氏杆菌、葡萄球菌、链球菌、禽败血支原体等引起的呼吸、消化、泌尿系统和皮肤感染及败血症。其抗支原体的效力比泰乐菌素和泰妙菌素强，对耐泰乐菌素、泰妙灵的支原体，本品亦有效。防治白痢、霍乱和慢性呼吸道病。

【用法与用量】可溶性粉，混饮（以恩诺沙星计），家禽25～75毫克/升，每日2次，连用3～5天；混饲，每千克体重，家禽100毫克。针剂，肌内注射（以恩诺沙星计），禽 2.5～5 毫克/千克体重，每日 2 次，连用 3 天，必要时停药 2 天后再连用 3 天。

【药物相互作用（不良反应）】

① 配伍增效。与安普霉素联用抗菌活性增强，呈协同作用；丙磺舒可降低肾清除率，使恩诺沙星的血药浓度升高；与甲氧苄啶等磺胺增效剂配伍联用可使恩诺沙星抗菌活性增强，且减少耐药性产生。

② 配伍禁忌。恩诺沙星有抑制肝药酶作用，与在肝脏中代谢的药物如红霉素、林可霉素等合用，可使其清除率降低、血药浓度升高；氟苯尼考、甲砜霉素可拮抗恩诺沙星的抗菌活性，使其疗效降低；制酸药降低恩诺沙星在胃肠道中的吸收，不宜同用；与利福平联用可使恩诺沙星作用降低；与含金属阳离子如铝离子、镁离子的药物合用可形成不溶性难吸收的络合物。

【注意事项】产蛋期禁用。

2. 环丙沙星

【性状】其盐酸盐和乳酸盐，为淡黄色结晶性粉末。易溶于水。

【作用与用途】本品属于广谱杀菌药。对革兰氏阴性菌的抗菌活性是目前兽医临床应用的氟喹诺酮类最强的一种；对革兰氏阳性菌的作用也较强。此外，对支原体、厌氧菌、铜绿假单胞菌亦有较强的抗菌作用。用于全身各系统的感染，对消化道、呼吸道、泌尿生殖道、皮肤软组织感染等均有良效。

【用法与用量】内服，一次量，每千克体重 5～10 毫克，2 次/天。混饮，每升饮水，禽 50 毫克；肌内注射，一次量，每千克体重 5 毫克，2 次/天。片剂，内服，一次量，每千克体重，家禽 5～10 毫克，每日 2 次。

【药物相互作用（不良反应）】忌与含铝、镁等金属离子的药物同用。尿碱化剂可降低本品在尿中的溶解度，导致结晶尿和肾毒性；利福平、甲砜霉素、氟苯尼考，均可使本品的抗菌作用降低。可使幼龄动物软骨发生变性，引起跛行及疼痛；消化系统反应有呕吐、腹痛、腹胀；皮肤反应有红斑、瘙痒、荨麻疹及光敏反应等。

【注意事项】产蛋期禁用；本药空腹使用效果好。

3. 达氟沙星（达诺沙星）

【性状】 其甲磺酸盐，为白色至淡黄色结晶性粉末。无臭、味苦。在水中易溶，在甲醇中微溶。

【作用与用途】 属于广谱杀菌药。主要用于禽大肠杆菌病、禽霍乱、慢性呼吸道病等。

【用法与用量】 可溶性粉，混饮（以达氟沙星计），家禽 25～50 毫克/升，连用 3～5 天；注射液，肌内或皮下注射，1.25 毫克/千克体重或混饮（以达氟沙星计），家禽 25～50 毫克/升，连用 3～5 天；溶液，混饮（以达氟沙星计），家禽 25～50 毫克/升，连用 3～5 天。

【药物相互作用（不良反应）】

① 配伍增效。与青霉素类药物有协同抗菌作用；与头孢菌素类、氨基糖苷类药物有协同抗菌作用，但因肾毒性亦增强，需减少剂量并分别给药。

② 配伍禁忌。与大环内酯类、四环素类药物联用药效降低；与利福平、酰胺醇类药物联用可导致达诺沙星作用降低甚至失效；钙离子、镁离子、氯离子可使本品吸收量减少；本品有抑制茶碱代谢作用，联用可提高茶碱血药浓度，延长半衰期，导致茶碱中毒。

【注意事项】 产蛋期禁用。

4. 沙拉沙星（福乐星）

【性状】 类白色或微黄色结晶性粉末。无臭、味苦。在水中易溶，在甲醇中微溶。

【作用与用途】 本品属于广谱杀菌药。本品主要用于家禽细菌性疾病和支原体感染，如大肠杆菌病、沙门菌病、巴氏杆菌病和葡萄球菌病。

【用法与用量】 混饮，家禽 25～50 毫克/升，连用 3～5 天。肌内注射，一次量，每千克体重，2.5～5 毫克，2 次/天，连用 3～5 天。

【药物相互作用（不良反应）】、【注意事项】 见恩诺沙星。

5. 二氟沙星（双氟哌酸）

【性状】 白色至淡黄色结晶性粉末。无臭、味苦。遇光颜色逐渐变深。在水中易溶，在甲醇中微溶。

【作用与用途】 畜禽专用的氟喹诺酮类药物。主要用于防治禽葡萄球菌病、大肠杆菌病、禽白痢、禽霍乱和慢性呼吸道病等。

【用法与用量】 粉剂，混饮（以盐酸二氟沙星计），家禽 50～100 毫克/升，连用 3～5 天。口服，5～10 毫克/千克体重，每日 2 次，连用 3～5 天。

【药物相互作用（不良反应）】

① 配伍增效。与青霉素类、头孢菌素类药物能产生协同作用；与甲氧苄啶等磺胺增效剂配伍联用可增强抗菌作用、减少耐药性。

② 配伍禁忌。与氨基糖苷类药物联用抗菌作用及毒性均增强；酰胺醇类药物、利福平可导致二氟沙星抗菌活性降低、不良反应增加；与大环内酯类、四环素类、林可胺类药物联用药效降低；与金属阳离子可发生螯合反应，影响吸收、降低疗效；抗胆碱药、抗酸剂可影响二氟沙星在肠道内的吸收。

【注意事项】 产蛋期禁用。

6. 氟甲喹

【性状】 白色粉末，味微苦，有烧灼感，几乎不溶于水。

【作用与用途】 对革兰氏阴性菌有效，对大肠杆菌、沙门菌、克雷伯氏菌、巴氏杆菌、葡萄球菌、变形杆菌和假单胞菌等均有很强的抗菌作用，对支原体也有一定效果。主要用于革兰氏阴性菌所引起的畜禽消化道和呼吸道感染（包括慢性呼吸道病）。

【用法与用量】 混饮（以氟甲喹计），家禽 30～60 毫克/升，连用 3～4 天。

【药物相互作用（不良反应）】、【注意事项】 参见恩诺沙星。

四、喹噁啉类

乙酰甲喹（痢菌净）

【性状】 黄色晶粉，无臭，味微苦，在水中微溶。

【作用与用途】 广谱抗菌药，对多数细菌有较强的抑制作用，对革兰氏阴性菌作用更强，对密螺旋体作用尤为突出。可用于预防和治疗禽霍乱、白痢等。

【用法与用量】 乙酰甲喹片，口服，5～10 毫克/千克体重，每日

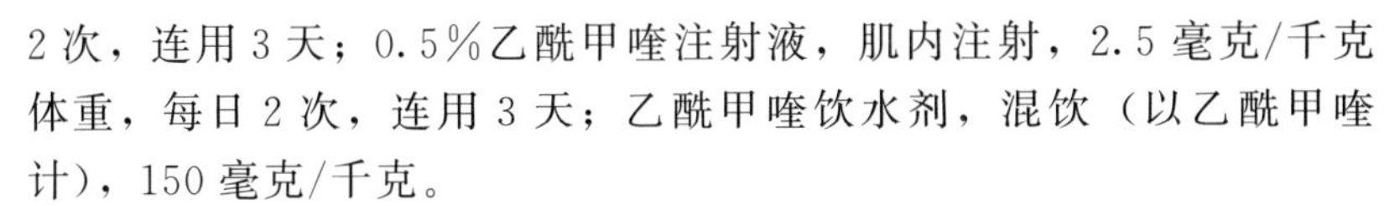

2次，连用3天；0.5%乙酰甲喹注射液，肌内注射，2.5毫克/千克体重，每日2次，连用3天；乙酰甲喹饮水剂，混饮（以乙酰甲喹计），150毫克/千克。

【药物相互作用（不良反应）】过量使用易造成生长受阻，肾上腺皮质受损，引起高钾血症，甚至出现中毒。家禽对本品较为敏感。

【注意事项】本品只能作为治疗用药，不能用作促生长剂。雏禽慎用。

五、硝基咪唑类

1. 甲硝唑

【性状】本品为白色或微黄色的结晶或结晶性粉末；有微臭，味苦而略咸。本品在乙醇中略溶，在水或氯仿中微溶，在乙醚中极微溶解。

【作用与用途】本品对毛滴虫有较强的杀灭作用，对球虫和阿米巴原虫也有效，对革兰氏阳性厌氧菌有良好的抗菌作用。临床上主要用于治疗禽毛滴虫病和厌氧菌所致的各种感染（如腹膜炎等），也可用于治疗球虫病、组织滴虫病等。

【用法与用量】甲硝唑片（胶囊），混饲（以甲硝唑计），家禽250克/1000千克，5～7天为1个疗程。甲硝唑注射液，混饮，家禽0.5克/升，连用7天；注射，2.5毫克/千克体重，每天2次，连用3天。可溶性粉，混饮，每100克本品加水200千克，重症加倍使用。

【药物相互作用（不良反应）】与蜂蜜、蜂胶配伍，有协同性抗菌和抗原虫作用；与抗生素配伍，可扩大抗感染范围和增强作用、提高疗效。

不宜与庆大霉素、氨苄西林钠直接配伍，以免药液浑浊、变黄；与土霉素合用，可减弱甲硝唑的抗滴虫效应；与氯喹联用，可出现急性肌张力障碍，两药交替应用，可治疗阿米巴肝脓肿；与西咪替丁合用，可减少甲硝唑从体内排泄；糖皮质激素可使甲硝唑血药浓度下降，联用时须加大甲硝唑剂量。

【注意事项】用量过大可出现震颤、运动失调等不良反应；开产后备母鹅、产蛋鹅禁用。

2. 地美硝唑（二甲硝咪唑）

【性状】类白色或微黄色粉末。在乙醇中溶解，在水中微溶。

【作用与用途】具有广谱抗菌和抗原虫作用，不仅能抗肠弧菌、多形性杆菌、链球菌、葡萄球菌和密螺旋体，还能抗组织滴虫、纤毛虫、阿米巴原虫和六鞭毛虫等。临床上主要用于禽的厌氧菌感染、组织滴虫病和六鞭毛虫病。

【用法与用量】混饲（以地美硝唑计），每千克饲料200毫克。

【药物相互作用（不良反应）】同甲硝唑。

【注意事项】产蛋禽禁用；鹅对本品甚为敏感，剂量大会引起平衡失调等神经症状。

六、其他合成抗菌药

盐酸小檗碱（盐酸黄连素）

【性状】黄色结晶性粉末，无臭，味微苦。在热水中溶解，在水或乙醇中微溶。

【作用与用途】小檗碱为黄连及其他同属植物根茎中的主要生物碱，对痢疾杆菌、大肠杆菌、金黄色葡萄球菌等引起的肠道感染（包括细菌性痢疾）等有效；对流感病毒、某些致病性真菌及滴虫等也有抑制作用。

【用法与用量】盐酸小檗碱片和胶囊，口服，一次量，鸭、鹅0.05克/千克体重，每日2次，连用1～2天。

【药物相互作用（不良反应）】与甲氧苄啶合用有协同作用；含鞣质的中药，其鞣质可与本品生成难溶性鞣酸盐沉淀，降低药效。

【注意事项】不可静脉注射，若有结晶可温热溶解后再用；家禽连续应用以不超过10天为宜，产蛋禽禁用。休药期禽为3天。

第四节　抗真菌药物的安全使用

1. 制霉菌素

【性状】淡黄色粉末，有吸湿性，不溶于水，略溶于乙醇、甲醇。

【作用与用途】广谱抗真菌药。对念珠菌、曲霉菌、毛癣菌、表皮癣菌、小孢子菌、组织胞浆菌、皮炎芽生菌、球孢子菌等均有抑菌或杀菌作用。主要用于防治曲霉菌病、念珠菌病、冠癣及长期服用广谱抗生素所致的真菌性二重感染。气雾吸入对肺部霉菌感染效果好。

【用法与用量】混饲，每千克饲料添加 50 万～100 万单位，连用 1～3 周。气雾用药，每立方米 50 万单位，吸入 30～40 分钟。内服，雏鹅 5000～10000 单位/只，每日 2 次，连用 3～5 天；成年禽，每千克体重 1 万～2 万单位，每日 2 次。软膏剂、混悬剂（现用现配）供外用。

【药物相互作用（不良反应）】无不良反应。

【注意事项】内服不易吸收，常规剂量内服或混饲，对全身性真菌感染无明显疗效。

【最高残留量】不得检出。

2. 两性霉素 B

【性状】黄色至橙色结晶性粉末。不溶于水。

【作用与用途】抗深部真菌感染药。组织胞浆菌、念珠菌、皮炎芽生菌、球孢子菌等对本品敏感。对曲霉菌病和毛霉菌病亦有一定疗效。对胃肠道、肺部真菌感染宜用内服或气雾吸入，以提高疗效。

【制剂与规格】注射用两性霉素 B 粉针，每瓶 5 毫克、25 毫克和 50 毫克。

【用法与用量】气雾，25 毫克/米^3，吸入 30～40 分钟。

【药物相互作用（不良反应）】本品与氨基糖苷类抗生素、氯化钠等合用药效降低，与利福平合用疗效增强。

【注意事项】本品对光热不稳定，应于 15℃以下保存；肾功能不全者慎用；粉针不宜用生理盐水稀释。使用时，先用灭菌注射用水溶解，再用 5%葡萄糖溶液稀释成 0.1%浓度后缓缓注射。

3. 克霉唑（三苯甲咪唑、抗真菌 1 号）

【性状】白色结晶性粉末。难溶于水。

【作用与用途】广谱抗真菌药。内服用于治疗各种深部真菌感染，如白色念珠菌病、烟曲霉菌病、真菌性败血症；外用对治疗各种浅表真菌病也有良效。

【用法与用量】 片剂，每片 0.25 克、0.5 克；软膏，1%、3%。癣药水，8 毫升：0.12 克。拌料，雏鹅 5～10 毫克，每日 2 次，连用 3 天。成年禽，每千克体重 10～20 毫克，每日 2 次。软膏剂和水剂供外用，前者每天 1 次，后者每天 2～3 次。

【药物相互作用（不良反应）】 内服对胃肠道有刺激性。

【注意事项】 弱碱性环境中抗菌效果好，酸性介质中则缓慢失效。

4. 伊曲康唑（依他康唑）

【性状】 白色结晶性粉末。难溶于水。

【作用与用途】 对浅部和深部真菌均有明显抑制作用。内服吸收良好，因脂溶性高，在肺、肾等脏器中浓度较高。治疗禽白色念珠菌病及曲霉菌病。

【用法与用量】 混饲，每千克饲料，20～40 毫克。内服，一次量，2～5 毫克/千克体重，每日 2 次，连用 7～10 天。

5. 氟康唑（大扶康）

【作用与用途】 新型的广谱抗真菌药，对白色念珠菌、烟曲霉菌均有较强抑制作用，对酮康唑治疗无效的病例仍然有效。用于治疗禽念珠菌病、烟曲霉菌病及禽冠癣。

【用法与用量】 混饲：每千克饲料，禽 20 毫克（治疗念珠菌病），连用 1～2 周；40 毫克（治疗烟曲霉菌病，首日用量加倍），连用 5 天。

【注意事项】 内服易吸收，不易产生抗药性，毒性小，应用价值较高。

第三章 抗寄生虫药物的安全使用

第一节 抗寄生虫药物的概述及安全使用要求

一、抗寄生虫药物的概念和分类

抗寄生虫药物概念和分类见图 3-1。

抗寄生虫药物是指用来驱除或杀灭动物体内外寄生虫的物质

抗蠕虫药			抗原虫药				杀虫药			
驱线虫药	驱绦虫药	驱吸虫药	抗球虫药	抗锥虫药	抗梨形虫药	抗滴虫药	有机磷类杀虫剂	拟除虫菊酯类杀虫剂	甲脒类杀虫药	其他杀虫药

图 3-1 抗寄生虫药物概念和分类

二、抗寄生虫药物的安全使用要求

1. 准确选药物

理想的抗寄生虫药应具备安全、高效、价廉、适口性好、使用方便等特点。目前，虽然尚无完全符合以上条件的抗寄生虫药，但仍可根据药品的供应情况、经济条件及发病情况等，选用比较理想的药物来防治寄生虫病。在应用过程中，不仅要了解寄生虫的种类、发育阶段、寄生部位、季节动态、感染强度和范围，而且还要了解药物的理化性状，体内转化过程、毒副作用，以及鹅的品种、性别、日龄、营养和体质状况等。总之，必须正确认识药物、寄生虫和宿主三者之间的关系，根据禽群、禽体状况和寄生虫病的特点，危害程度及本地区、本禽场的具体条件，合理选择和使用适宜的抗寄生虫药物，并采用适宜的剂型、剂量、给药方法和疗程，才能收到最佳的防治效果。

2. 选择适宜的剂型、给药途径和剂量

由于抗寄生虫药的毒性较大，为提高驱虫效果、减轻毒性和便于使用，应根据动物的年龄、身体状况确定适宜的给药剂量，兼顾既能有效驱杀虫体，又不引起宿主动物中毒这两方面。如消化道寄生虫可选用内服剂型，消化道外寄生虫可选择注射剂型，体表寄生虫可选外用剂型。一般来说，抗寄生虫药物对宿主机体都有一定的毒性，如果用药不当，便可能引起家禽的中毒，甚至死亡。因此，在使用抗寄生虫药物时，必须十分注意药物剂量不能过大，疗程不可过长。尤其是使用毒性较大、安全范围较小的药物时，更须准确掌握混入饲料或饮水中的药物浓度，确保药物混合均匀，以免部分禽只食入或饮入药物过多而引起中毒和死亡。即使对安全范围较大的药物或在多种现场应用后认为安全的常规用药，在进行大规模驱虫前，也需在禽群中选出少数禽先做驱虫试验，观察用药效果，以防止大批禽只用药后中毒或死亡。

3. 做好相应准备工作

驱虫前做好药物、投药器械（注射器、喷雾器等）及栏舍的清理等准备工作；在对大批畜禽进行驱虫治疗或使用数种药物混合治疗之前，应先少数畜禽预试，注意观察反应和药效，确保安全有效后再全面使用。此外，无论是大批投药，还是预试驱虫，均应了解驱虫药物特性，备好相应解毒药品。在使用驱虫药的前后，应加强对畜禽的护理观察，一旦发现体弱、患病的畜禽，应立即隔离、暂停驱虫；投药后发现有异常或中毒的畜禽应及时抢救；要加强对畜禽粪便的无害化处理，以防病原扩散；搞好畜禽圈舍清洁、消毒工作，对用具、饲槽、饮水器等设施定期进行清洁和消毒。

4. 适时投药

禽的寄生虫病主要有原虫病（危害严重的是球虫病，另外有各种住白细胞虫病、隐孢子病、毛滴虫病等)、蠕虫病(线虫病、绦虫病)和体外寄生虫病。几乎所有抗球虫药物的作用峰期都在球虫发育的第一或第二无性繁殖周期,极少有药物是主要抑制有性繁殖周期的。待禽只出现血便等症状时,球虫基本完成了无性生殖而开始进入有性生殖阶段,此时用药只能保护未出现明显症状或未感染的禽,而对出现严重症状的病禽,却很难收到效果。所以,为了避免球虫病的发生,应该在育雏育成阶段使用抗球虫药物进行预防。住白细胞虫病的发生,具有一定的季节性,在炎热季节到来之前应做好药物预防;抗蠕虫药物使用可分为治疗性驱虫和预防性驱虫。当发生寄生虫病时,可以使用药物进行紧急驱虫;为防止寄生虫病的发生,每年应在一定时间内进行1～2次驱虫。

5. 避免抗寄生虫药物产生耐药性

小剂量或低浓度反复使用或长期使用某种抗寄生虫药物时,虫体会对该药产生耐药性,甚至对药物结构相似或作用机理相同的同类药物产生交叉耐药性,使驱虫、杀虫效果降低或无效。因此,在防治禽寄生虫病的实际工作中,除精确计量用药剂量或浓度外,还应经常更换或交替使用不同类型的抗寄生虫药物,以避免或减少寄生虫耐药性或耐药虫株的产生。如球虫对所有的抗球虫药物均可产生耐药性,有些还发生交叉耐药现象。在具体应用中,为了防止耐药性的产生,可以采用以下几种给药方案:一是轮换用药。即季节性地或定期地合理变换用药,即每隔3～6个月或在一个肉鹅的饲养期结束后,更换一种抗球虫药。二是穿梭用药。即在同一个饲养期内,反复更换抗球虫药,至少每6个月更换抗球虫药1次。在轮换或穿梭用药时,一般先使用作用于第一代裂殖体的药物,再换用作用于第二代裂殖体的药物,这样不仅可减少或避免耐药性的产生,而且还可提高药物的防治效果。在更换药物时,不能换用属于同一化学结构类型的抗球虫药,也不要换用作用峰期相同的药物。此外,在换用磺胺类药物时,必须慎重,因为从不含磺胺的饲料换用含磺胺饲料时,经常发生中毒现象。三是联合用药。即在同一个饲养期内合用2种或2种以上抗球虫药物,通过药物间的协同作用,既可延缓耐药虫株的产生,又可增强药效和减少用量。

6. 注意药物的配伍

有些抗寄生虫药物与其他药物存在配伍禁忌，如莫能霉素、盐霉素禁止与泰妙菌素、竹桃霉素并用，否则会造成年禽只生长发育受阻，甚至中毒死亡。

7. 严格控制休药期，密切注意药物在肉、蛋中的“残留量”

鹅的生产可为人们提供肉、蛋食品，但有些抗寄生虫药物会残留于肉、蛋中，或使肉、蛋产品产生异味，不宜食用。残留、蓄积于肉、蛋中的药物被人摄入后，会危害人体健康，造成严重公害。因此，为了保证人体健康，不少国家已制定允许残留标准和休药期。不同抗寄生虫药在禽体内的分布和在肉、蛋产品中的残留量及其维持时间长短不同，我国目前虽然尚无有关规定，但本着对人民健康负责的原则和为满足今后养禽业的发展需要，对应用抗寄生虫药物的禽群，严格按照休药期要求停止用药；产蛋禽应投喂安全、最低药量的药物，禁用的药物一定不能使用。

第二节　抗原虫药物的安全使用

一、聚醚类抗生素

1. 莫能霉素

【性状】结晶粉末。性质稳定。难溶于水，易溶于醇、氯仿等有机溶剂。在酸性介质中易失活，在碱性介质中稳定。

【作用与用途】广谱抗球虫药。主要作用于球虫第一代裂殖体，作用峰期在感染后第二天。

【用法与用量】混饲给药（以莫能霉素计），每1000千克饲料，禽100～125克，连用1～2个月。

【药物相互作用（不良反应）】本品与酰胺醇类（氯霉素类）、磺胺类、多黏菌素、亚硒酸钠等药物有配伍禁忌，不能联用。禁止与地美硝唑、泰乐菌素、泰妙霉素和竹桃霉素同时使用，否则有中毒危险。也不宜与其他抗球虫药物合用，因合用后常使毒性增强。

【注意事项】产蛋期禁用。屠宰动物的休药期为3天。

2. 拉沙菌素（拉沙洛西）

【性状】白色粉末，具有特殊臭味，熔点165～171℃，不溶于水，易溶于甲醇和乙醚等有机溶剂。遮光、密闭保存。

【作用与用途】作用机理与莫能霉素相似，但具有不同的离子亲和力，可接受二价阳离子以及单价阴离子。对多种球虫有效，其中对柔嫩艾美耳球虫作用最强，对毒害艾美耳球虫和堆型艾美耳球虫作用弱些。

【用法与用量】混饲（以拉沙洛西计），禽75～125克/1000千克。

【药物相互作用（不良反应）】本品可与泰妙菌素、红霉素、竹桃霉素和磺胺类药物联合应用，具有协同作用。与亚硒酸钠-维生素E、维生素AD_3、维生素B_1、维生素B_{12}和维生素C联用可降低毒性。禁与其他抗球虫药物联用；饲料中药物浓度超过150毫克/千克（以拉沙洛西计），会导致生长抑制和中毒。

【注意事项】产蛋期连续饲喂本品一周，在禽蛋中可出现残留，故禁用于产蛋期。拌料时应注意防护，避免本品与眼、皮肤接触。严格按规定浓度使用。

二、化学合成类抗球虫类药物

1. 地克珠利

【性状】本品为淡黄色粉末，无味，几乎不溶于水，在乙醇、乙醚中的溶解度极差，可溶于二甲基酰胺、二甲基亚砜和四氢呋喃。对光不稳定。

【作用与用途】广谱、高效、低毒的抗球虫药。本品药效期较短，停药一天，抗球虫作用明显减弱，两天后作用基本消失，因此必须连续用药以防球虫病再度暴发。其作用峰期可能在子孢子和第一代裂殖体早期阶段，兼具促生长和提高饲料转化率（饲料利用率）的作用。

【用法与用量】混饲连用，鹅每1000千克饲料中添加1克。混饮，每千克水，0.5～1毫克（以地克珠利计）。

【药物相互作用（不良反应）】本品对鹅、鸡、火鸡、鸭、珍珠鸡、鹌鹑都很安全，治疗浓度均未发生不良反应。

【注意事项】由于用药浓度极低，因此，药料必须充分拌匀。由于本品较易引起球虫的耐药性，甚至交叉耐药性（托曲珠利），所以，连续应用不得超过 6 个月。轮换用药时亦不宜应用同类药物，如托曲珠利。

2. 托曲珠利（百球清）

【性状】澄明黏稠无色或淡黄色液体。性质稳定，在水中的稳定性可维持 48 小时以上。

【作用与用途】广谱、高效抗球虫的新型药。能有效地杀灭家禽的大多数球虫，并可激活禽体的免疫系统、增强对球虫的免疫力。对球虫的三个发育阶段均有作用，防治效果较好。临床上主要作治疗用药，对鸡、火鸡、鸭、鹅、鸽、兔等畜禽的球虫病均有极好的治疗效果，对住肉孢子虫、弓形虫亦有效。

【用法与用量】混饮（以托曲珠利计），鹅 25 毫克/升，连用 2 天；托曲珠利口服液，每 250 毫升兑水 500 千克，稀释饮用，连用 3～5 天。预防量减半。

【药物相互作用（不良反应）】本品与聚醚类抗生素有互补作用；可与所有饲料添加剂及药物合用。

【注意事项】治疗使用时，一般用药 2 天。药物稀释后，须在 48 小时内使用。肉禽的休药期为 8 天，产蛋禽禁用。

3. 氨丙啉

【性状】盐酸氨丙啉为白色粉末至黄褐色结晶粉末，略带酸味，无臭，易溶于水，可溶于乙醇，不溶于氯仿。稍有吸湿性，在室温下储藏 60 天，活性降低 80%。

【作用与用途】本品抗球虫范围不广泛，与其他抗球虫药合用效果较好。多与乙氧酰胺苯甲酯、磺胺喹噁啉等并用，以增强疗效。其作用峰期在感染后第 3 天，即主要作用于第一代裂殖体，阻止其形成裂殖子，且对有性生殖周期和子孢子有一定程度的抑制作用。可用于预防和治疗球虫病。

【用法与用量】预防给药浓度为 40～250 毫克/千克，常用 100 毫克/千克，可加入饲料或饮水中投服。治疗给药浓度可采取 250～500 毫克/千克，先连用 1～2 周，然后减半连用 2～4 周。

【药物相互作用（不良反应）】禁止与尼卡巴嗪及聚醚类抗生素如海南霉素、拉沙洛西等联用。

由于氨丙啉与硫胺素（维生素 B_1）结构相似，因而能抑制球虫的硫胺代谢而发挥抗球虫作用。若用药浓度过高亦能引起雏禽维生素 B_1 缺乏症而表现多发性神经炎，增喂维生素 B_1 虽可使禽群康复，但亦影响氨丙啉的抗球虫活性。

【注意事项】产蛋禽禁用。休药期，肉禽 7 日。

4. 尼卡巴嗪（球虫净）

【性状】淡黄色至褐黄色粉末，无臭、无味，不溶于水、乙醇、氯仿和乙醚，微溶于二甲基甲酰胺。在稀酸中很快分解。

【作用与用途】对禽球虫有良好的预防效果。其作用峰期在感染后第 4 天，即对第二代裂殖体作用最强，其杀球虫作用比抑制球虫的作用更强。此外，对氨丙啉表现耐药性的球虫用尼卡巴嗪仍然有效。

【用法与用量】尼卡巴嗪预混剂混饲（以尼卡巴嗪计），125 克/1000 千克；尼卡巴嗪、乙氧酰胺苯甲酯预混剂混饲（以本预混剂计），125 克/1000 千克。

【药物相互作用（不良反应）】本品与乙氧酰胺苯甲酯联用可增强疗效；与甲基盐霉素联用，可提高热应激时肉禽的死亡率。与二甲硫胺、氨丙啉、常山酮、磺胺喹噁啉、二硝托胺、氯羟吡啶、氯苯胍和聚醚类抗生素（如海南霉素、拉沙洛西）等药物存在配伍禁忌。

【注意事项】禁用于产蛋禽、种禽和幼雏。高热季节不宜使用。

5. 氯苯胍

【性状】本品为白色或淡黄色粉末。无臭、味苦，遇光后颜色逐渐变深。本品在乙醇中略溶，在氯仿中极微溶，在水和乙醚中几乎不溶。盐酸氯苯胍为白色或微黄色结晶粉末，具有不愉快的特异氯臭味。

【作用与用途】具有疗效高、毒性小、适口性好等特点，对急性或慢性球虫病均有良好效果。作用峰期在感染后第 2～3 天，即主要对第一代裂殖体有抑制作用，对第二代裂殖体、子孢子亦有作用，并可抑制卵囊发育。但个别球虫在氯苯胍存在的情况下仍能继续生长达14天之久，因而过早停药易致球虫病复发。

【用法与用量】片剂口服，禽10～15毫克/千克体重。预混剂混饲（以盐酸氯苯胍计），禽类预防用量为30克/1000千克，治疗用量为60克/1000千克。预防时连用1～2个月，治疗时连用3～7天，以后改预防量予以控制。

【药物相互作用（不良反应）】本品禁止与尼卡巴嗪及聚醚类抗生素（如海南霉素、拉沙洛西）等联用；与磺胺二甲嘧啶和乙胺嘧啶合用，可降低异臭、提高疗效。

【注意事项】本品毒性较小，安全范围大。长期使用本品，可使部分禽肉和蛋含有异味，故产蛋期禁用，宰前应停药5～7天。

6. 磺胺喹噁啉

【性状】淡黄色粉末。无臭。难溶于水，其钠盐易溶于水。

【作用与用途】磺胺类药物，具有抗菌和抗虫的双重作用。磺胺喹噁啉钠的抗球虫机理主要是作用于球虫的无性繁殖期，抑制第二代繁殖体的发育，作用峰期在感染后第4天。本品能有效对抗肠球虫、减少卵囊的产生，并增强禽的免疫力、减轻感染的严重性、降低死亡率。主要用于治疗禽的球虫病及白冠病（住白细胞虫病），大肠杆菌病、霍乱、伤寒引起的精神沉郁、羽毛蓬松、闭目缩颈、呆立一侧、食欲减退、渴欲增加等。

【用法与用量】预混剂混饲（以本预混剂计），禽500克/1000千克；磺胺喹噁啉钠可溶性粉混饮（以本可溶性粉计），禽3～5克/升；复方磺胺喹噁啉钠可溶性粉，混饮（以本可溶性粉计），禽0.4克/升。常采用间歇投药法，即连续用药3天，停药2天，再连用3天。球克，混饮，治疗球虫病时每100克兑水200千克，每天1～2次，连用3～5天，集中饮用，效果更佳；或混饲，治疗球虫病时每100克拌料150千克，每天2次，连用3～5天。

【药物相互作用（不良反应）】本品与乙氧酰胺苯甲酯、氨丙啉、二氨嘧啶类合用时，抗球虫作用增强。与盐霉素、尼卡巴嗪不宜联用。其他参见磺胺类药物的临床配伍应用。

【注意事项】连续应用不得超过5天；产蛋期和16周龄以上种禽禁用。

7. 磺胺氯吡嗪

【性状】白色或淡黄色粉末。无味。难溶于水，其钠盐易溶于水。

【作用与用途】其作用特点与磺胺喹噁啉相同，但具有更强的抗菌作用，且其毒性较磺胺喹噁啉小。主治禽暴发性球虫病及继发性肠炎、血痢、禽霍乱、伤寒等。

【用法与用量】本品100克混于180千克水中用于治疗。球虫绝，混饮，100克兑水300～500千克，连用3～5天；或拌料，100克拌料200～300千克，连用3～5天。

【药物相互作用（不良反应）】禁止与酸性药物混饮。其他参见磺胺喹噁啉的临床配伍应用。

【注意事项】本品按推荐饮水浓度连续饮用不得超过5天，不得作为饲料添加剂长期使用。禁用于16周龄以上禽群和产蛋禽群。

第三节　抗蠕虫药物的安全使用

一、驱线虫药

1. 依维菌素

【性状】白色结晶性粉末。无臭、无味。几乎不溶于水，溶于甲醇、乙醇、丙酮等溶剂。

【作用与用途】具有广谱、高效、低毒、用量小等优点。对家畜蛔虫、蛲虫、旋毛虫、钩虫、肾虫、心脏丝虫、肺线虫等均有良好驱虫效果；主要用于禽胃肠线虫病和体外寄生虫病的治疗。

【用法与用量】可皮下注射、内服、灌服、混饲或沿背部浇注，按0.2毫克/千克体重。必要时间隔7～10天，再用药1次。

【药物相互作用（不良反应）】禽类可见死亡、昏睡或食欲减退症状。剂量过大可引起中毒，无特效解毒药，阿托品能缓解症状。

2. 阿维菌素

【性状】白色或淡黄色结晶性粉末，无味。在醋酸乙酯、丙酮、氯仿中易溶。在甲醇、乙醇中略溶，在正己烷、石油醚中微溶，在水中几乎不溶。熔点 157～162℃。

【作用与用途】、【用法与用量】、【药物相互作用（不良反应）】见依维菌素。

【注意事项】阿维菌素的毒性较依维菌素稍强，敏感动物慎用。

3. 左旋咪唑

【性状】白色结晶性粉末。易溶于水。在碱性水溶液中易水解失效，应密封保存。

【作用与用途】广谱、高效、低毒驱线虫药，临床上广泛用于驱除各种畜禽消化道和呼吸道的多种线虫成虫和幼虫及肾虫、心丝虫、脑脊髓丝虫、眼虫等，效果良好，并具有明显的免疫增强作用。

【用法与用量】内服、混饲、混饮、皮下或肌内注射、皮肤涂擦、点眼给药均可，依药物剂型和治疗目的不同选择用法。不同剂型、不同给药途径的驱虫效果不相同。家禽 20～40 毫克/千克体重，饮水或拌料，一次量；皮下注射或肌内注射，25 毫克/千克体重。

【药物相互作用（不良反应）】与环丙沙星合用可以提高后者在体内的抗菌活性。小剂量口服，可以提高疫苗的免疫效果；与抗真菌类药物联用，可增强疗效。本品与含乙醇的药物合用，会导致严重的不良反应。

【注意事项】安全范围大，中毒时可用阿托品解毒。

4. 甲苯达唑（甲苯咪唑）

【性状】白色或微黄色粉末。无臭。不溶于水，易溶于甲酸和乙酸。

【作用与用途】广谱驱蠕虫药，对各种消化道线虫、旋毛虫和绦虫均有良好的驱除效果，较大剂量对肝片形吸虫亦有效。用于治疗家禽的线虫病和绦虫病。

【用法与用量】家禽 30～100 毫克/千克体重，一次内服；混饲按 0.125％浓度，连用 3 天。

【药物相互作用（不良反应）】常用量不良反应较轻，少数有头昏、恶心、腹痛、腹泻症状。大剂量偶致变态反应、中性粒细胞减少、脱发等。个别病例服药后因蛔虫游走而造成吐虫，同时服用噻嘧啶或改用复方甲苯咪唑可避免。

【注意事项】肝脏、肾脏功能不良的禽禁用。

5. 丙硫咪唑（阿苯达唑、抗蠕敏）

【性状】白色或浅黄色粉末。无臭、无味。不溶于水，易溶于冰醋酸。

【作用与用途】广谱、高效、低毒驱蠕虫药，对多种动物的各种线虫和绦虫均有良好效果，对绦虫卵和吸虫亦有较好效果，对棘头虫亦有效。用于禽类绦虫病、线虫病和吸虫病的治疗。

【用法与用量】粉剂、片剂可内服或混饲，粉剂亦可配成灭菌油悬液肌内注射。内服，禽 20～30 毫克/千克体重。

【药物相互作用（不良反应）】吡喹酮与本品联用，可增加本品在血浆中的浓度；副作用轻微而短暂，少数有口干、乏力、腹泻等，可自行缓解。长期用药可升高血浆转氨酶浓度，偶致黄疸。有胚胎毒和致畸作用，孕畜禁用。肝、肾功能不全，溃疡病畜慎用。

【注意事项】该药对姜片形吸虫和细颈囊尾蚴无效。

6. 枸橼酸哌嗪（驱蛔灵）

【性状】白色结晶状粉末或半透明结晶性颗粒，无臭、味酸，微有吸湿性。在水中易溶，在甲醇中极微溶解，在乙醇中不溶。

【作用与用途】窄谱驱线虫药物，对禽类蛔虫、鹅裂口线虫有效，主要用于治疗禽类蛔虫病。

【用法与用量】枸橼酸哌嗪片，口服，家禽 0.25 克/千克体重。

【注意事项】硫双二氯酚、左旋咪唑与本品联用有协同作用；哌嗪的各种盐制剂给动物混饮或混饲时，必须在 8～12 小时内用完。

7. 氧苯达唑（奥苯达唑、丙氧苯咪唑）

【性状】白色或类白色结晶粉末，无臭、无味，在甲醇、乙醇、三氯甲烷中微溶，在水中不溶，在冰醋酸中溶解。

【适应证】高效、低毒、窄谱的苯并咪唑类驱虫药，主要对胃肠道线虫有高效，对蛔虫的成虫、幼虫及异刺线虫有效率接近 100%，对卷棘口吸虫的效果也很好，但对钩状唇旋线虫、毛细线虫无效。临床上用于防治家禽胃肠道线虫病。

【制剂与规格】氧苯达唑片（25毫克/片、50毫克/片、100毫克/片）。

【用法与用量】口服，家禽35～40毫克/千克体重。

【注意事项】对噻苯达唑耐药的蠕虫，可能对本品存在交叉耐药性。临床配伍应用参见丙硫咪唑。

二、驱绦虫药

1. 吡喹酮

【性状】本品为白色或类白色结晶性粉末，味苦，微溶于水。可溶于乙醇、氯仿等有机溶剂。

【作用与用途】广谱、高效、低毒驱蠕虫药。对各种动物的大多数绦虫成虫和未成熟虫体均具有良好的驱杀效果；对各种血吸虫病、矛形双腔吸虫病等也有较好的疗效。

【用法与用量】内服，驱绦虫，家禽20毫克/千克体重。

【药物相互作用（不良反应)】本品与阿苯达唑合用时，可以降低本品的血药浓度；毒性虽极低，但高剂量偶可使动物血清谷丙转氨酶浓度轻度升高；治疗血吸虫病时，个别会出现体温升高、肌震颤和瘤胃膨胀等现象。

【注意事项】密封保存。

2. 硫双二氯酚（别丁）

【性状】白色或灰白色结晶粉末。略有酚味。难溶于水，可溶于乙醇等有机溶剂。

【作用与用途】对畜禽的多种绦虫和吸虫（包括胆道吸虫）均有很好的驱除效果，是一种广泛应用的驱虫药。

【用法与用量】每千克体重50～60毫克均匀拌入饲料中，一次服用。

【注意事项】剂量大时，部分家禽会出现腹泻、精神沉郁、产蛋下降等，停药几天后可逐渐消失。

3. 氯硝柳胺（灭绦灵、育米生）

【性状】淡黄色粉末，无味，在乙醇、三氯甲烷或乙醚中溶解，

几乎不溶于水。

【作用与用途】口服不易吸收，在肠道中可保持较高浓度。对禽多种绦虫和部分吸虫（如棘口吸虫）有效，对各种赖利绦虫、漏斗状带绦虫效果很好，能驱除绦虫头节和体节。死亡虫体与肠壁脱离后随粪便排出，常被肠道蛋白酶分解，难以检出完整的虫体。

【用法与用量】口服，鹅 50～60 毫克/千克体重。

【注意事项】使用时注意在给药前应禁食 12 小时；本品可以与噻苯达唑合用，毒性小，安全范围广，但对鱼类毒性强。

第四节 杀虫药物的安全使用

1. 氰戊菊酯

【性状】浅黄色结晶。难溶于水，易溶于二甲苯等多数有机溶剂，对光稳定。

【作用与用途】接触毒杀虫剂，兼有胃毒和杀卵作用。对蜱、螨、虱、蚤、蚊、蝇等畜禽的体外寄生虫均有良好杀灭作用，属高效、广谱拟除虫菊酯类杀虫剂。

【用法与用量】治疗禽膝螨病，用水稀释 1000～2500 倍；灭疥螨、痒螨、皮蝇蛆、蝇用 500～1000 倍液；灭硬蜱、软蜱、蚊、蚤用 2500～5000 倍液；灭刺皮螨、虱用 4000～5000 倍液。以药浴法、喷洒法、患部涂擦法施药均可。一般用药 1～2 次，间隔 7～10 天。

【药物相互作用（不良反应）】忌与碱性药物配合使用或同用。对黏膜有轻微刺激作用，接触时表现鼻塞、流涕、流泪、口干等不适，但短时间内可自行恢复。

【注意事项】用水稀释本药时，水温超过 25℃会降低药效，超过 50℃则失效。配制的药液可保持 2 个月效力不降。

2. 溴氰菊酯

【性状】白色结晶粉末。无味。难溶于水，易溶于有机溶剂。

【作用与用途】与氰戊菊酯相似。对杀灭畜禽体外各种寄生虫均有良好效果，而且对蟑螂、蚂蚁等害虫有很强的杀灭作用。

【用法与用量】2.5%溴氰菊酯乳油剂，防治硬蜱、疥螨、痒螨，可用250～500倍稀释液；灭软蜱、虱、蚤用500倍液，喷洒、药浴、直接涂擦均可，隔8～10天再用药1次，效果更好。2.5%可湿性粉剂多用于滞留喷洒，灭蚊、蝇等多翅目昆虫，按10～15毫克/米^{2}喷洒畜禽笼舍及用具、墙壁等，灭蝇效力可维持数月，灭蚊等效果可维持1个月左右。

【药物相互作用（不良反应）】、【注意事项】同氰戊菊酯。

3. 氯菊酯

【性状】无色结晶。稍具芳香味。难溶于水，易溶于有机溶剂，在碱性溶液中易分解失效。

【作用与用途】与氰戊菊酯相同。对畜禽各种体外寄生虫均有杀灭作用，具有广谱、高效、击倒快、残效长等特点。

【用法与用量】10%乳油剂。杀灭畜禽体虱、蚤，用水稀释1000～2000倍喷洒，或用2万～4万倍液洗浴；防治疥螨、痒螨用500～1000倍液喷洒、药浴或局部涂擦，一般用药后10～15天再用1次。环境喷洒灭蚊、蝇等用2000～3000倍液。

【药物相互作用（不良反应）】【注意事项】同氰戊菊酯。

4. 敌敌畏

【性状】纯品为白色结晶性粉末，溶于水、氯仿，不溶于汽油。

【作用与用途】广谱驱虫杀虫药，可用于驱除家畜消化道线虫和体外寄生虫。外用为杀虫药，可用于杀灭蝇蛆、螨、蜱、虱、蚤等。

【用法与用量】0.1%～0.15%浓度，喷洒，杀蜱、虱、蚤、蚊、蝇等昆虫。0.1%～0.15%浓度浸洗外部杀螨。

【药物相互作用（不良反应）】忌与碱性药物、禁与胆碱酯酶抑制药配伍应用，否则毒性大为增强。

【注意事项】家禽对敌百虫敏感，易中毒，应慎用，绝对不能内服驱虫。若发生中毒，可用阿托品解毒。

5. 甲基吡啶磷

【性状】白色或类白色结晶性粉末，有特臭，微溶于水。

【作用与用途】高效、低毒的新型有机磷杀虫药，主要以胃毒为主，兼有触杀作用，能杀灭苍蝇、蟑螂、蚂蚁、跳蚤、臭虫及部分昆虫的成虫。主要用于杀灭禽舍等处的成年蝇，也用于居室、餐厅等灭蝇、灭蟑螂。

【用法与用量】 甲基吡啶磷可湿性粉，喷雾，每 100 立方米取本品 250 克加温水 2000 毫升。涂布，每 100 立方米取本品 125 克加温水 100 毫升，涂 30 点即可。

【注意事项】 本品对眼有轻微刺激性，喷洒时须注意。加水稀释后应当日用完。混悬液停放 30 分钟后，宜重新搅拌均匀再用。对人、畜的毒性较大，易被皮肤吸收发生中毒，使用时应慎重。

第四章 中毒解救药物的安全使用

第一节 概 述

中毒解救药也为解毒药，是指在物理与化学性质上或药理作用上能阻止毒物吸收、降低毒物毒性、除去附着于体表或胃肠内的毒物、对抗毒物毒性的药物。其主要种类见表4-1。

表4-1 中毒解救药的种类

分类方法	种类及特点
根据作用特点及疗效	非特异性解毒药：指用以阻止毒物继续被吸收和促进其排出的药物，如吸附药、泻药和利尿药。非特异性解毒药对多种毒物或药物中毒均可应用，但由于不具特异性，且效能较低，仅用作解毒的辅助治疗
	特异性解毒药：本类药物可特异性地对抗或阻断毒物或药物的效应，而本身并不具有与毒物相反的效应。特异性强，如能及时应用，则解毒效果好，在中毒的治疗中占有重要地位
根据毒物或药物的性质	金属络合剂、胆碱酯酶复活剂、高铁血红蛋白还原剂、氰化物解毒剂和其他解毒剂

鹅的中毒是由于食入了变质、劣质或毒性的饲料和饮水引起的一类疾病，在规模化养鹅中虽不及传染病和代谢病多见，但也是常见的一类疾病。由于引起中毒的原因多样而复杂，因此在采取急救措施时要查找直接原因，并及时采取措施防止毒物继续进入体内、阻止毒物进一步被吸收、加速毒物排出。尽早采用特效解毒药，并配合非特效

解毒药进行对症治疗、缓解症状。

第二节　特效解毒药物的安全使用

一、有机磷酸酯类中毒解毒药

1. 阿托品

【性状】 无色结晶或白色结晶性粉末，无臭，极易溶于水，易溶于乙醇。

【作用与用途】 具有解除平滑肌痉挛、抑制腺体分泌等作用，可用于胃肠平滑肌痉挛和有机磷中毒的解救等。

【用法与用量】 皮下注射，鹅 0.5 毫克/次；内服，鹅 0.1～0.25 毫克，必要时根据病情加大剂量。

【注意事项】 越早用药效果越好。

2. 碘解磷定

【性状】 黄色颗粒状结晶或晶粉。无臭、味苦，遇光易变质。可溶于水。

【作用与用途】 本品为胆碱酯酶复活剂。碘解磷定具有强大的亲磷酸酯作用，能将结合在胆碱酯酶上的磷酰基夺过来，恢复酶的活性。碘解磷定亦能直接与体内游离的有机磷结合，使之成为无毒物质随尿排出，从而阻止游离的有机磷继续抑制胆碱酯酶。可用于有机磷农药中毒。

【用法与用量】 肌内注射，每只鹅 40～50 毫克。

【药物相互作用（不良反应）】 在碱性溶液中易水解成氰化物，具剧毒，忌与碱性药物配合注射。

【注意事项】 本品用于解救有机磷中毒时，中毒早期疗效较好，若延误用药时间，磷酰化胆碱酯酶老化后则难以复活。治疗慢性中毒无效。本品在体内迅速分解，作用维持时间短，必要时 2 小时后重复给药；抢救中毒或重度中毒时，必须同时使用阿托品。

二、重金属及类金属中毒解毒药

二巯基丙醇

【性状】无色易流动的澄明液体，极易溶于乙醇，在水中溶解，不溶于脂肪。

【作用与用途】能与金属或类金属离子结合，形成无毒、难以解离的络合物随尿排出。主要用于解救砷、汞、锑的中毒，也用于解救铋、锌、铜等中毒。

【用法与用量】肌内注射，一次量，2.5～5.0毫克/千克体重。

【药物相互作用（不良反应）】与硒、铁金属形成的络合物，对肾脏的毒性比这些金属本身的毒性更大，故禁用于硒、铁金属中毒的解救。

【注意事项】本品虽能使抑制的巯基酶恢复活性，但也能抑制机体的其他酶系统（如过氧化氢酶、碳酸酐酶等）的活性和细胞色素C的氧化率，而且其氧化产物又能抑制巯基酶，对肝脏也有一定的毒害。局部用药具有刺激性，可引起疼痛、肿胀。这些缺点都限制了二巯基丙醇的应用。

三、有机氟中毒解救药

解氟灵（乙酰胺）

【性状】白色结晶性粉末，无臭，可溶于水。

【作用与用途】为氟乙酰胺（一种有机氟杀虫农药）、氟乙酸钠中毒的解毒剂，具有延长中毒潜伏期、减轻发病症状或制止发病的作用。其解毒机制可能是由于本品的化学结构和氟乙酰胺相似，故能竞争某些酶（如酰胺酶）使不产生氟乙酸，从而消除氟乙酸对机体三羧酸循环的毒性作用。

【用法与用量】肌内注射，一次量，0.1克/千克体重。

【注意事项】本品酸性强，肌注时有局部疼痛，可配合应用普鲁卡因或利多卡因，以减轻疼痛；使用越早效果越好，剂量要足够。

四、氰化物中毒解救药

硫代硫酸钠（大苏打）

【性状】无色透明的结晶或晶粉，无臭、味咸。极易溶于水，水溶液显微碱性。不溶于乙醇。

【作用与用途】本品在体内可分解出硫离子，与体内氰离子结合形成无毒且较稳定的硫氰化物随尿排出。但作用较慢，常与亚硝酸钠或亚甲蓝配合，解救氰化物中毒。

【用法与用量】肌内注射，每只0.32克。常配成10%浓度应用。

【注意事项】用于重金属中毒，疗效不如二巯基丙醇。

第三节　非特效解毒药物的安全使用

非特效解毒药作用广泛，可用于多种毒物中毒，但无特效解毒作用，疗效低，多作为辅助治疗。常用的药物见表4-2。

表4-2　常用非特效解毒药物

药物	用法用量
葡萄糖注射液	5%～10%的低渗溶液可经泄殖腔注射，每只鹅30～50毫升；25%高渗溶液可经腹腔注射，每只8～15毫升，可吸附或稀释毒物、促进毒物排出
维生素C	因其具有还原性，可配合特效解毒药或单独用于多种中毒症状，尤其是服用某些药物过量时引起的药物中毒、重金属中毒等。维生素C片剂或粉剂，每只鹅50毫克；注射液，每只成年禽80～125毫克
氯化钠注射液	0.68%的氯化钠注射液，可用于鹅中毒的解救，经口或泄殖腔灌服30～50毫升，可稀释毒物浓度、刺激肠道蠕动、促进肠道内毒物排出
保护剂	当重金属，如汞、铅、银和腐蚀性毒物中毒时，可以用牛奶、蛋白液、豆浆等蛋白质含量高的物质解毒，因其可与毒物结合而沉淀，减少吸收，保护黏膜

第五章 作用于机体各系统的药物及其他药物的安全使用

第一节 作用于机体各系统的药物

家禽发生消化系统、呼吸系统和泌尿系统疾病时，可以选择作用于消化系统的药物（泻药、止泻药）、呼吸系统的药物（祛痰药、平喘药）和泌尿系统的药物（利尿药）进行治疗或辅助治疗；其它系统发生疾病有时也需要使用这些药物进行辅助治疗。常用的作用于机体各系统的药物见表5-1。

表 5-1 常用的作用于机体各系统的药物

类型		名称	性状	适应证	制剂规格	用法与用量	注意事项
消化系统药物	泻药	硫酸钠（芒硝）	无色透明的柱形结晶，味咸苦，易溶于水。经风化失去结晶水时成为无水硫酸钠，为白色粉末，又名元明粉	导泻作用剧烈，故临床上主要用于排出肠内毒物及某些驱肠虫药服后连虫带药一起排出。可用于阻塞性黄疸、慢性胆囊炎	硫酸钠粉	导泻：内服，禽2～4克	浓度一般为4%～6%，不可过高；超过8%刺激肠黏膜过度，注意补液；硫酸钠不适用于小肠便秘、继发性胃扩张；硫酸钠禁与钙剂同用。有吸湿性，应密闭保存

续表

类型		名称	性状	适应证	制剂规格	用法与用量	注意事项
消化系统药物	止泻药	鞣酸蛋白	鞣酸蛋白为淡黄色粉末，无味无臭，不溶于水及酸	内服无刺激性，其蛋白成分在肠内消化后可释放出鞣酸起收敛止泻作用。常用于急性肠炎与非细菌性腹泻	鞣酸蛋白片	内服，一次量，禽0.15～0.3克	遮光、密闭保存
		碱式硝酸铋	白色结晶性粉末，无臭无味，不溶于水及醇，但溶于酸或碱	在胃肠内小部分缓慢地解离出铋离子，与蛋白质结合，呈收敛保护黏膜作用。用于肠炎和腹泻，并能收敛与抑菌	碱式硝酸铋片	内服，一次量，禽0.1～0.3克	由病原菌引起的腹泻，应先用抗微生物药控制其感染后再用本品。碱式次硝酸铋在肠内溶解后，可产生亚硝酸盐，量大时能引起吸收中毒。遇光易变质，应密封保存
		盐酸地芬诺酯	白色或几乎白色的粉末或结晶性粉末；无臭。本品在氯仿中易溶，在甲醇中溶解，在乙醇或丙酮中略溶，在水或乙醚中几乎不溶	非特异性止泻药。能抑制肠黏膜感受器，减弱肠蠕动，同时增强肠道的节段性收缩、延迟内容物后移，以利于水分的吸收。大剂量呈镇痛作用。主要用于急慢性功能性腹泻、慢性肠炎等的对症治疗	复方地芬诺酯片。每片含本品2.5毫克，硫酸阿托品0.025毫克	内服，一次量，每千克体重，禽0.25～0.5毫克。每天2次	长期使用能产生依赖性，若与阿托品配伍应用可减少依赖性发生

续表

类型		名称	性状	适应证	制剂规格	用法与用量	注意事项
呼吸系统药物	祛痰药	氯化铵	无色或白色结晶性粉末，味咸而凉，易溶于水，难溶于乙醇	能反射性地使气管、支气管腺体分泌增强，使痰液变稀；部分氯化铵可从呼吸道黏膜排出，借渗透压的作用带出水分，使痰液稀释，易于咳出。适用于急慢性支气管炎及痰多不易咳出的病畜。此外，因本品为酸性盐，故服后有酸化体液和尿液的作用，可用于纠正碱中毒	氯化铵粉剂	祛痰：禽混饮，每升水，1～2克	露置空气中微有吸湿性，应置于密封干燥处保存。忌与碱性药物（碳酸氢钠）、磺胺类药物配合应用，因为氯化铵能增加尿的酸性，而使磺胺析出结晶，引起泌尿道损害（如尿闭、血尿）；肝肾功能异常的患畜，内服氯化铵容易引起高氯血症酸中毒和血氨增高，甚至肝昏迷，应慎用或禁用
	平喘药	氨茶碱	白色或淡黄色粉末，味苦，有氨臭，在空气中能吸收二氧化碳，析出茶碱。易溶于水，水溶液呈碱性反应	对支气管平滑肌具有直接舒张作用。当支气管平滑肌处于痉挛状态时，氨茶碱的作用更为明显，因而可用于治疗痉挛性支气管炎。临床上主要用于痉挛性支气管炎、支气管哮喘等	氨茶碱粉剂；氨茶碱片剂	混饮，150～200毫克/升。混饲，300～400毫克/千克。内服，一次量，30～40毫克/千克体重	忌与喹诺酮类、四环素类、抗痛风类、麻黄及其复方制剂等药物联合使用，产蛋禽禁用，避光密闭保存

续表

类型		名称	性状	适应证	制剂规格	用法与用量	注意事项
泌尿系统药物	利尿药	呋塞米（呋喃苯胺酸，速尿）	白色或微黄色结晶性粉末，无臭、无味。不溶于水，可溶于乙醇、甲醇、丙酮及碱性溶液，略溶于乙醚、氯仿。本品具有酸性，其 pH 为 3.9	呋塞米为强效利尿剂，利尿作用强大，迅速而短暂。临床上主要用于肉禽腹水症的治疗，多配合维生素 C 使用	呋塞米粉剂	混饲，每千克饲料，50 ～ 100 毫克	本品可提高茶碱的药效；可增大氨基糖苷类抗生素的耳毒性、肾毒性；与肾上腺皮质激素类、促肾上腺皮质激素或两性霉素 B 合用，低钾血症发生率提高；长期重复使用可导致低氯血症、低钾血症性碱血症及低钠血症、低血容量等水和电解质紊乱。长期应用，应注意补钾
		氢氯噻嗪	白色结晶性粉末；无臭，味微苦。微溶于水，溶于氢氧化钠溶液和乙醇，而在氯仿或乙醚中不溶	中效利尿药。临床上主要用于肉禽腹水症的治疗，多配合维生素 C 使用	氢氯噻嗪粉剂	混饲，每千克饲料，50 ～ 100 毫克	忌与洋地黄配合使用；若长期应用，应配用氯化钾，以防低钾血症和低氯血症的出现。本品宜在室温密闭保存

第二节　醒抱药物

母禽的就巢性（抱窝）是家禽生理上的一种正常现象，是由于其体内孕酮促使脑垂体前叶分泌催乳素，同时阻止促性腺激素的分泌而导致的生理现象。有的母禽受遗传基因的影响没有就巢行为，也有的一年发生多次就巢行为，影响产蛋，特别是在炎热夏季发生时，还会感染虱、螨等外寄生虫。此时，可使用具有醒抱作用的药物使具有就巢性的母禽离巢。常用醒抱药见表 5-2。

表 5-2　常用的醒抱药

药名	性状	制剂与规格	用法与用量	注意事项
异烟肼（雷米封）	无色结晶或白色至类白色结晶性粉末，无臭，味微甜后苦，在水中易溶	异烟肼片，规格为 50 毫克/片或 100 毫克/片	口服，100 毫克/只，隔日 1 次，一般 2 次即可醒抱	本品与麻黄碱联用可使不良反应增多，应予注意
盐酸麻黄碱	白色针状结晶或结晶性粉末，无臭、味苦，易溶于水，见光易分解	片剂，25 毫克/片；注射液，规格为 30 毫克/毫升和 150 毫克/5 毫升	口服，50 毫克/只，每日 2 次；肌内注射，1 毫升/只	与肾上腺素相似，可直接与肾上腺素受体结合，产生拟肾上腺素作用。同时，可促进去甲肾上腺素的释放，发挥间接拟肾上腺素作用，使中枢神经系统兴奋而醒抱

第三节　灭鼠药物

灭鼠药物是指用于防治有害啮齿类动物的化学毒物，常用的可以分为急性灭鼠药物、慢性灭鼠药物和生物毒素 3 类。使用灭鼠药时，一要购买国家规定可使用的药物。二要合理地投放，注意用量和投放地点及方法。三要加强管理，不能同食物、饲料和饮水等混放，灭鼠后及时回收剩余药物和死鼠，集中处理，防止人、畜误食中毒。急性灭鼠药物危害较大，容易引起二次中毒，生产中很少使用。常用的慢性灭鼠药物见表5-3。

表5-3　常用的慢性灭鼠药物

名称	特性	作用特点	用法	注意事项
敌鼠钠盐	黄色粉末，无臭、无味，溶于沸水、乙醇、丙酮，性质稳定	作用较慢，能阻碍凝血酶原在鼠体内的合成，使凝血时间延长，而且其能损坏毛细血管、增加血管的通透性、引起内脏和皮下出血，最后死于内脏大量出血。一般在投药1～2天出现死鼠，第5～8天死鼠量达到高峰，死鼠可延续10多天	①敌鼠钠盐毒饵：取敌鼠钠盐5克，加沸水2升搅匀，再加10千克杂粮，浸泡至毒水全部吸收后，加入适量植物油拌匀，晾干备用。 ②混合毒饵：将敌鼠钠盐加入面粉或滑石粉中制成1%毒粉，再取毒粉1份，倒入19份切碎的鲜菜中拌匀即成。 ③毒水：用1%敌鼠钠盐1份，加水20份即可	对人、畜、禽毒性较低，但对猫、犬、兔、猪毒性较强，可引起二次中毒。在使用过程中要加强管理，以防家畜误食中毒或发生二次中毒。如发现中毒，可使用维生素K解救
氯敌鼠（又名氯鼠酮）	黄色结晶性粉末，无臭、无味，溶于油脂等有机溶剂，不溶于水，性质稳定	敌鼠钠盐的同类化合物，但对鼠的毒性作用比敌鼠钠盐强，为广谱灭鼠剂，而且适口性好，不易产生拒食性。主要用于毒杀家鼠和野栖鼠，尤其是可制成蜡块剂，用于毒杀下水道鼠类。灭鼠时将毒饵投在鼠洞或鼠活动的地区即可	有90%原药粉、0.25%母粉、0.5%油剂3种剂型。使用时可配制成如下毒饵。①0.005%水质毒饵：取90%原药粉3克，溶于适量热水中，待凉后，拌于50千克饵料中，晒干后使用。②0.005%油质毒饵：取90%原药粉3克，溶于1千克热食油中，冷却至常温，洒于50千克饵料中拌匀即可。③0.005%粉剂毒饵：取0.25%母粉1千克，加入50千克饵料中，加少许植物油，充分混合拌匀即成	

续表

名称	特性	作用特点	用法	注意事项
杀鼠灵（又名华法令）	白色粉末，无味，难溶于水，其钠盐溶于水，性质稳定	属香豆素类抗凝血灭鼠剂，一次投药的灭鼠效果较差，少量多次投放灭鼠效果好。鼠类对其毒饵接受性好，甚至出现中毒症状时仍采食	毒饵配制方法如下。①0.025%毒米：取2.5%母粉1份、植物油2份、米渣97份，混合均匀即成。②0.025%面丸：取2.5%母粉1份，与99份面粉拌匀，再加适量水和少许植物油，制成每粒1克重的面丸。以上毒饵使用时，将毒饵投放在鼠类活动的地方，每堆约39克，连投3～4天	对人、畜和家禽毒性很小，中毒时维生素 K_1 为有效解毒剂
杀鼠迷	黄色结晶粉末，无臭、无味，不溶于水，溶于有机溶剂	属香豆素类抗凝血杀鼠剂，适口性好、毒杀力强，二次中毒极少，是当前较为理想的杀鼠药物之一，主要用于杀灭家鼠和野栖鼠类	市售有0.75%的母粉和3.75%的水剂。使用时，将10千克饵料煮至半熟，加适量植物油，取0.75%杀鼠迷母粉0.5千克，撒于饵料中拌匀即可。毒饵一般分2次投放，每堆10～20克。水剂可配制成0.0375%饵剂使用	
杀它仗	白灰色结晶粉末，微溶于乙醇，几乎不溶于水	适口性好、急性毒性强，1个致死剂量被吸收后3～10天就发生死亡，一次投药即可。适于杀灭室内和农田的各种鼠类	用0.005%杀它仗稻谷毒饵，杀黄毛鼠有效率可达98%，杀室内褐家鼠有效率可达93.4%，一般一次投饵即可	其他动物不敏感，但犬很敏感

第六章 中兽药方剂的安全使用

第一节 概 述

使用中药防治畜禽疾病具有双向调节作用，即扶正祛邪作用，其低毒无害，不易产生耐药性、药源性疾病和毒副作用，在畜禽产品中很少有残留，具有广阔的前景。中药有单味中药和成方制剂。单味中药即单方，成方制剂是根据临床常见的病症定下的治疗法则，将两味以上的中药配伍起来，经过加工制成不同的剂型以提高疗效、方便使用。单味中药在养鹅生产中使用较少，有些成方制剂可以在疾病防治中发挥一定作用。

中兽医讲“有成方，没成病”，意思是说配方是固定的，而疾病是在不断发展变化的。因此在集约化饲养场应用中兽药制剂进行传染病的群体治疗时要认真进行辨证。在一个患病群体中具体到每头（只）来讲，发病总是有先有后，出现的症候不尽相同，应通过辨证分清主要证候，做好对症选药（在不同配方的同类产品中进行选择），这样才能取得满意的疗效。

第二节 常用的中兽药方剂

一、解表方剂

解表方剂见表6-1。

表 6-1　解表方剂

名称	成分	性状	作用与用途	用法与用量
荆防败毒散	荆芥 45 克，防风 30 克，羌活 25 克，独活 25 克，柴胡 30 克，前胡 25 克，枳壳 30 克，茯苓 45 克，桔梗 30 克，川芎 25 克，甘草 15 克，薄荷 15 克	本品为淡灰黄色至淡灰棕色的粗粉。气微辛，味甘苦	具有辛温解表、疏风祛湿功能。用于畜禽风寒感冒、流感	禽类混饲。每 100 千克饲料 1～1.5 千克，连用 3～5 天
银翘散	金银花 60 克，连翘 45 克，薄荷 30 克，荆芥 30 克，淡豆豉 30 克，牛蒡子 45 克，桔梗 25 克，淡竹叶 20 克，甘草 20 克，芦根 30 克	本品为棕褐色的粗粉。气芳香，味微甘、苦、辛	具有辛凉解表、清热解毒功能。用于畜禽风寒感冒、瘟病初期。适用于瘟病范围的各种疾病初期，如流行性感冒、肺炎等	禽 1～2 克，开水或芦根汤冲调，候温灌服

二、清热方剂

清热方剂见表 6-2。

表 6-2　清热方剂

名称	成分	性状	适应证	用法与用量
清瘟败毒散	石膏 120 克，地黄 30 克，水牛角 60 克，黄连 20 克，栀子 30 克，牡丹皮 20 克，黄芩 25 克，赤芍 25 克，玄参 25 克，知母 30 克，连翘 30 克，桔梗 25 克，甘草 15 克，淡竹叶 25 克	灰黄色的粗粉。气微香，味苦、微甜	具有泻火解毒、凉血养阴功能。用于禽霍乱、鸭瘟、大肠杆菌病	家禽按 1.0%～1.2%比例混饲或按家禽每千克体重每日 0.8 克喂给，连用 3～5 天

续表

名称	成分	性状	适应证	用法与用量
特效霍乱灵散(片)	黄芩15克,马齿苋15克,地榆20克,鱼腥草20克,山楂10克,蒲公英10克,穿心莲10克,甘草5克	本品为黄棕色粗粉。气清香,味苦	具有清热解毒、利湿止痢功能。用于禽霍乱、细菌性痢疾、消化不良等	禽类混饲,1千克/100千克,连续给药3～5天。预防量减半
白头翁散	白头翁60克,黄连30克,黄柏45克,秦皮60克	浅灰黄色的粗粉。气香,味苦	清热解毒、凉血止痢。用于家畜湿热泄泻、下痢脓血、里急后重,雏禽白痢、禽霍乱、大肠杆菌病	家禽按0.8%～1.2%比例拌料混饲或用片剂口服给药,每只每次1片(片剂0.3克/片),1日2次
解暑星散	香薷60克,藿香40克,薄荷30克,冰片2克,金银花45克,木通40克,麦冬30克,白扁豆15克等	浅灰黄色粗粉。气香窜,味辛、甘,微苦	具有清热祛暑功能。用于畜禽中暑	禽混饲:每100千克饲料1～1.5千克
增蛋散	黄连5克,神曲10克,黄芪15克,陈皮10克,女贞子20克	灰褐色至灰黄色的粗粉,气清香、味苦	具有清热、养血、柔肝、健脾功能,增强机体产蛋机能,提高产蛋率。用于病理性与机能性引起的减蛋综合征	混饲。0.5%～0.8%的比例混料(即每包药拌料25～40千克),自由采食,连用3～5天。未发病情况下,按0.1%拌料服用,可提高产蛋率
肝病消	大青叶250克,茵陈100克,柴胡50克,大黄50克,益母草100克等	黄棕色粗粉,气微香、味苦	具有抗菌抗病毒、保肝利胆、抗炎消肿、止血制渗、杀虫抑虫、清热解毒、抗应激、增强机体免疫力功能。对细菌、病毒、组织滴虫及饲料营养不均衡等引起的肝脏肿大、肝炎、肝脏质地变硬或易碎、肝脏出血、肝变性坏死等疾病,具有显著的预防治疗功效	治疗:按0.4%(每包拌料25千克)混料1～2天,后按0.2%混料(每包拌料50千克),连用3天。预防(继往发病日龄前后):0.1%拌料(每包拌料100千克),连用4～5天。遮光干燥处密封存放

续表

名称	成分	性状	适应证	用法与用量
黄连解毒散	黄连30克，黄芩、黄柏各60克，栀子45克	—	泻火解毒，主治三焦热盛。可用于败血症、脓毒败血症、痢疾、肺炎等	禽1～2克，煎汤去渣，候温灌服

三、消导方剂

消导方剂见表6-3。

表6-3　消导方剂

名称	成分	性状	适应证	用法与用量
大黄末	大黄	黄棕色的粉末，气清香，味苦、微涩	具有健胃消食、泻热通肠、凉血解毒、破积行淤功能。用于食欲不振、实热便秘、结症、疮黄疔毒、目赤肿痛、烧伤烫伤、跌打损伤	内服：禽1～3克。外用适量，调敷患处
龙胆末	龙胆	淡黄棕色的粉末，气微，味甚苦	具有健胃功能。用于食欲不振	内服。禽1.5～3克

四、祛湿方剂

祛湿方剂见表6-4。

表6-4　祛湿方剂

名称	成分	性状	适应证	用法与用量
肾肿康片	黄柏50克，知母50克，黄芩50克，黄连50克，苦参35克，猪苓65克，茯苓30克，桔梗40克，甘草75克，滑石50克	灰黄色片，气香、味苦	具有清热解毒、滋肾消肿、利湿通便功能。用于禽肾型传染性支气管炎，传染性法氏囊炎，内脏病及各种内外毒素性疾病引起的肾脏肿胀，尿酸盐沉积，排白色灰渣样黏液样粪便者	口服或拌料：轻症或预防用，每只1～2片，重症加倍，连用3～5天(一疗程)

五、祛痰止咳平喘方剂

祛痰止咳平喘方剂见表 6-5。

表 6-5　祛痰止咳平喘方剂

名称	成分	性状	适应证	用法与用量
康星Ⅱ号	金银花 30 克，连翘 15 克，板蓝根 10 克，桔梗 10 克，百部 10 克，儿茶 5 克，蟾酥 0.1 克，牛黄 0.1 克等	浅灰褐色粉末，微甜而后苦	具有清热解毒、平喘止咳、改善呼吸困难功能。用于家禽病毒性、细菌性、支原体性呼吸道疾病以及上述病原体所致的呼吸道混合感染	家禽按 0.5% 拌料，连用 3～5 天，预防量减半

六、补益方剂

补益方剂见表 6-6。

表 6-6　补益方剂

名称	成分	性状	适应证	用法与用量
健鸡散	党参 20 克，黄芪 20 克，茯苓 20 克，六神曲 10 克，麦芽 10 克，炒山楂 10 克，甘草 5 克，炒槟榔 5 克	浅黄色粗粉，气香、味甘	具有益气健脾、消食开胃、抗应激功能。用于食欲不振、生长迟缓、应激反应	混饲：每 100 千克饲料加 2 千克，连喂 3～7 天
补中益气散	炙黄芪 75 克，党参 60 克，白术（炒）60 克，炙甘草 30 克，当归 30 克，陈皮 20 克，升麻 20 克，柴胡 20 克	淡黄棕色粗粉，味辛、甘、微苦	具有补中益气、升阳举陷功能。用于脾胃气虚、久泻、脱肛、子宫脱垂	混饲：每 100 千克饲料加 2 千克，连喂 3～7 天

七、固涩方剂

固涩方剂见表6-7。

表6-7　固涩方剂

名称	成分	性状	适应证	用法与用量
康星Ⅰ号	小檗碱5克，白头翁20克，秦皮20克，甘草15克等	浅灰黄色粉末，气香、味苦	具有抗菌消炎、清热解毒、凉血止痢、涩肠止泻功能。用于家禽细菌性、病毒性、球虫性腹泻，肠炎痢疾	家禽按0.5%拌料，连用3～5天；预防量酌减

八、胎产方剂

胎产方剂见表6-8。

表6-8　胎产方剂

名称	成分	性状	适应证	用法与用量
康星旺达	淫羊藿5克，阳起石（酒淬）5克，益母草5克，菟丝子4克，当归4克，香附5克等	淡灰色粉末，气香，微苦	具有催情排卵、兴奋繁殖机能、促进生殖器官创伤愈合功能。用于蛋禽产蛋率低、产蛋高峰期持续时间短、发病后产蛋不回升、产畸形蛋者	家禽按0.5%～1%拌料，连用3～5天。预防量酌减

第七章

消毒防腐药物的安全使用

第一节　消毒防腐药物的概述及安全使用要求

一、消毒防腐药物的概念和种类

1. 概念

消毒药物是指杀灭病原微生物的化学药物，主要用于环境、圈舍、动物及排泄物、设备用具等消毒；防腐药物是指抑制病原微生物生长繁殖的化学药物，主要用于抑制生物体表（皮肤、黏膜和创面等）的微生物感染。消毒药物和防腐药物统称为消毒防腐药。

2. 种类

消毒药物的种类见表 7-1。

表 7-1　消毒药物的种类

分类方法	种类及特点
按作用水平分类	高效消毒剂：可杀灭一切细菌繁殖体（包括分枝杆菌）、病毒、真菌及其孢子等，对细菌芽孢也有一定杀灭作用，能达到高水平消毒要求。包括含氯消毒剂、臭氧、醛类、过氧乙酸、双链季铵盐等
	中效消毒剂：可杀灭除细菌芽孢以外的分枝杆菌、真菌、病毒及细菌繁殖体等微生物，能达到消毒要求。包括含碘消毒剂、醇类消毒剂、酚类消毒剂等

续表

分类方法	种类及特点
按作用水平分类	低效消毒剂：不能杀灭细菌芽孢、真菌和结核分枝杆菌，也不能杀灭如肝炎病毒等抵抗力强的病毒和抵抗力强的细菌繁殖体，仅可杀灭抵抗力比较弱的细菌繁殖体和亲脂病毒，能达到消毒要求。包括苯扎溴铵等季铵盐类消毒剂、洗必泰等二胍类消毒剂，汞、银、铜等金属离子类消毒剂和中草药消毒剂
按照化学性质分类	可分十类：酚类、醇类、酸类、碱类、卤素类、过氧化物类、染料类、重金属类、季铵盐类和醛类

二、消毒防腐药物的安全使用要求

消毒工作是畜禽传染病防控的主要手段之一。消毒的方法多种多样，如物理方法、化学方法、生物学方法等，化学方法在生产中比较常用，需要化学药物（消毒药物）才能进行。为保证良好的消毒效果，必须注意如下方面。

1. 选择消毒药物要准确和注重效果

根据消毒对象和消毒目的准确地选择消毒药物。如要杀灭病毒，则选择杀灭病毒的消毒药；如要杀灭某些病原菌，则选择杀灭细菌的消毒药。许多情况下，还要将杀灭病毒和杀灭细菌甚至真菌、虫卵等几者兼顾考虑，选择抗毒抗菌谱广的消毒药，这样才能做到有的放矢。如对禽舍周围环境和道路消毒，可以选择价廉和消毒效果好的碱类和醛类消毒剂；如带禽消毒，应选择高效、无毒和无刺激性的消毒剂，如氯制剂、表面活性剂等。同时，还应考虑是平时预防性的，还是扑灭正在发生的疫情，或周围正处于某种疫病流行高峰期而本养殖场受到威胁时的消毒，以此来选择药物及稀释浓度，以保证消毒的效果。

2. 药物的配制和使用的方法要合理

目前，许多消毒药是不宜用井水稀释配制的，因为井水大多为含钙离子、镁离子较多的硬水，会与消毒药中释放出来的阳离子、阴离子或酸性离子、碱性离子发生化学反应，从而使药效降低。因此，在稀释消毒药时一般使用自来水或白开水。

3. 药物应现用现配

配好的消毒药应一次用完。许多消毒药具有氧化性或还原性，还有的药物见光、遇热后分解加快，须在一定时间内用完，否则，很容易失效而造成人力物力的浪费。因此，在进行配制消毒药时，应认真根据药物说明书和要消毒的面积来测算用量，尽可能将配制的药液在完成消毒面积后用完。

4. 消毒前先清洁

先将环境清洁后再进行消毒，这是保证消毒效果的前提和基础。因为畜禽的排泄物、分泌物、灰尘、粪便和污物等有机物，不仅可阻隔消毒药，使之不能接触病原体，而且有机物还能与许多种消毒药发生化学反应，明显地降低消毒药物的药效。

5. 必须注意消毒药的理化性质

一要注意消毒药的酸碱性。酚类、酸类两大类消毒药一般不宜与碱性环境、脂类和皂类物质接触，否则明显降低其消毒效果。反过来，碱类、碱性氧化物类消毒药不宜与酸类、酚类物质接触，防止其降低杀菌效果。酚类消毒药一般不宜与碘、溴、高锰酸钾、过氧化物等配伍，防止化学反应发生而影响消毒效果。二要注意消毒药的氧化性和还原性。氧化物类、碱类、酸类消毒药不宜与重金属、盐类及卤素类消毒药接触，防止发生氧化还原反应和置换反应，不仅使消毒效果降低，而且还容易对畜禽机体产生毒害作用；三要注意消毒药的可燃性和可爆性。氧化剂中的高锰酸钾不宜与还原剂接触，如高锰酸钾晶体在遇到甘油时可发生燃烧，在与活性炭研磨时可发生爆炸。四要注意消毒药的配伍禁忌。重金属类消毒药忌与酸、碱、碘和银盐等配伍，防止沉淀或置换反应发生。表面活性剂类消毒药中，阳离子和阴离子表面活性剂的作用可互相抵消，因此不可同时使用。表面活性剂忌与碘、碘化钾和过氧化物等配伍使用，不可与肥皂配伍。凡能潮解释放出初生态氧或活性氯、溴等如氧化剂类、卤素类等消毒药，不可与易燃易爆物品放在一起，防止发生意外事故。五要注意消毒药的特殊气味。酚类、醛类消毒药由于具有特殊气味或臭味，因而不能用于畜禽肉品、屠宰场及其加工用具的消毒。

6. 消毒药应定期更换

任何一种消毒药，在一个地区、一个畜禽场都不宜长期使用。因为动物机体对消毒药会产生抗药性。长期使用单一的消毒药，容易使动物体内及饲养场内外环境中的病原体，由于多次频繁地接触这种消毒药而形成耐药菌株，其对药物的敏感性下降甚至消失，使药物对这些病原体的杀灭能力下降甚至完全无效，致使疫病发生和流行。

7. 保证人畜安全

一是强酸类、强碱类及强氧化剂类消毒药，对人畜均有很强的腐蚀性，因此，使用这几类消毒药消毒过的地面、墙壁等，最好用清水冲刷之后，再将动物放进来，防止灼伤动物（尤其是幼畜）。二是凡实施熏蒸消毒时，其产生的消毒气体和烟雾，均对人畜有毒害作用，就是熏蒸后遗留的废气，也会对人畜的眼结膜、呼吸道黏膜造成伤害，故必须将废气彻底排净后，方可放进畜禽；带畜禽消毒时不宜选择熏蒸消毒。三是凡有毒的消毒药均不能进行饮水消毒。酚类、酸类、醛类和碱类消毒药，均具有不同程度的毒性。因此，这几类消毒药不宜用于饮水消毒，也不宜使用这几类消毒药来消毒肉品（过氧乙酸除外）。四是用作饮水消毒的消毒药其配制浓度要准确。能用作饮水消毒的消毒药主要是卤素类、表面活性剂类和氧化剂类等几类消毒药中的大部分品种。其配制浓度很重要，浓度高了则会对动物机体造成损害或引起中毒，浓度低了则起不到消毒杀菌的作用。

第二节　常用消毒药物的安全使用

一、酚类

酚类是以羟基取代苯环上的氢原子而形成的化合物。其可损害菌体细胞膜，较高浓度时也是蛋白变性剂，故有杀菌作用。酚类亦可和其他类型的消毒药混合制成复合型消毒剂，从而明显提高消毒效果。适当浓度下，酚类对大多数不产生芽孢的繁殖型细菌和真菌均有杀灭作用，但对芽孢和病毒作用不强。酚类的抗菌活性不易受环境中有机物和细菌数目的影响，故可用于消毒排泄物等。酚类的化学性质稳定，因而贮存或遇热等不会改变药效。目前销售的酚类消毒药大多含两种或两种以上具有协同作用的化合物，以扩大其抗菌作用范围。一般酚类化合物仅用于环境及用具消毒。由于酚类污染环境，故低毒高效酚类消毒药的研究开发受到重视。

1. 苯酚（石炭酸）

【性状】无色或微红色针状结晶或结晶性块，有特殊臭味，水溶液显弱酸性反应；遇光或在空气中颜色逐渐变深。本品在乙醇、氯仿、乙醚、甘油、脂肪油或挥发油中易溶，在液体石蜡中略溶。

【作用与用途】苯酚可使蛋白质变性，故有杀菌作用。用于器具、厩舍、排泄物和污物等消毒。本品在0.1%～1%的浓度范围内可抑制一般细菌的生长，1%浓度时可杀死细菌，但要杀灭葡萄球菌、链球菌则需3%浓度，杀死霉菌需1.3%以上浓度；由于其对组织有腐蚀性和刺激性，故已被更有效且毒性低的酚类衍生物所代替。

【制剂与用法】石炭酸水溶液，喷洒或浸泡。用于用具、器械浸泡消毒，作用时间30～40分钟以上。食槽、饮水器浸泡消毒后应用水冲洗方能使用。常用1%～5%浓度做房屋、禽（畜）舍、场地等环境的消毒，3%～5%浓度做用具、器械消毒。

【药物相互作用（不良反应）】①碱性环境、脂类、皂类等能减弱其杀菌作用；本品忌与碘、溴、高锰酸钾、过氧化氢等配伍应用。②1%的苯酚即可麻痹皮肤、黏膜的神经末梢，高浓度时会产生腐蚀作用，且易透过皮肤、黏膜被吸收而引起中毒，其中毒症状是中枢神经系统先兴奋后抑制，最后可引起呼吸中枢麻痹而死亡。

【注意事项】①因芽孢和病毒对本品的耐受性很强，使用本品一般无效；苯酚的杀菌效果与温度呈正相关；因有特殊臭味，肉、蛋的运输车辆及贮藏仓库不宜使用。②皮肤、黏膜接触部位可用50%乙醇或者水、甘油或植物油清洗。眼可先用温水冲洗一遍，再用3%硼酸溶液冲洗。

2. 煤酚皂溶液（来苏儿）

【性状】黄棕色至红棕色的黏稠澄清液体，有甲酚的臭味，能溶于水和醇，含甲酚50%。

【作用与用途】 本品用于手、器械、环境消毒及处理排泄物。杀菌力比苯酚强二倍，对大多数病原菌有强大的杀灭作用，也能杀死某些病毒及寄生虫，但对细菌的芽孢无效。对机体毒性比苯酚小。

【制剂与用法】 50%甲酚肥皂乳化液即煤酚皂溶液（又称来苏儿）；用其水溶液浸泡、喷洒或擦抹污染物体表面，使用浓度为1%～5%，作用时间为30～60分钟。对结核分枝杆菌使用5%浓度，作用1～2小时。为加强杀菌作用，可加热药液至40～50℃。对皮肤的消毒浓度为1%～2%。消毒敷料、器械及处理排泄物用5%～10%水溶液。

【药物相互作用（不良反应）】 本品对皮肤有一定刺激作用和腐蚀作用，正逐渐被其他消毒剂取代。

【注意事项】 与苯酚相比，甲酚杀菌作用较强、毒性较低、价格便宜、应用广泛；有特异臭味，不宜用于肉、蛋或肉库、蛋库的消毒；有颜色，故不宜用于棉毛织品的消毒。

3. 克辽林（臭药水、煤焦油皂溶液）

【性状】 本品系在粗制煤酚中加入肥皂、树脂和氢氧化钠少许，温热制成的。暗褐色液体，用水稀释时呈乳白色或咖啡乳白色乳状。

【作用与用途】 本品用于手、器械、环境消毒及处理排泄物。杀菌力比苯酚强二倍，对大多数病原菌有强大的杀灭作用，也能杀死某些病毒及寄生虫，但对细菌的芽孢无效。对机体毒性比苯酚小。

【制剂与用法】 乳剂，含酚9%～11%，常用其3%～5%溶液消毒禽舍、用具及排泄物。以10%浓度的水溶液浸泡治疗禽的石灰脚病。

【药物相互作用（不良反应）】 本品毒性低。

【注意事项】 由于有臭味，不用于肉品、蛋品的消毒。

4. 复合酚（菌毒敌、畜禽灵）

【性状】 是由苯酚（41%～49%）和醋酸（22%～26%）加十二烷基苯磺酸等配制而成的水溶性混合物，为酚及酸类复合型消毒剂，深红褐色黏稠液体，有特异臭味。广谱、高效、新型消毒剂。

【作用与用途】 主要用于畜（禽）舍、笼具、饲养场地、运输工具及排泄物的消毒。可杀灭细菌、霉菌和病毒，对多种寄生虫卵也有杀灭作用。还能抑制蚊、蝇等昆虫和鼠害的滋生。通常用药后药效可维持1周。

【制剂与用法】 液体剂型，喷洒消毒时用0.35%～1%的水溶液，浸洗消毒时用1.6%～2%的水溶液。稀释用水的温度应不低于8℃。在环境较脏、污染较严重时，可适当增加药物浓度和用药次数。

【药物相互作用（不良反应）】 避免与其他消毒药或碱性药物混合应用；对皮肤、黏膜有刺激性和腐蚀性。

【注意事项】 ①严禁使用喷洒过农药的喷雾器械喷洒本品，以免引起畜（禽）意外中毒。②接触本品的皮肤或黏膜部位可用50%酒精或水、甘油或植物油清洗。动物意外吞服中毒时，可用植物油洗胃，并内服硫酸镁导泻。

5. 复方煤焦油酸溶液（农福、农富）

【性状】 淡色或淡黑色黏性液体。其中含高沸点煤焦油酸39%～43%、醋酸18.5%～20.5%、十二烷基苯磺酸23.5%～25.5%，具有煤焦油和醋酸的特异酸臭味。

【作用与用途】 同复合酚。

【制剂与用法】 溶液，500克（高沸点煤焦油酸205克＋醋酸97克＋十二烷基苯磺酸123克）/瓶。多以喷雾法和浸洗法应用。1%～1.5%的水溶液用于喷洒畜（禽）舍的墙壁、地面，1.5%～2%的水溶液用于器具的浸泡及车辆的浸洗或用于种蛋的消毒。使用方法见表7-2。

表7-2 农福的适用范围和用法

适用范围	稀释倍数	使用方法
常规消毒	1∶1000	采用喷雾器或其他设备，每平方米均匀喷洒稀释液300毫升
重大疫情时消毒	1∶200～1∶400	采用喷雾器或其他设备，每平方米均匀喷洒稀释液300毫升

续表

适用范围	稀释倍数	使用方法
足底或车轮浸泡消毒	1∶200	浸泡消毒；消毒液至少每周更换一次，或泥多时更换
运输工具消毒	1∶200～1∶400	所有进入养殖场的车辆，均需通过车轮浸泡池浸泡消毒；消毒液至少每周更换一次，或泥多时更换
装卸场消毒	1∶200～1∶400	用后洗净，再用农福消毒
设备消毒	1∶200～1∶400	定期高压冲洗并消毒。尽量不要移动设备

【药物相互作用（不良反应）】与碱类物质混存或合并使用药效降低，对皮肤有刺激作用。

【注意事项】①本品不得靠近热源，应远离易燃易爆物品；避光阴凉处保存，避免太阳直射。②使用本品时，应戴上适当的口（面）罩，在处理浓缩液过程中避免与眼睛和皮肤接触。如果将本品或其稀释液不慎溅入眼中，应立即用大量清水冲洗，并尽快请医生检查。

6. 氯甲酚溶液（宝乐酚）

【性状】无色或淡黄色透明液体，有特殊臭味，水溶液呈乳白色。主要成分是10%的4-氯-3-甲基苯酚和表面活性剂。

【作用与用途】主要用于畜禽栏舍、门口消毒池、通道、车轮、带畜体表的喷洒消毒。氯甲酚能损害菌体细胞膜，使菌体内含物逸出并使蛋白质变性，呈现杀菌作用；还可通过抑制细菌脱氢酶和氧化酶等酶的活性，呈现抑菌作用。其杀菌作用比非卤化酚类强20倍。

【制剂与用法】溶液。日常喷洒稀释200～400倍；暴发疾病时紧急喷洒，稀释66～100倍。

【药物相互作用（不良反应）】对皮肤及黏膜有腐蚀性。

【注意事项】本品安全、高效、低毒；现用现配，稀释后不宜久置。

二、酸类

酸类消毒药包括无机酸和有机酸两类。无机酸的杀菌作用取决于离解的氢离子，2%的硝酸溶液具有很强的抑菌和杀菌作用，但浓度大时有很强的腐蚀性，使用时应特别注意。硼酸的杀菌作用较弱，常以其1%～2%浓度用于黏膜如眼结膜等部位的消毒。有机酸主要通过不电离的分子透过细菌的细菌膜而对细菌起杀灭作用。

1. 过醋酸（过氧乙酸）

【性状】无色透明液体，具有很强的醋酸臭味，易溶于水、酒精和硫酸。易挥发，有腐蚀性。当过热、遇有机物或杂质时本品容易分解。急剧分解时可发生爆炸，但浓度在40%以下时，于室温贮存不易爆炸。

【作用与用途】具有高效、速效、广谱抑菌和灭菌作用。对细菌的繁殖体、芽孢、真菌和病毒均具有杀灭作用。作为消毒防腐剂，其作用范围广、毒性低、使用方便，对畜禽刺激性小。除金属制品外，可用于大多数器具和物品的消毒，常用于带畜（禽）消毒，也可用于饲养人员手臂消毒。

【制剂与用法】溶液，500毫升/瓶。市售消毒用过氧乙酸有20%浓度的制剂和AB二元包装消毒液。

① 20%浓度的制剂用法见表7-3。

表7-3　20%浓度过醋酸的用法

用途	用法
浸泡消毒	0.04%～0.2%溶液，用于饲养用具和饲养人员手臂消毒
冲洗、滴眼	0.02%溶液，用于黏膜消毒
空气消毒	可直接用20%成品，每立方米空间1～3毫升。最好将20%成品稀释成4%～5%溶液后，加热熏蒸
喷雾消毒	5%浓度，用于实验室、无菌室或仓库的喷雾消毒，每立方米2～5毫升
喷洒消毒	0.5%浓度，对室内空气和墙壁、地面、门窗、笼具等表面进行喷洒消毒
带禽消毒	0.3%浓度，用于带畜（禽）消毒，每立方米30毫升
饮水消毒	每升饮水加20%过氧乙酸溶液1毫升，让畜（禽）饮服，30分钟用完

② 过氧乙酸 AB 二元包装消毒液用法。使用前按 A∶B＝10∶8（体积比）混合后放 48 小时即可配制使用（A 液可能呈红褐色，但与 B 液混合后即呈无色或微黄，不影响混合后过氧乙酸的质量）。混合后溶液中过氧乙酸含量为 16%～17.5%，可杀灭肠道致病菌和化脓性球菌。配制时应先加入水随后倒入药液。

【药物相互作用（不良反应）】 金属离子和还原性物质可加速药物的分解，对金属有腐蚀性；有漂白作用。稀溶液对呼吸道和眼结膜有刺激性；浓度较高的溶液对皮肤有强烈刺激性，若高浓度药液不慎溅入眼内或皮肤、衣服上，应立即用水冲洗。

【注意事项】 ①本品应置于阴凉、干燥、通风处保存。性质不稳定，容易自然分解，因此水溶液应新鲜配制，一般配制后可使用 3 天。②增加湿度可增强本品杀菌效果，因此进行空气消毒时应增加孵化器（室）或畜（禽）舍内相对湿度。当温度为 15℃ 时以 60%～80%的相对湿度为宜；当温度为 0～5℃，相对湿度应为 90%～100%。进行空气和喷雾消毒时应密闭孵化器（室）、禽舍或无菌室的门窗、气孔和通道，空气消毒密封 1～2 小时，喷雾消毒密封 30～60 分钟。③有机物可降低其杀菌效力，需用洁净水配制新鲜药液。④皮肤或黏膜消毒用药液的浓度不能超过 0.2%或 0.02%。

2. 硼酸

【性状】 由天然的硼砂（硼酸钠）与酸作用而得。无色微带珍珠状光泽的鳞片状固体或白色疏松固体粉末，无臭，易溶于水、醇、甘油等，水溶液呈弱酸性。

【作用与用途】 抑制细菌生长，无杀菌作用。因刺激性较小，又不损伤组织，临床上常用于冲洗消毒较敏感的组织如眼结膜、口腔黏膜等。

【制剂与用法】 溶液或软膏。用 2%～4%的溶液冲洗眼、口腔黏膜等。3%～5%溶液冲洗新鲜未化脓的创口。3%硼酸甘油（31∶100）治疗口、鼻黏膜炎症；硼酸磺胺粉（1∶1）治疗鸭鹅翅、胸部、爪趾等部创伤；5%硼酸软膏治疗禽冠等处溃疡、褥疮等。

【药物相互作用（不良反应）】 忌与碱类药物配伍；外用毒性不大，但用于大面积损害时，吸收后可发生急性中毒，早期症状为呕吐、腹泻、中枢神经系统先兴奋后抑制，严重时发生循环衰竭或休克。由于本品排泄慢，反复应用可产生蓄积，导致慢性中毒。

3. 醋酸

【性状】无色透明的液体，味极酸，有刺鼻臭味，能与水、醇或甘油任意混合。

【作用与用途】对细菌、芽孢、真菌和病毒均有较强的杀灭作用。杀菌、抑菌作用与乳酸相同，但消毒效果不如乳酸。刺激性小，消毒时畜禽不需移出室外。用于空气消毒，可预防感冒和流感。

【制剂与用法】市售醋酸含纯醋酸 36%～37%。常用稀醋酸含纯醋酸 5.7%～6.3%，食用醋酸含纯醋酸 2%～10%。稀醋酸加热蒸发用于空气消毒，每 100 立方米用 20～40 毫升；如果用食用醋加热熏蒸，每 100 立方米用 300～1000 毫升。

【药物相互作用（不良反应）】与金属器械接触产生腐蚀作用；与碱性药物配伍可发生中和反应而失效；有刺激性，高浓度时对皮肤、黏膜有腐蚀性。

【注意事项】避免与眼睛接触，如果与高浓度醋酸接触，立即用清水冲洗。

4. 水杨酸

【性状】白色针状结晶或微细结晶性粉末，无臭，味微甜。微溶于水，水溶液显酸性，易溶于酒精。

【作用与用途】杀菌作用较弱，但有良好的杀灭和抑制霉菌作用，还有溶解角质的作用。

【制剂与用法】5%～10%水杨酸酒精溶液，用于治疗霉菌性皮肤病；5%水杨酸酒精溶液或纯品用于治疗蹄叉腐烂等；5%～20%溶液，用于溶解角质、促进坏死组织脱落。水杨酸能促进表皮生长和角质增生，常制成 1%软膏用于肉芽创的治疗。

【药物相互作用（不良反应）】水杨酸遇铁呈紫色，遇铜呈绿色。多种金属离子能促使水杨酸氧化为醌式结构的有色物质，故本品在配制及贮存时，禁与金属器皿接触。本品可经皮肤吸收，出现毒性表现。

【注意事项】避免在生殖器部位、黏膜、眼睛和非病区（如疣周围）皮肤处应用。炎症和感染的皮肤损伤上勿使用；勿与其他外用痤疮制剂或含有剥脱作用的药物合用；不宜长期使用，不宜作大面积应用。

5. 苯甲酸

【性状】白色或黄色细鳞片状或针状结晶，无臭或微有香气，易挥发。在冷水中溶解度小，易溶于沸水和酒精。

【作用与用途】有抑制霉菌作用，可用于治疗霉菌性皮肤病或黏膜病。在酸性环境中，1%即有抑菌作用，但在碱性环境中因成盐而效力大减。在pH小于5时杀菌效力最大。

【制剂与用法】常与水杨酸等配成复方苯甲酸软膏或复方苯甲酸涂剂等，治疗霉菌性皮肤病。

【药物相互作用（不良反应）】本品与铁盐和重金属盐有配伍禁忌。

【注意事项】对环境有危害，对水体和大气可造成污染；具刺激性；遇明火、高热可燃。

6. 乳酸

【性状】无色或淡黄色澄明油状液体，无臭、味酸，能与水或醇任意混合。露置空气中有吸湿性，应密闭保存。

【作用与用途】对伤寒沙门菌、大肠杆菌等革兰氏阴性菌和葡萄球菌、链球菌等革兰氏阳性菌均具有杀灭和抑制作用。它的蒸气或喷雾用于空气消毒，能杀死流感病毒及某些细菌。乳酸空气消毒有廉价、毒性低的优点，但杀菌力不够强。

【制剂与用法】溶液。以本品的蒸气或喷雾作空气消毒，用法为每100立方米空间用6～12毫升乳酸，加水24～48毫升，使其稀释为20%浓度，消毒30～60分钟。用乳酸蒸气消毒仓库或孵化器（室），用法为每100立方米空间10毫升乳酸，加水10～12毫升，使其稀释为33%～50%浓度，加热蒸发。室舍门窗应封闭，作用30～60分钟。

【药物相互作用（不良反应）】本品对皮肤黏膜有刺激性和腐蚀

性，避免接触眼睛。

7. 十一烯酸

【性状】黄色油状液体，难溶于水，易溶于酒精，容易和油类混合。

【作用与用途】主要具有抗霉菌作用。

【制剂与用法】常用5%～10%酒精溶液或20%软膏，治疗禽皮肤霉菌感染。

【药物相互作用（不良反应）】局部外用可引起接触性皮炎。

【注意事项】本品为外用药不可内服，当外用浓度过大时对组织有刺激性。

三、碱类

碱类的杀菌作用取决于离解的氢氧根离子浓度，浓度越大，杀灭作用越强。由于氢氧根离子可以水解蛋白质和核酸，使微生物的结构和酶系统受到损害，同时还可以分解菌体中的糖类，因此碱类对微生物有较强的杀灭作用，尤其是对病毒和革兰氏阴性杆菌的杀灭作用更强，预防病毒性传染病较常用。

1. 氢氧化钠（苛性钠）

【性状】白色块状、棒状或片状结晶，吸湿性强，容易吸收空气中的二氧化碳气体形成碳酸钠或碳酸氢钠。极易溶于水，易溶于酒精，应密封保存。

【作用与用途】对细菌的繁殖体、芽孢和病毒都有很强的杀灭作用，对寄生虫卵也有杀灭作用。浓度增加和温度升高可明显增强杀菌作用，但低浓度时对组织有刺激性，高浓度有腐蚀性。常用于预防病毒性或细菌性传染病的环境消毒或污染畜（禽）场的消毒。

【制剂与用法】粗制烧碱或固体碱含氢氧化钠94%左右，25千克/袋。2%热溶液用于被病毒和细菌污染的畜（禽）舍、饲槽和运输车船等的消毒。3%～5%溶液用于炭疽杆菌的消毒。5%溶液亦可用于腐蚀皮肤赘生物、新生角质等。

【药物相互作用（不良反应）】高浓度氢氧化钠溶液可灼伤组织，

对铝制品、棉毛织物、漆面等具有损坏作用。

【注意事项】一般用工业碱代替精制氢氧化钠作消毒剂应用，价格低廉、效果良好。

2. 氢氧化钾（苛性钾）

本品的理化性质、作用、用量均与氢氧化钠大致相同。因新鲜草木灰中含有氢氧化钾及碳酸钾，故可代替本品使用。通常用30千克新鲜草木灰加水100升，煮沸1小时后去渣，再加水至100升，得到的制剂来代替氢氧化钾进行消毒，可用于畜（禽）舍地面、出入口处等部位的消毒，其温度宜在70℃以上喷洒，隔18小时后再喷洒1次。

3. 生石灰（氧化钙）

【性状】白色或灰白色块状固体或粉末，无臭，主要成分为氧化钙，易吸水，加水后即成为氢氧化钙，俗称熟石灰或消石灰。消石灰属强碱，吸湿性强，吸收空气中二氧化碳后变成坚硬的碳酸钙失去消毒作用。

【作用与用途】本品对大多数细菌的繁殖体有效，但对细菌的芽孢和抵抗力较强的细菌如结核分枝杆菌无效。因此常用于地面、墙壁、粪池和粪堆以及人通道或污水沟的消毒。氧化钙加水后，生成氢氧化钙，其消毒作用与解离的氢氧根离子和钙离子浓度有关。氢氧根离子对微生物蛋白质具有破坏作用，钙离子也能使细菌蛋白质变性从而起到抑制或杀灭病原微生物的作用。

【制剂与用法】固体。一般加水配成10%～20%石灰乳，涂刷畜（禽）舍墙壁、畜栏和地面进行消毒。氧化钙1千克加水350毫升，得到消石灰的粉末，可撒布在阴湿地面、粪池周围及污水沟等处进行消毒。

【注意事项】生石灰应干燥保存，以免潮解失效；石灰乳宜现用现配，配好后最好当天用完，否则会吸收空气中二氧化碳变成碳酸钙而失效。

四、醇类

醇类具有杀菌作用，随分子量增加，杀菌作用增强。如乙醇的杀菌作用比甲醇强2倍，丙醇比乙醇强2.5倍，但醇分子量再继续增加，水溶性降低，难以使用。实际生活中应用最广泛的是乙醇，即酒精。

乙醇（酒精）

【性状】 无色透明的液体，易挥发、易燃烧，应在冷暗处避火保存。酒精乙醇含量不得低于95%，无水乙醇含量为99%以上，医用或工业用乙醇含量为95%以上。能与水、醚、甘油、氯仿、挥发油等任意混合。

【作用与用途】 乙醇主要通过使细菌菌体蛋白凝固并脱水而发挥杀菌或抑菌作用。以70%～75%乙醇杀菌能力最强，可杀死一般病原菌的繁殖体，但对细菌芽孢无效。浓度超过75%时，由于菌体表层蛋白质迅速凝固而妨碍乙醇进一步向内渗透，杀菌作用反而降低。

【制剂与用法】 液体。医用酒精乙醇含量95%；常用70%～75%乙醇用于皮肤、手臂、注射部位、注射针头及小件医疗器械的消毒，不仅能迅速杀灭细菌，还具有清洁局部皮肤、溶解皮脂的作用。

【药物相互作用（不良反应）】 偶有皮肤刺激性。

【注意事项】 乙醇可使蛋白质沉淀。将乙醇涂于皮肤，短时间内不会造成损伤。但如果时间太长，则会刺激皮肤。将乙醇涂于伤口或破损的皮面，不仅会加剧损伤而且会形成凝块，导致凝块下面的细菌繁殖起来，因此不能用于无感染的暴露伤口。

五、醛类

醛类作用与醇类相似，主要通过使蛋白质变性，发挥杀菌作用，但其杀菌作用较醇类强，其中以甲醛的杀菌作用最强。

1. 甲醛溶液

【性状】 纯甲醛为无色气体，易溶于水，水溶液为无色或几乎无色的透明液体。40%的甲醛溶液即福尔马林。有刺激性臭味，与水或乙醇能任意混合。长期存放在冷处（9℃以下）会因聚合作用而浑浊，常加入10%～12%甲醇或乙醇可防止聚合变性。

【作用与用途】 甲醛在气态或溶液状态下，均能凝固细菌菌体蛋白和溶解类脂，还能与蛋白质的氨基酸结合而使蛋白质变性，是一种广泛使用的防腐消毒剂。本品杀菌谱广泛且作用强，对细菌繁殖体及芽孢、病毒和真菌均有杀灭作用。主要用于畜（禽）舍、孵化器、种蛋、鱼（蚕、蜂）具、仓库及器械消毒，还有硬化组织的作用，可用于固定生物标本、保存尸体。

【制剂与用法】甲醛溶液。5%甲醛酒精溶液，用于术部消毒；10%～20%甲醛溶液，用于治疗蹄叉腐烂；10%甲醛溶液，用于固定标本和尸体；2%～5%溶液用于器具喷洒消毒；40%甲醛溶液用于浸泡消毒或熏蒸消毒。熏蒸消毒生产中比较常用，具体用法见表7-4。

表7-4　福尔马林的熏蒸消毒方法

用途	方法
禽舍消毒	禽舍空间可用福尔马林和高锰酸钾混合熏蒸，每立方米空间福尔马林14毫升、高锰酸钾7克(或福尔马林28毫升、高锰酸钾14克，或福尔马林42毫升、高锰酸钾21克。根据禽舍污浊程度确定比例)，室温不低于12～15℃，相对湿度为60%～80%，消毒时间为24～48小时
雏禽体表消毒	每立方米空间用福尔马林7毫升、水3.5毫升、高锰酸钾3.5克，熏蒸1小时
种蛋消毒	对刚产下的种蛋，每立方米空间用福尔马林42毫升、高锰酸钾21克、水7毫升，熏蒸消毒20分钟。对洗涤室、垫料、运雏箱则需熏蒸消毒30分钟。入孵第一天的种蛋用福尔马林28毫升、高锰酸钾14克、水5毫升，熏蒸20分钟

【药物相互作用（不良反应）】皮肤接触福尔马林将引起刺激、灼伤、腐蚀及过敏反应。此外对黏膜有刺激性。

【注意事项】①用40%甲醛溶液熏蒸消毒时，与高锰酸钾混合后会立即发生反应，沸腾并产生大量气泡，所以，使用的容器容积要比应加甲醛的容积大10倍以上；使用时应先加高锰酸钾，再加甲醛溶液，而不要把高锰酸钾加到甲醛溶液中；熏蒸时消毒人员应离开消毒场所，将消毒场所密封。此外，甲醛的消毒作用与甲醛的浓度、温度、作用时间、相对湿度和有机物的存在量有直接关系。在熏蒸消毒时，应先把欲消毒的室（器）内清洗干净，排净室内其他污浊气体，再关闭门窗和排气孔，并保持25℃左右温度、60%～80%相对湿度。②药液污染皮肤，应立即用肥皂和水清洗；动物误服大量甲醛溶液，应迅速灌服稀氨水解毒。

2. 聚甲醛（多聚甲醛）

【性状】甲醛的聚合物，带甲醛臭味，系白色疏松粉末，熔点120～170℃，不溶或难溶于水，但可溶于稀酸和稀碱溶液。

【作用与用途】聚甲醛本身无消毒作用，但在常温下可缓慢放出甲醛分子而呈杀菌作用。如加热至80～100℃时即释放大量甲醛分子（气体），呈强大杀菌作用。由于本品使用方便，故近年来较多应用。常用于杀灭细菌、真菌和病毒。

【制剂与用法】多用于熏蒸消毒，常用量为每立方米3～5克，消毒时间为10小时。如果用于大面积禽舍和孵化室时可增加用量至每立方米10克。

【药物相互作用（不良反应）】见甲醛溶液。

【注意事项】消毒时室内温度最好在18℃以上，湿度最好在80%～90%，不应低于50%。

3. 戊二醛

【性状】油状液体，沸点187～189℃，易溶于水和酒精，水溶液呈酸性反应。

【作用与用途】对繁殖型革兰氏阳性菌和阴性菌作用迅速，对耐酸菌、芽孢、某些霉菌和病毒也有抑制作用。在酸性溶液中较为稳定，在碱性环境尤其是当pH为5～8.5时杀菌作用最强。用于浸泡消毒橡胶或塑料等不宜加热的器械或制品，也用于动物厩舍及器具的消毒。

【制剂与用法】20%或25%戊二醛水溶液，2%戊二醛水溶液。常用其2%碱性溶液（加0.3%碳酸氢钠），浸泡橡胶或塑料等不宜加热消毒的器械或制品，作用10～20分钟即可达到消毒目的。也可加入双长链季铵盐阳离子表面活性剂，作为增效剂配成复方戊二醛溶液，主要用于动物厩舍及器具的消毒。

【药物相互作用（不良反应）】本品在碱性溶液中杀菌作用强，

但稳定性差，2周后即失效；与金属器具可以发生反应。

【注意事项】 避免接触皮肤和黏膜，接触后应立即用清水冲洗干净。

六、氧化剂类

氧化剂是一些含不稳定结合氧的化合物，遇有机物或酶即释出初生态氧，破坏菌体蛋白或酶而呈杀菌作用，但同时对组织、细胞也有不同程度的损伤和腐蚀作用。本类药物主要对厌氧菌作用强，其次是革兰氏阳性菌和某些螺旋体。

1. 过氧化氢溶液（双氧水）

【性状】 本品为含3%过氧化氢的无色澄明液体，味微酸。遇有机物可迅速分解产生泡沫，加热或遇光即分解变质，故应密封避光阴凉处保存。通常保存的浓双氧水为27.5%～31%的浓过氧化氢溶液，临用时再稀释成3%的浓度。

【作用与用途】 过氧化氢与组织中过氧化氢酶接触后即分解出初生态氧而呈杀菌作用，具有消毒、防腐、除臭的功能。但作用时间短、穿透力弱，易受有机物影响。主要用于清洗创面、窦道或瘘管等。

【制剂与用法】 2.5%～3.5%过氧化氢溶液或26.0%～28.0%过氧化氢溶液。清洗化脓创面用1%～3%溶液，冲洗口腔黏膜用0.3%～1%溶液。3%以上高浓度溶液对组织有刺激性和腐蚀性。

【药物相互作用（不良反应）】 与有机物、碱、生物碱、碘化物、高锰酸钾或其他较强氧化剂有配伍禁忌。

【注意事项】 避免用手直接接触高浓度过氧化氢溶液，因可发生刺激性灼伤。

2. 高锰酸钾

【性状】 黑紫色结晶，无臭，易溶于水，溶液因其浓度不同而呈粉红色至暗紫色。与还原剂（如甘油）研合可发生爆炸、燃烧。

【作用与用途】 强氧化剂，遇有机物即放出初生态氧而呈杀菌作用，因无游离状氧原子放出，故不出现气泡。本品的抗菌除臭作用比过氧化氢溶液强而持久，但其作用极易因有机物的存在而减弱。本品还原后所生成的二氧化锰，能与蛋白质结合成盐，在低浓度时呈收敛作用，高浓度时有刺激和腐蚀作用。

低浓度（0.1%）高锰酸钾溶液可杀死多数细菌的繁殖体，高浓度（2%～5%）时在24小时内可杀死细菌芽孢。在酸性条件下可明显提高杀菌作用，如在1%的高锰酸钾溶液中加入1%盐酸，30秒钟即可杀死许多细菌芽孢。可用于饮水、用具消毒和冲洗伤口。

【制剂与用法】固体。0.1%溶液可用于禽群饮水消毒，杀灭肠道病原微生物；本品与福尔马林合用可用于畜（禽）舍、孵化室等的空气熏蒸消毒；2%～5%溶液用于浸泡消毒病禽污染的食桶、饮水器、器械等；0.1%溶液外用冲洗黏膜及皮肤创伤、溃疡等；1%溶液用于冲洗毒蛇咬伤的伤口；0.01%～0.05%溶液洗胃，用于某些有机物中毒。

【药物相互作用（不良反应）】高锰酸钾溶液遇有机物如酒精等易失效，遇氨水及其制剂可产生沉淀。本品粉末遇福尔马林、甘油等易发生剧烈燃烧，当它与活性炭或碘等还原型物质共同研合时可发生爆炸；高浓度对组织和皮肤有刺激和腐蚀作用。

【注意事项】水溶液宜现配现用，密封避光保存，久置变棕色而失效。

七、卤素类

卤素类中，能作消毒防腐药的主要是氯、碘，以及能释放出氯、碘的化合物。它们能氧化细菌原浆蛋白质活性基团，并和蛋白质的氨基酸结合而使其变性。

1. 碘

【性状】灰黑色带金属光泽的片状结晶，有挥发性，难溶于水，可溶于乙醇及甘油，在碘化钾的水溶液或酒精溶液中易溶解。

【作用与用途】碘通过氧化和卤化作用而呈现强大的杀菌作用，可杀死细菌、芽孢、霉菌和病毒。碘对黏膜和皮肤有强烈的刺激作用，可使局部组织充血、促进炎性产物的吸收。

【制剂与用法】见表7-5。

表 7-5　碘制剂及其用法

制剂名称	组成	用法
5%碘酊	碘 50 克、碘化钾 10 克、蒸馏水 10 毫升,加 75%酒精至 1000 毫升	主要用于手术部位及注射部位等消毒
10%浓碘酊	碘 100 克、碘化钾 20 克、蒸馏水 20 毫升,加 75%酒精至 1000 毫升	主要作为皮肤刺激药,用于慢性肌腱炎、关节炎等
1%碘甘油	碘化钾 1 克,碘 1 克,加甘油至 100 毫升	可用于禽痘的局部涂擦
5%碘甘油	碘 50 克、碘化钾 100 克、甘油 200 毫升,加蒸馏水至 1000 毫升	常用于治疗黏膜的各种炎症,刺激性小,作用时间较长
复方碘溶液(卢戈液)	碘 50 克、碘化钾 100 克,加蒸馏水至 1000 毫升	用于治疗黏膜的各种炎症,可向关节腔、瘘管等内注入

【药物相互作用（不良反应）】 长时间浸泡金属器械，会产生腐蚀性；各种含汞药物（包括中成药）无论以何种途径用药，如果与碘剂（碘化钾、碘酊、含碘食物海带和海藻等）相遇，均可产生碘化汞而呈现毒性作用。

【注意事项】 ①对碘过敏（涂抹后曾引起全身性皮疹）的动物禁用；碘酊须涂于干燥的皮肤上，如果涂于湿皮肤不仅杀菌效力降低，还易引起发疱和皮炎。②配制碘液时，若碘化物过量（超过等量）加入，可使游离碘变为过碘化物，反而导致碘失去杀菌作用。③碘可着色，天然纤维织物沾有碘液不易洗除。④配制的碘液应存放在密闭容器内。若存放时间过久，颜色可变淡（碘可在室温下升华），应测定碘含量，并将碘浓度补足后再使用。

2. 聚乙烯酮碘（吡咯烷酮碘）

【性状】 1-乙烯基-2-吡咯烷酮与碘的复合物。黄棕色无定形粉末或片状固体，微有特臭，可溶于水，水溶液呈酸性。

【作用与用途】 遇组织中还原物时，本品可缓慢放出游离碘。对病毒、细菌、芽孢均有杀灭作用，毒性低、作用持久。除用作环境消毒剂外，还可用于皮肤和黏膜的消毒。

【制剂与用法】 0.5%溶液作为喷雾剂外用。1%洗剂、软膏剂、0.75%溶液用于手术部位消毒。使用方法见表 7-6。

表 7-6　聚乙烯酮碘的使用方法

适用范围	稀释倍数		消毒方法
	常规	疫情期	
养殖场、公共场合消毒	1∶500	1∶200	喷洒
带畜消毒	1∶600	1∶300	喷雾
饮水消毒	1∶2000	1∶500	饮用
皮肤消毒和治疗皮肤病	不稀释		直接涂擦或清洗
黏膜及创伤消毒	1∶20		冲洗

【药物相互作用（不良反应）】与金属和季铵盐类消毒剂可发生反应。

【注意事项】避免在阳光下使用，应放在密闭的容器中，当溶液变成白色或黄色时即失去消毒作用。

3. 碘伏（强力碘）

【性状】碘、碘化钾、硫酸、磷酸等配成的水溶液。棕红色液体，具有亲水、亲脂两重性。溶解度大，无味、无刺激性。

【作用与用途】碘伏系表面活性剂与碘络合的产物，杀菌作用持久，能杀死病毒、细菌及其芽孢、真菌、原虫等。在有效碘含量为每升 50 毫克时，10 分钟能杀死各种细菌；有效碘含量为每升 150 毫克时，90 分钟可杀死芽孢和病毒。可用于畜禽舍、饲槽、饮水、皮肤和器械等的消毒。

【制剂与用法】溶液，有效碘含量 6%。5%溶液用于喷洒消毒畜禽舍，用量为 3～9 毫升/米^3；5%～10%溶液用于洗刷或浸泡消毒室用具、孵化用具、手术器械、种蛋等；饮水添加 15～20 毫升/升，饮水 3 天，防治禽类肠道传染病。

【药物相互作用（不良反应）】禁止与红汞等拮抗药物同用。

【注意事项】长时间浸泡金属器械，会产生腐蚀性。

4. 速效碘

【性状】碘、强力络合剂和增效剂络合而成的无毒液体。

【作用与用途】新型的含碘消毒液。具有高效（比常规碘消毒剂效力高出5～7倍)、速效(在每升含25毫克浓度时，60秒内即杀灭一般常见病原微生物)、广谱(对细菌、真菌、病毒等均有效)、对人畜无害(无毒、无刺激、无腐蚀、无残留)等特点，用于环境、用具、畜禽体表、手术器械等多方面的消毒。

【制剂与用法】速效碘具有两种制剂，即SI-Ⅰ型(含有效碘1%)，SI-Ⅱ型(含有效碘0.35%)。具体使用方法及剂量见表7-7。

表7-7　速效碘的使用方法

使用范围	稀释比例(1∶X)		使用方法	作用时间/分
	SI-Ⅰ	SI-Ⅱ		
饮水消毒	500～1000	150～300	直接饮用	—
畜禽舍消毒	300～400	100～200	喷雾、喷洒	5～30
禽笼、饲槽、水槽消毒	350～500	100～250	喷雾、洗刷	5～20
蛋盘、蛋箱、器具消毒	350～500	100～250	浸泡、洗刷	5
带禽、带畜消毒	350～450	100～250	喷雾	5～30
传染病高峰期消毒	150～200	50～100	喷雾同时饮水	5～30
孵化室消毒	300～400	100～250	喷雾	5～10
种蛋消毒	500～800	200～300	浸泡	1
白痢、大肠杆菌病	400～800	120～300	饮水(免疫前后3天停止)	1～5
新城疫、传染性法氏囊病	300～500	150～250	喷雾	5～10
创伤消毒	20～30	5～10	涂擦	—
手术器械消毒	200～300	50～100	浸泡、擦拭	5～10

【药物相互作用(不良反应)】忌与碱性药物同时使用。

【注意事项】污染严重的环境酌情加量；有效期为2年，应避光存放于－40～－20℃处。

5. 雅好生(复合碘溶液、强效百毒杀)

【性状】碘、碘化物与磷酸配制而成的水溶液，呈褐红色黏性液体。未稀释液体可存放数年，稀释后应尽快用完。

【作用与用途】有较强的杀菌消毒作用，对大多数细菌、霉菌、病毒有杀灭作用。可用于畜（禽）舍、运输工具、饮水器皿、孵化器（室）、器械消毒和污物处理等。

【制剂与用法】溶液（含活性碘1.8%～2.0%、磷酸16.0%～18.0%），100毫升/瓶或500毫升/瓶。用法见表7-8。

表7-8 复合碘溶液使用方法

使用范围	使用方法
孵化器(室)及设备消毒	第一次应用0.45%溶液消毒,待干燥后,再应用0.15%的溶液消毒一次
产蛋房、箱,禽舍地面消毒	用0.45%溶液喷洒或喷雾消毒,消毒后应再用清水冲洗
饮水消毒	饮水器应用0.5%溶液定期消毒,饮水可每10升水加3毫升复合碘溶液消毒
畜(禽)舍入口的消毒池	配制成3%溶液放入消毒池内
运输工具、器皿、器械消毒	应将消毒物品用清水彻底冲洗干净,然后用1%溶液喷洒消毒

【药物相互作用（不良反应）】不能与强碱性药物及肥皂水混合使用；不应与含汞药物配伍。

【注意事项】本品在低温时，消毒效果显著，应用时温度不能高于40℃。

6. 百菌消（碘酸混合液）

【性状】碘、碘化物、硫酸及磷酸制成的水溶液，深棕色的液体，有碘特臭，易挥发。

【作用与用途】有较强的杀灭细菌、病毒及真菌的作用。用于外科手术部位、畜（禽）舍、畜产品加工场所及用具等的消毒。

【制剂与用法】溶液（含活性碘2.75%～2.8%、磷酸28.0%～29.5%），1000毫升/瓶或2000毫升/瓶。1∶100～1∶300浓度溶液用于杀灭病毒，1∶300浓度用于手术室及伤口消毒，1∶400～1∶600浓度用于畜（禽）舍及用具消毒，1∶500浓度用于牧草消毒，1∶2500浓度用于畜禽饮水消毒。

【药物相互作用（不良反应）】与其他化学药物会发生反应。刺激皮肤和眼睛，出现过敏现象。

【注意事项】 稀释时，不宜使用超过43℃的热水；禁止接触皮肤和眼睛。

7. 漂白粉（含氯石灰）

【性状】 本品系次氯酸钙、氯化钙与氢氧化钙的混合物，为白色颗粒粉状末，有氯臭，微溶于水和乙醇，遇酸分解，外露在空气中能吸收水和二氧化碳而分解失效，故应密封保存。

【作用与用途】 本品的有效成分为氯，国家规定漂白粉中有效氯的含量不得少于20%。漂白粉水解后产生次氯酸，而次氯酸又可以放出活性氯和初生态氯，呈现抗菌作用，并能破坏各种有机质。对细菌、芽孢、病毒及真菌都有杀灭作用。本品杀菌作用强，但不持久，在酸性环境中杀菌作用强，在碱性环境中杀菌作用弱。此外，杀菌作用与温度亦有重要关系，温度升高时增强。主要用于畜（禽）舍、饮水、用具、车辆及排泄物的消毒，以及细菌性疾病防治。

【制剂与用法】 粉剂和溶液。饮水消毒，每1000升水加粉剂6～10克拌匀，30分钟后可饮用。喷洒消毒，1%～3%澄清液可用于饲槽、饮水槽（器）及其他非金属用品的消毒；10%～20%乳剂可用于畜（禽）舍和排泄物的消毒。撒布消毒，直接用干粉撒布或与病畜粪便、排泄物按1∶5比例均匀混合，进行消毒。

【药物相互作用（不良反应）】 本品忌与酸、铵盐、硫黄和许多有机化合物配伍，遇盐酸释放氯气（有毒）。

【注意事项】 密闭贮存于阴凉干燥处，不可与易燃易爆物品放在一起；使用时，正确计算用药量，现用现配；宜在阴天或傍晚施药；避免接触眼睛和皮肤，避免使用金属器具。

8. 氯胺-T（氯亚明）

【性状】 白色或淡黄色晶状粉末，有氯臭，露置空气中逐渐失去氯而变黄色，含有效氯24%～26%。溶于水，遇醇分解。

【作用与用途】 本品遇有机物可缓慢放出氯而呈现杀菌作用，杀菌谱广。对细菌繁殖体、芽孢、病毒、真菌孢子都有杀灭作用，作用较弱但持久，对组织刺激性也弱，特别是加入铵盐，可加速氯的释放，增强杀菌效果。

【制剂与用法】 粉剂。用于饮水消毒时，用量为每1000升水加入2～4克；0.2%～0.3%溶液可用作黏膜消毒；0.5%～2%溶液可用于皮肤和创伤的消毒；3%溶液可用于排泄物的消毒。

【药物相互作用（不良反应）】 与任何裸露的金属容器接触，可降低药效和产生药害。

【注意事项】 本品应避光、密闭、阴凉处保存。储存超过3年时，使用前应进行有效氯的测定。

9. 二氯异氰尿酸钠（优氯净）

【性状】 白色晶粉，有氯臭，含有效氯约60%，性质稳定，室内保存半年后仅降低有效氯含量0.16%。易溶于水，水溶液不稳定，在20℃左右下，一周内有效氯约丧失20%；在紫外线作用下更加速其有效氯的丧失。

【作用与用途】 新型高效消毒药，对细菌繁殖体、芽孢、病毒、真菌孢子均有较强的杀灭作用。可采用喷洒、浸泡和擦拭方法消毒，也可用其干粉直接处理排泄物或其他污染物品，也可作饮水消毒。

【制剂与用法】 二氯异氰尿酸钠消毒粉（10克/袋）。具体用法见表7-9。

表7-9 优氯净的使用方法

用途	用法
喷洒、浸泡、刷拭消毒	杀灭一般细菌用0.5%～1%溶液。杀灭细菌芽孢用5%～10%溶液
饮水消毒	每立方米饮水用干粉10克，作用30分钟
撒布消毒	用干粉直接撒布禽舍地面或运动场，每平方米10～20克，作用2～4小时（冬季每平方米加至50毫克）
粪便消毒	用干粉按1∶5与病禽粪便或排泄物混合
病毒污染物消毒	1∶250浓度用于浸泡、冲洗消毒，作用时间30分钟
细菌繁殖体污染物消毒	1∶1000浓度用于浸泡、擦洗和喷雾消毒，作用30分钟

【药物相互作用（不良反应）】 溅入眼内要立即冲洗，对金属有

腐蚀作用，对织物有漂白和腐蚀作用。

【注意事项】吸潮性强，储存时间过久应测定有效氯含量。

10. 三氯异氰尿酸（TCCA）

【性状】学名为三氯均三嗪-2,4,6-三酮，是氯代异氰酸系列产品之一。为白色结晶性粉末或颗粒状固体，具有强烈的氯气刺激味，有效氯含量在85%以上，在水中溶解度为1.2克/100克，遇酸或碱易分解。

【作用与用途】一种极强的氯化剂和氧化剂，具有高效、广谱、安全等特点，对球虫卵囊也有一定的杀灭作用。主要用于养殖场所（如畜禽圈舍、走廊）、器具、种蛋、饮水、养殖水体、设备等的消毒及带畜消毒。

【制剂与用法】三氯异氰尿酸消毒片[100片（每片含1克）/瓶]。熏蒸消毒按1克/米^3，熏蒸30分钟，密闭24小时，通风1小时；喷雾、浸泡消毒按1∶500稀释；饮水消毒按1∶2500稀释。

【药物相互作用（不良反应）】与液氨、氨水等含有氨、胺、铵的无机盐和有机物混放，易爆炸或燃烧。与非离子表面活性剂接触，易燃烧；不可和氧化剂、还原剂混贮；对金属有腐蚀作用。

【注意事项】宜现配现用；本品为外用消毒片，不得口服。本品应置于阴凉、通风干燥处保存。

11. 次氯酸钠

【性状】澄明微黄的水溶液，含5%次氯酸钠，性质不稳定，见光易分解，应避光密封保存。

【作用与用途】有强大的杀菌作用，但对组织有较大的刺激性，故不用作创伤消毒剂。用于饮用水消毒、疫源地消毒、污水处理、畜禽养殖场消毒。

【制剂与用法】次氯酸钠是液体氯消毒剂。0.01%～0.02%水溶液，用于畜禽用具、器械的浸泡消毒，消毒时间为5～10分钟；0.3%水溶液每立方米空间30～50毫升，用于禽舍内带禽气雾消毒；1%水溶液每立方米空间200毫升，用于畜禽舍及周围环境喷洒消毒。

【药物相互作用（不良反应）】次氯酸钠对金属等有腐蚀作用。

【注意事项】①使用次氯酸钠消毒要选用适宜的杀菌浓度，谨防走入“浓度越高效果越好”的误区，因为高温、高浓度可使其迅速衰减，影响消毒效果。②使用次氯酸钠消毒时受水 pH 的影响，pH 越高，其消毒效果越差。③次氯酸钠不宜长时间贮存。受光照、温度等因素的影响，有效氯容易挥发。市面上有一种次氯酸钠发生器，能够有效地提高消毒效果。④使用次氯酸钠消毒时，首先要清除物件表面上的有机物，因为有机物可能消耗有效氯、降低消毒效果。

12. 抗毒威

【性状】新型含氯混合广谱消毒剂，白色粉末，易溶于水，水溶液呈中性，性质稳定，毒性低，对人畜无害。

【作用与用途】可有效杀灭传染性法氏囊病、新城疫和鸡马立克病等的病毒以及支原体、大肠杆菌、沙门菌、葡萄球菌及巴氏杆菌等禽场常见致病菌。常用于禽场内地面、器具、种蛋和饮水消毒，预防各种病毒或病原菌引起的传染病。

【制剂与用法】粉剂。按 1∶400 稀释用于喷洒消毒禽舍或运动场地面、笼具、仓库等。亦可用该浓度浸泡种蛋、饲养器具等，作用 10 分钟。可带禽消毒，每 5～7 天消毒一次，每平方米地面用 1 升水溶液。可将粉剂按 1∶1000 比例拌匀于饲料中饲喂，以抑制消化道病原菌生长繁殖；饮水消毒可按 1∶5000 比例加到饮水中经常让禽群饮用，亦可抑制消化道病菌生长。

【药物相互作用（不良反应）】抗毒威用于拌料或饮水消毒时，结合抗生素应用，对控制病情效果更好；对金属有腐蚀作用，对织物有漂白和腐蚀作用。

【注意事项】

①抗毒威为预防性消毒剂，可长期使用。②抗毒威对细菌和病毒均有杀灭作用，因此在接种活疫苗前后两天，不宜使用，两天后可恢复正常使用。③抗毒威用于疫病污染的禽群时，应适当加大药物浓度。病区喷洒或冲洗可用 1∶200 稀释液，全面消毒，每日 2 次。病禽饮水可按 1∶500 稀释，让禽只自由饮水，最好配以有关抗生素或抗病毒制剂。

13. 二氧化氯

【性状】 本品在常温下为淡黄色气体，具有强烈的刺激性气味，其有效氯含量高达 26.3%。常温下本品在水中的饱和溶解度为 5.7 克/100 克，是氯气的 5～10 倍，且在水中不发生水解。

【作用与用途】 本品为广谱杀菌消毒剂、水质净化剂，安全无毒、无致畸致癌作用。其主要作用是氧化作用。对病毒、芽孢、真菌、原虫等，均有强大的杀灭作用，并且有除臭、漂白、防霉、改良水质等作用。主要用于畜（禽）舍、饮水、环境、排泄物、用具、车辆、种蛋消毒。

【制剂与用法】 养殖业中应用的二氧化氯有两类：一类是稳定性二氧化氯溶液（即加有稳定剂的合剂），无色、无味、无臭的透明水溶液，腐蚀性小、不易燃、不挥发，在 −5～95℃下较稳定，不易分解。有效氯含量一般为 5%～10%，用时需加入固体活化剂（酸活化），即释放出二氧化氯。另一类是固体二氧化氯，为二元包装，其中一包为亚氯酸钠，另一包为增效剂及活化剂，用时分别溶于水后混合，即迅速产生二氧化氯。用法见表 7-10。

表 7-10　二氧化氯的使用方法

制剂	特性	使用方法
稳定性二氧化氯溶液（也叫复合亚氯酸钠）	含二氧化氯 10%，临用时需与等量活化剂混匀，单独使用无效	空间消毒：按 1∶250 浓度，每立方米 10 毫升喷洒，使地面保持潮湿 30 分钟；饮水消毒：每 100 千克水加 5 毫升，搅拌均匀，作用 30 分钟后，即可饮用；排泄物、粪便除臭消毒：按 100 千克水加本制剂 5 毫升，对污染严重的可适当加大剂量；禽肠道细菌病辅助治疗：按 1∶500～1∶1000 浓度混饮，用 1～2 天
固体二氧化氯	为 A、B 两袋，规格分别为 100 克、200 克，内装 A、B 袋药各 50 克、100 克	按 A、B 两袋各 50 克，分别混水 1000 毫升、500 毫升，搅拌溶解制成 A 液、B 液，再将 A 液与 B 液混合静置 5～10 分钟，即得红黄色液体（母液）。母液的稀释浓度为：1∶600～1∶800，用于畜禽舍喷洒或喷雾消毒；1∶100～1∶200，用于器具浸泡、擦洗；常规饮用水处理，1∶3000～1∶4000，连饮 1～2 天

【药物相互作用（不良反应）】 忌与酸类、有机物、易燃物混放；配制溶液时，不宜用金属容器。

【注意事项】 消毒液宜现配现用，久置无效；宜在露天阴凉处配制消毒液，配制时面部应避开消毒液。

14. 强力消毒王

【性状】 强力消毒王是一种新型复方含氯消毒剂。主要成分为二氯异氰尿酸钠，并加入阴离子表面活性剂等。本品有效氯含量≥20%。

【作用与用途】 本品消毒杀菌力强，易溶于水，正常使用时对人、畜无害，对皮肤、黏膜无刺激、无腐蚀性，并具有防霉、去污、除臭的效果，且性质稳定、持久、耐贮存；可带畜、带禽喷雾消毒或拌料饮水，也可进行环境、用具和设备等消毒。

【制剂与用法】 根据消毒范围及对象，参考规定比例称取一定量的药品，先用少量水溶解成悬浊液，再加水逐渐稀释到规定比例。具体配比和用法见表 7-11。

表 7-11　强力消毒王的使用方法

消毒范围	配比浓度(药：水)	方法及用量	作用时间/分
畜禽舍	1：800	喷雾；50 毫升/米^3	30
养殖器具	1：1000	喷洒、洗刷	10
	1：2000	浸泡	
消毒池槽	1：800	4 天更换一次	—
带畜禽常规消毒	1：1000	喷雾；30 毫升/米^3	15
鸡瘟、小鹅瘟	1：500	喷雾；500 毫升/米^3	10
禽霍乱、传染性法氏囊病	1：800	喷雾；50 毫升/米^3	10
	1：4000	饮水	2～3 天
白痢、大肠杆菌病、球虫病	1：4000（常规预防）	饮水	2～3 天
种蛋	1：1000	浸泡	10

【药物相互作用（不良反应）】勿与有机物、有害农药、还原剂混用，严禁使用喷洒过有害农药的喷雾器具喷洒本药。

【注意事项】现用现配。

八、表面活性剂类

表面活性剂是一类能降低水和油表面张力的物质，又称除污剂或清洁剂。此外，此类物质能吸附于细菌表面，改变菌体细胞膜的通透性，使菌体内的酶、辅酶和代谢中间产物逸出，因而呈杀菌作用。

这类药物分为阳离子表面活性剂、阴离子表面活性剂与不游离的非离子表面活性剂3种。常用的为阳离子表面活性剂，其抗菌谱较广、显效快，并对组织无刺激性，能杀死多种革兰氏阳性菌和阴性菌，对多种真菌和病毒也有作用。阳离子表面活性剂抗菌作用在碱性环境中作用强，在酸性环境中作用弱，故应用时不能与酸类消毒剂及肥皂、合成洗涤剂合用。阴离子表面活性剂仅能杀死革兰氏阳性菌。非离子表面活性剂无杀菌作用，只有除污和清洁作用。

1. 新洁尔灭（苯扎溴铵）

【性状】季铵盐消毒剂，是溴化二甲基苄基烃铵的混合物。无色或淡黄色胶状液体，低温时可逐渐形成蜡状固体，味极苦，易溶于水，水溶液为碱性，摇时可产生大量泡沫。易溶于乙醇，微溶于丙酮，不溶于乙醚和苯。耐高温高压，性质稳定，可保存较长时间效力不变。对金属、橡胶、塑料制品无腐蚀作用。

【作用与用途】有较强的消毒作用，对多数革兰氏阳性菌和阴性菌，接触数分钟即能杀死。对病毒效力差，不能杀死结核分枝杆菌、霉菌和炭疽芽孢。可应用于术前手臂皮肤、黏膜、器械、养禽用具、种蛋等的消毒。

【制剂与用法】有3种制剂分别为1%、5%和10%浓度，瓶装分为500毫升和1000毫升2种。0.1%溶液消毒手臂、手指时，应将手浸泡5分钟；亦可浸泡消毒手术器械、玻璃、搪瓷等，浸泡时间为30分钟。0.1%溶液喷雾或洗涤消毒蛋壳时，药液温度为40～43℃，浸泡时间最长为3分钟。0.15%～2%溶液可用于禽舍内空间的喷雾消毒。0.01%～0.05%溶液用于黏膜（阴道、膀胱等）及深部感染伤口的冲洗。

【药物相互作用（不良反应）】忌与碘、碘化钾、过氧化物盐类消毒药及其他阴离子活性剂等配伍应用。不可与普通肥皂配伍，术者用肥皂洗手后，务必用水冲洗干净后再用本品。

【注意事项】浸泡器械时应加入0.5％亚硝酸钠，以防生锈。不适用于消毒粪便、污水、皮革等，其水溶液不得贮存于聚乙烯制作的容器内，以避免药物失效。本品有时会引起人体药物过敏。

2. 洗必泰

【性状】有醋酸洗必泰和盐酸洗必泰两种，均为白色结晶性粉末，无臭，有苦味，微溶于水（1∶400）及酒精，水溶液呈强碱性。

【作用与用途】有广谱抑菌、杀菌作用，对革兰氏阳性菌和阴性菌及真菌、霉菌均有杀灭作用，毒性低，无局部刺激性。用于手术前消毒、创伤冲洗、烧伤感染，亦可用于食品厂器具消毒，禽舍、手术室等环境消毒，本品与新洁尔灭联用对大肠杆菌有协同杀菌作用，两药混合液呈相加的消毒效力。

【制剂与用法】醋酸或盐酸洗必泰粉剂，每瓶50克；片剂，每片5毫克。0.02％溶液用于术前手的浸泡，3分钟即可达消毒目的；0.05％溶液用于冲洗创伤；0.05％酒精溶液用于术前皮肤消毒；0.1％溶液用于浸泡器械（其中应加0.5％亚硝酸钠），一般浸泡10分钟以上；0.5％溶液用于喷雾消毒或涂擦无菌室、手术室、禽舍、用具等。

【药物相互作用（不良反应）】本品遇肥皂、碱、金属物质和某些阴离子药物，活性降低，并忌与碘、甲醛、碳酸氢盐、碳酸盐、氯化物、硼酸盐、枸橼酸盐、磷酸盐和硫酸配伍，因可能生成低溶解度的盐类而沉淀。浓溶液对结膜、黏膜等敏感组织有刺激性。

【注意事项】药液使用过程中效力可减弱，一般应每两周换一次。长时间加热可发生分解。其他注意事项同新洁尔灭。

3. 消毒净

【性状】白色结晶性粉末，无臭、味苦，微有刺激性；易受潮，易溶于水和酒精，水溶液易起泡沫；对热稳定，应密封保存。

【作用与用途】 抗菌谱同洗必泰，但消毒力较洗必泰弱而较新洁尔灭强。常用于手、皮肤、黏膜、器械、禽舍等的消毒。

【制剂与用法】 0.05%溶液可用于冲洗黏膜；0.1%溶液用于手和皮肤的消毒，亦可浸泡消毒器械（若为金属器械，应加入0.5%亚硝酸钠）。

【药物相互作用（不良反应）】 不可与合成洗涤剂或阴离子表面活性剂接触，以免失效。亦不可与普通肥皂配伍（因普通肥皂为阴离子皂）。

【注意事项】 在水质硬度过高的地区应用时，药物浓度应适当提高。

4. 度米芬（消毒宁）

【性状】 白色或微黄色片状结晶，味极苦，能溶于水及酒精，振荡水溶液会产生泡沫。

【作用与用途】 表面活性广谱杀菌剂。由于能扰乱细菌的新陈代谢而产生杀菌作用。对革兰氏阳性菌及阴性菌均有杀灭作用，对芽孢、抗酸杆菌、病毒效果不明显，有抗真菌作用。在碱性溶液中效力增强，在酸性、有机物、脓、血存在条件下则减弱。用于口腔感染的辅助治疗和皮肤消毒。

【制剂与用法】 0.02%～1%溶液用于皮肤、黏膜消毒及局部感染湿敷。0.05%亚硝酸钠溶液用于器械消毒，还可用于食品厂、奶牛场用具设备的贮藏消毒。

【药物相互作用（不良反应）】 禁与肥皂、盐类和无机碱配伍。

【注意事项】 避免使用铝制容器盛装；消毒金属器械时需加入0.5%亚硝酸钠防锈；可能引起人接触性皮炎。

5. 创必龙

【性状】 白色结晶性粉末，几乎无臭，有吸湿性，在空气中稳定，易溶于乙醇和氯仿，几乎不溶于水。

【作用与用途】 双链季铵盐阳离子表面活性剂，对使用一般抗生素无效的葡萄球菌、链球菌和念珠菌以及皮肤癣菌等均有抑制作用。

【制剂与用法】 0.1%乳剂或0.1%油膏，用于防治烧伤后感染、术后创口感染及白色念珠菌感染等。

【药物相互作用（不良反应）】不能与酸类消毒剂及肥皂、合成洗涤剂合用。

【注意事项】局部应用会对皮肤产生刺激性，偶有皮肤过敏反应。

6. 菌毒清（环中菌毒清、辛氨乙甘酸溶液）

【性状】甘氨酸取代衍生物加适量的助剂配制而成。黄色透明液体，有微腥臭，味微苦，强力振摇时产生大量泡沫。

【作用与用途】双离子表面活性剂，高效、低毒、广谱杀菌剂（作用机理是凝固病菌蛋白质、破坏细胞膜、抑制病菌呼吸，使细菌酶系统变性，从而杀死细菌。对化脓性球菌、肠道杆菌及真菌有良好的杀灭作用，对细菌芽孢无杀灭作用。对结核分枝杆菌，1%的溶液需作用12小时。杀菌效果不受血清等有机物的影响）。用于环境、器械、种蛋和手的消毒。能在常温下低浓度快速杀灭引起流行性感冒、传染性法氏囊病、大肠杆菌病、球虫病、肠炎等的各种致病微生物。

【制剂与用法】溶液。将本品用水稀释后喷洒、浸泡或擦拭表面。使用方法见表7-12。

表7-12　菌毒清的用法

用途	用法
常规消毒	每1000毫升加水1000千克，每周一次
疫区消毒	每1000毫升加水500千克，每天一次，连用一周
禽舍空舍消毒	每1000毫升加水500千克，按每立方米0.5升全舍喷洒，清理粪便、垃圾，然后用高压水进行全舍冲洗和通风干燥，然后每立方米1.5升全舍喷雾消毒，发生过传染病或其他疾病的禽舍通风干燥后再用500倍稀释液喷雾消毒
禽舍带禽消毒	舍内清洁后用500倍稀释液喷雾消毒。平时每隔1～2周带禽消毒一次
设备、器具消毒	食槽、饮水器先用清水洗刷干净，然后用500倍稀释液浸泡10分钟；育雏器（室）、运雏箱、运蛋箱等先用水冲刷干净，然后用500倍稀释液喷雾消毒，待干燥后再进行喷雾消毒一次；运输工具用500倍稀释液喷雾消毒一次即可

续表

用途	用法
种蛋消毒	种蛋于孵化前用500倍稀释液，在41～43℃温度下浸洗2～3分钟即可
饮水消毒	每1000毫升加水5000千克，自由饮用
病禽治疗	将本品用清水稀释1000～1500倍，供禽饮水或拌料饲喂
器械消毒	每1000毫升加水1000千克，浸泡2小时

【药物相互作用（不良反应）】与其他消毒剂合用效果降低。

【注意事项】不能直接接触食物；不适用于粪便及排泄物的消毒；应贮存于9℃以上的阴冷干燥处，因气温较低出现沉淀时，应加温溶解再用。密封保存。

7. 癸甲溴铵溶液（博灭特）

【性状】主要成分是溴化二甲基二癸基烃铵，无色或微黄色的黏稠性液体，振摇时产生泡沫，味极苦。

【作用与用途】一种双链季铵盐消毒剂，对多数细菌、真菌、病毒有杀灭作用。作用机制是解离出季铵盐阳离子，与细菌胞浆膜磷脂中带负电荷的磷酸基结合，低浓度时抑菌、高浓度时杀菌。溴离子使分子的亲水性和亲脂性大大增加，可迅速渗透到胞浆膜脂质层及蛋白质层，改变膜的通透性，起到杀菌作用。广泛应用于厩舍、饲喂器具、孵化室、种蛋、饮水和环境等的消毒。

【制剂与用法】10%癸甲溴铵溶液。以癸甲溴铵计：厩舍、器具消毒0.015%～0.05%溶液（即本品稀释200～600倍）；饮水消毒0.0025%～0.005%溶液（即本品稀释2000～4000倍）。

【药物相互作用（不良反应）】原液对皮肤、眼睛有刺激性，避免与眼睛、皮肤和衣服直接接触。

【注意事项】不可口服，一旦误服，应饮用大量水或牛奶，并尽快就医；使用时小心操作，原液如果溅及眼部和皮肤应立即以大量清水冲洗至少15分钟。

九、其他消毒防腐剂

1. 环氧乙烷

【性状】本品在低温时为无色透明液体，易挥发，沸点10.7℃。遇明火易燃烧、易爆炸，在空气中，其蒸气达3%以上就能引起燃烧。能溶于水和大部分有机溶剂。有毒。

【作用与用途】广谱、高效杀菌剂，对细菌、芽孢、真菌、立克次体和病毒，以及昆虫和虫卵都有杀灭作用。同时，还具有穿透力强、易扩散、消除快、对物品无损害无腐蚀等优点。主要适用于忌热、忌湿物品的消毒，如精密仪器、医疗器械、生物制品、皮革、饲料、谷物等的消毒，亦可用于畜禽舍、仓库、无菌室、孵化室等空间的消毒。

【制剂与用法】因其在空气中浓度超过3%可引起燃烧爆炸，一般使用二氧化碳或卤烷作稀释剂，防止燃烧爆炸，其制剂是10%的环氧乙烷与90%的二氧化碳或卤烷混合而成。杀灭繁殖型细菌，每立方米用300～400克，作用8小时；消毒芽孢和霉菌污染的物品，每立方米用700～950克，作用24小时。一般置消毒袋内进行消毒。消毒时相对湿度为30%～50%，温度不低于18℃，最适温度为38～54℃。

【药物相互作用（不良反应）】环氧乙烷对大多数消毒物品无损害，但可破坏食物中的某些成分，如维生素B_1、维生素B_2、维生素B_6和叶酸，消毒后食物中组氨酸、甲硫氨酸、赖氨酸等含量降低。链霉素经环氧乙烷灭菌后效力降低35%，但其对青霉素无灭活作用。因本品可导致红细胞溶解、补体灭活和凝血酶原破坏，故不能用作血液灭菌。对眼、呼吸道有腐蚀性，可导致呕吐、恶心、腹泻、头痛、中枢抑制、呼吸困难、肺水肿等，还可出现肝、肾损害和溶血现象。皮肤过度接触环氧乙烷液体或溶液，会产生灼烧感，出现水疱、皮炎等，若经皮肤吸收可能出现系统反应。环氧乙烷属烷基化剂，有致癌可能。

【注意事项】贮存或消毒时禁止有火源，应将1份环氧乙烷和9份二氧化碳的混合物贮于高压钢瓶中备用。

2. 溴化甲烷

【性状】本品在室温下为气体，低温下为液体，沸点为 3.5℃。在水中的溶解度为 1.8 克/100 克，气体的穿透力强，不易燃烧和爆炸。

【作用与用途】一种广谱杀菌剂，可以杀灭细菌繁殖体、芽孢、真菌和病毒，但其杀菌作用较弱。作用机制为非特异性烷基化作用，与环氧乙烷的作用机制相似。常用于粮食的消毒和预防病毒性或细菌性传染病的环境消毒，以及污染畜（禽）场的消毒。

【制剂与用法】一般用 3400～3900 毫克/升的浓度，在 40%～70%相对湿度下，作用 24～26 小时，可达到灭菌目的。

【药物相互作用（不良反应）】对眼和呼吸道有刺激作用。

【注意事项】溴化甲烷是一种高毒气体，中毒的表现症状为中枢神经系统损害，有头痛、无力、恶心等症状。

3. 硫柳汞（硫汞柳酸钠、乙汞硫水杨酸钠）

【性状】本品是黄色或微黄色结晶性粉末，稍有臭味，遇光易变质。在乙醚或苯中几乎不溶，乙醇中溶解，水中易溶解。

【作用与用途】本品是一种有机汞（含乙基汞）消毒防腐药，对细菌和真菌都有抑制生长的作用。可用于皮肤、黏膜的消毒，加皮肤伤口、眼鼻黏膜炎症、皮肤真菌感染的消毒，刺激性小。也常用于生物制品（如疫苗）的防腐，浓度为 0.05%～0.2%。

【制剂与用法】硫柳汞酊（每 1000 毫升含硫柳汞 1 克、曙红 0.6 克、乙醇胺 1 克、乙二胺 0.28 克、乙醇 600 毫升、蒸馏水适量）。0.1%酊剂用于手术前皮肤消毒；0.1%溶液用于剖面消毒；0.01%～0.02%溶液用于眼、鼻及尿道冲洗；0.1%乳膏用于治疗霉菌性皮肤感染；0.01%～0.02%用于生物制品作抑菌剂。

【药物相互作用（不良反应）】与酸、碘、铝等重金属盐或生物碱不能配伍。可引起接触性皮炎、变应性结膜炎、耳毒性。

【注意事项】避光，密闭保存。

第八章 生物制品的安全使用

第一节 概 述

一、生物制品的概念和种类

1. 概念

生物制品是利用免疫学原理，用微生物（细菌、病毒、立克次体）及其毒素、动物血液、动物组织制成的，用以预防、治疗以及诊断畜禽传染病的一类物质。

2. 种类

生物制品的种类见表8-1。

表8-1 生物制品的种类

类别	种类	特性
预防类	菌苗	按抗原菌株的处理，分为死菌苗（灭活菌苗）和活菌苗。活菌苗具有接种剂量小、接种次数少、免疫期长的特点；死菌苗性质稳定、安全性高，但免疫力不及活菌苗
	疫苗	用病毒和立克次体，接种于动物、鸡胚或经组织培养液培养后，加以处理而成的。疫苗分为弱毒疫苗和死毒疫苗（灭活苗）
	类毒素	用细菌产生的外毒素加入甲醛处理后，使之变为无毒性但仍有免疫原性的制剂

续表

类别	种类	特性
治疗类	免疫血清	指经过多次免疫的动物血清。包括抗菌血清、抗病毒血清和抗毒素。抗菌血清使用较少
	高免卵黄	用多次免疫的禽蛋(即高免蛋)经无菌操作采取蛋黄稀释加工而成。主要用于禽类病毒病的治疗
	免疫增效剂	指通过影响机体免疫应答反应、病理反应而增强机体免疫功能的药物。家禽免疫增效剂一般有维生素类(维生素 A、维生素 C、维生素 E)、硒、左旋咪唑、黄芪多糖、微生物制剂(乳酸菌、双歧杆菌)、中草药等
诊断类	诊断抗原	用已知微生物和寄生虫及其组分或浸出物、代谢产物、感染动物组织制成,用以检测血清中的相应抗体。如鸡白痢-支原体多价平板凝集抗原
	诊断血清	含有经标定的已知抗体,用以检查可疑畜禽组织内有无该病特异性抗原(病原微生物及其代谢产物)的存在。如沙门菌阳性血清

二、生物制品（疫苗）的科学安全使用要求

生物制品中使用最频繁、最重要的是疫苗（生产中一般把菌苗、疫苗和类毒素统称为疫苗）。使用疫苗免疫接种是增加家禽特异性抵抗力、减少疫病发生的重要手段。疫苗的科学安全使用至关重要，具体要求如下。

1. 科学选购疫苗

在选购疫苗时，选择通过《药物生产管理规范》（GMP）验收的生物制品企业和具有农业农村部颁发的生产许可证和批准文号的企业产品。应到国家指定或准许经销的兽用疫苗销售网点，最好是畜牧专业部门购买，根据自己的饲养数量确定所需疫苗的数量。在选购时应对瓶签、瓶子外观、瓶内疫苗的色泽性状等进行仔细检查，例如包装是否规范，瓶口和铝盖封闭是否完好、是否松动，瓶签上的说明是否清楚，疫苗是否过期、失效和变质。凡包装破损、瓶有裂纹、瓶口破裂、瓶盖松动、无标签或标签字迹模糊、真空度丧失、沉淀或变色变质、瓶中含有异物或霉团块、灭活苗破乳层分离均不得使用。特别需

要注意疫苗的批准文号、生产期、有效期和使用说明书，防止因高温、日晒、冻结等保存方法不当，造成疫苗失效。

对疫苗的具体要求：一是疫苗毒株应有良好的免疫原性和反应原性。免疫原性是抗原能刺激机体产生抗体及致敏淋巴细胞的能力；反应原性（抗原性）是抗原能与该致敏淋巴细胞或相应抗体发生特异性结合的能力。二是疫苗应绝对安全并有较高的毒价（含毒量）。抗原必须达到一定的剂量，才能刺激机体产生抗体。一般活病毒及活细菌的抗原性（毒价）较灭活病毒及灭活细菌的强。三是疫苗毒性应纯粹，不含外源性病原微生物。疫苗内不应含其他病原微生物，否则会产生各自相应的抗体而相互抑制，降低疫苗的使用效果。

2. 加强疫苗的运输、保存和稀释

疫苗是生物药品，有严格的贮存条件及有效期。如果不按规定进行运输与保存，就会直接影响疫苗的质量和免疫效果，降低疫苗效价，从而不能产生足够的免疫保护，甚至导致免疫失败。

所有的冻干活疫苗均应在低温条件下保存和运输，其目的是保证疫苗毒的活性。给家禽接种适量的活毒疫苗，能使其在体内进行一过性繁殖，可诱导产生部分或坚强的免疫力，有些毒株还可诱导干扰素的产生。冻干活疫苗保存运输温度越低，疫苗毒的活性（保存期）就越长，但如果疫苗长时间放置于常温环境，疫苗毒的活性就会受到很大影响，冻干活疫苗就可能变成普通死苗了，其免疫效果可想而知。通常情况下，冻干活疫苗保存在－15℃以下，保存期可达1～2年；0～4℃，保存期为8个月；25℃，保存期不超过15天。油乳剂苗应保存在4～8℃的环境下，此温度既能较好地保证疫苗毒株的抗原性，也可使油乳剂苗保持相对的稳定（不破乳、不分层）。油乳剂苗保存及运输应注重两个问题：一是切勿冻结。如果油乳剂苗冻结保存、运输，使用前解冻，会出现破乳和分层现象。二是虽然油乳剂苗属灭活苗，但也不宜保存在常温或较高温度的环境中，否则对疫苗毒的抗原性会产生很大影响。

冻干疫苗使用前均需用稀释液进行稀释。除鸡马立克病疫苗使用专用稀释液和禽霍乱及其联苗用铝胶水稀释外，其他活苗均可用灭菌生理盐水、蒸馏水或冷开水稀释。稀释用水不得含有任何消毒剂及消毒离子；不得用自来水直接稀释疫苗，应通过去离子处理；不得用污染病原微生物的井水直接稀释疫苗，应煮沸后充分冷却再使用。

3. 制订科学免疫程序

鹅场根据本地区、本场疫病发生情况（疫病流行种类、季节、易感日龄）、疫苗性质（疫苗的种类、免疫方法、免疫期）和其它情况制订的适合本场的一个科学的免疫计划称作免疫程序。没有一个免疫程序是通用的和固定不变的，必须根据本场的实际情况，参考别人已成功的经验来制订适合本地或本场的免疫程序。

制订免疫程序，应考虑以下几点：一要考虑本地或本场的疾病疫情。对本地和本场尚未证实发生的疾病，必须证明确实已受到严重威胁时才能计划接种；对强毒型的疫苗更应非常慎重，非不得已不引进使用。二要考虑母源抗体的影响，特别是雏鹅。三要考虑不同疫苗之间的干扰和接种时间的科学安排。四要考虑不同疫苗毒（菌）株及其血清型、亚型的选择，不同疫苗剂型的选择，例如活苗或灭活苗、湿苗或冻干苗、细胞结合型或非细胞结合疫苗之间的选择等。五要考虑疫苗的产地、疫苗剂量和稀释量、不同疫苗或同一种疫苗的不同接种途径的选择、某些疫苗的联合使用、同一种疫苗根据毒力先弱后强的安排及同一种疫苗先活苗后灭活油乳剂疫苗的安排。六要考虑根据免疫监测结果及突发疾病的发生所做的必要修改和补充等。

4. 正确操作

根据不同疫苗特点选择最佳的接种途径。按照不同接种途径的要求进行正确操作。

（1）皮下注射　疫苗注入皮下组织后，经毛细血管吸收进入血液，通过血液循环到动物淋巴组织，从而刺激免疫系统产生免疫应答。油乳剂灭活苗多采用此方。皮下注射吸收比较缓慢而均匀，注射部位多选在颈部皮下。在使用连续注射器注射时，针头方向要向下向后，与颈部纵轴基本平衡，雏鹅的插入深度为 0.5～1 厘米，日龄较大的为 1～2 厘米（图 8-1）。

（2）肌内注射　是将疫苗注射于肌肉内，是常用的一种免疫方法。要注意针头的合适长度，以保证疫苗确实注入肌肉里。鹅的注射

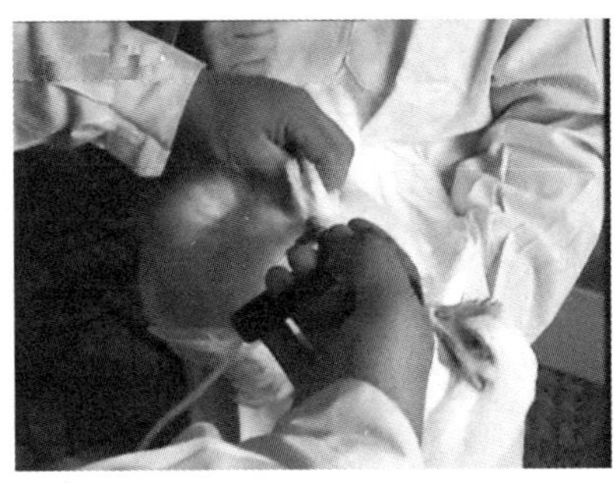

图 8-1　颈部和胸部皮下注射

部位多在胸肌或腿肌。胸肌注射时，用 7 号短针头并要注射在浅层，进针方向要与胸肌呈 15°～30°；腿肌注射要在大腿外侧进行。肌内注射时抗原可被缓慢而稳定地吸收。

【注意】使用注射法，必须注意：一是疫苗稀释液应是经消毒而无菌的，一般不要随便加入抗菌药物；二是疫苗的稀释和注射量应适当，量太小则操作时误差较大，量太大则操作麻烦，一般以每只 0.2～1 毫升为宜；三是使用连续注射器注射时，应经常核对注射器刻度容量和实际容量之间的误差，以免实际注射量偏差太大；四是注射器及针头用前均应消毒，在注射过程中，应边注射边摇动疫苗瓶，力求疫苗的均匀；五是在接种过程中，应先注射健康群，再接种假定健康群最后接种有病的禽群；六是关于是否一只鹅一个针头及注射部位是否消毒的问题，可根据实际情况而定。但吸取疫苗的针头和注射鹅的针头则绝对应分开，尽量注意卫生以防止经免疫注射而引起疾病的传播或引起接种部位的局部感染。

（3）点眼滴鼻　属于黏膜免疫（黏膜是病原体侵入的最大门户，黏膜局部免疫系统能对黏膜表面吸入或食入的大量抗原进行精确的识别并做出迅速反应）的一种方式。点眼滴鼻接种可以避免疫苗毒被母源抗体中和，既可刺激机体产生局部免疫，亦可对侵入局部的病原体产生高效的体液免疫反应和细胞免疫反应。它比较适合幼雏，缺点是抓禽时会产生较大的应激反应。操作时一定要小心仔细，将疫苗准确稀释于稀释液或灭菌生理盐水中。滴鼻时使用标准滴管，将一滴溶液自数厘米高处，垂直滴进一侧鼻孔，同时堵上另一侧鼻孔，防止药液喷出和增加滴鼻后疫苗停留时间。点眼时要垂直滴入禽的下眼角，充分滴入后再进行下一只，做到确实可靠，滴完松手，严防图快。

【注意】一是稀释液必须用蒸馏水或生理盐水，最低限度应用冷开水，不要随便加入抗生素；二是稀释液的用量应尽量准确，最好根据自己所用的滴管或针头事先滴试，确定每毫升多少滴，然后再计算实际使用疫苗稀释液的用量；三是一次一手只抓一只鹅，以保证疫苗被较好吸收；四是注意做好已接种和未接种鹅之间的隔离，以免走乱；五是最好在晚上接种，如果天气阴凉也可在白天适当关闭门窗后，在稍暗的光线下抓鹅接种，以减少应激。

(4) 刺种接种法　常用于禽痘的接种，用刺种针或钢笔尖蘸取稀释的疫苗，于禽翅膀内侧无血管处皮下刺种，应垂直刺下斜着拔出。

5. 疫苗使用后的管理

免疫后的疫苗瓶和剩余的疫苗要进行无害化处理；使用过的器械和用具要进行彻底的消毒；免疫后注意观察禽群的状态。

第二节　常用的生物制品安全使用

一、常用的疫苗

1. 重组禽流感病毒灭活疫苗（H5N1亚型， Re-5株）

【性状】乳白色乳状液。

【作用与用途】用于预防H5亚型禽流感病毒引起的鹅的禽流感。接种后14日产生免疫力，鹅加强接种一次，免疫期为4个月。

【用法与用量】乳剂；250毫升/瓶、500毫升/瓶。颈部皮下或胸部肌内注射。鹅0.5毫升/只；5周龄以上，鹅1.5毫升/只。

【药物相互作用（不良反应）】一般无可见不良反应。

【注意事项】禽流感感染禽或健康状况异常的禽切忌使用本品；严禁冻结；如果出现破损、异物或破乳分层等异常现象，切勿使用；使用前应将疫苗温度恢复至常温并充分摇匀；接种时应及时更换针头，最好1只禽1个针头；疫苗启封后，限当日用完；屠宰前28日内禁止使用；2～8℃保存，有效期为 12 个月。

2. 重组禽流感病毒灭活疫苗（H5N1 亚型，Re-1 株）

【性状】乳白色乳状液。疫苗中含灭活的重组禽流感病毒 H5N1 亚型 Re-1 株。

【作用与用途】用于预防 H5 亚型禽流感病毒引起的鹅的禽流感。接种后 14 日产生免疫力，鹅加强接种 1 次，免疫期为 4 个月。

【用法与用量】乳剂；250 毫升/瓶、500 毫升/瓶。颈部皮下或胸部肌内注射。2～4 周龄鹅，每只 0.5 毫升；5 周龄以上鹅，每只 1.5 毫升。

【药物相互作用（不良反应）】、【注意事项】参见重组禽流感病毒灭活疫苗（H5N1 亚型，Re-5 株）。

3. 小鹅瘟活疫苗（GD 株）

【性状】微黄色或微红色海绵状疏松团块，易与瓶壁脱离，加稀释液后迅速溶解。

【作用与用途】供产蛋前的母鹅注射，用于预防小鹅瘟。免疫后在 21～270 日内所产种蛋孵出的小鹅具有抵抗小鹅瘟的免疫力。

【用法与用量】冻干剂；50 羽份/瓶、100 羽份/瓶。肌内注射。在母鹅产蛋前 20～30 日接种，按瓶签注明羽份，用灭菌生理盐水稀释，每只 1 毫升。

【药物相互作用（不良反应）】一般无可见的不良反应。

【注意事项】本疫苗雏鹅禁用；疫苗稀释后应放冷暗处保存，4 小时内用完；应对用过的疫苗瓶、器具和稀释后剩余的疫苗进行消毒处理；－15℃以下保存，有效期为 12 个月。

4. 小鹅瘟活疫苗（SYG41-50 株）

【性状】湿苗为无色或淡红色澄明液体，静置后，可能有少许沉淀物。冻干苗为淡黄色或淡红色海绵状疏松团块，易与瓶壁脱离，加稀释液后迅速溶解。小鹅瘟病毒（SYG41-50）至少 105ELD$_{50}$/羽份。

【作用与用途】用于预防雏鹅小鹅瘟。

【用法与用量】冻干剂；500 羽份/瓶、1000 羽份/瓶。皮下注射，每只 0.1 毫升（1 羽份）。适用于未经免疫的种鹅所产雏鹅，或免疫后期（100 日后）的种鹅所产雏鹅。按瓶签注明羽份用灭菌生理盐水稀释，在雏鹅出壳后 48 小时内进行接种。

【药物相互作用（不良反应）】一般无可见的不良反应。

【注意事项】疫苗稀释后应冷藏，并于当日用完；在疫区使用本疫苗时，雏鹅接种后须隔离饲养 9 日，防止在未产生免疫力之前感染小鹅瘟强毒而造成保护率下降；注射疫苗用的针头和注射器等用具，用前需经高压或煮沸消毒；用过的疫苗瓶、器具和稀释后剩余的疫苗等污染物必须进行消毒处理。在－15℃以下避光保存，冻干苗有效期为 2 年。

5. 小鹅瘟鹅胚化活疫苗（SYG26-35 株）

【性状】湿苗为无色或淡红色澄明液体，静置后，可能有少许沉淀物。冻干苗为淡黄色或淡红色海绵状疏松团块，易与瓶壁脱离，加稀释液后迅速溶解。小鹅瘟病毒（SYG26-35 株）至少 105ELD_{50}/羽份。

【作用与用途】用于接种种鹅，预防其子代的小鹅瘟。

【用法与用量】冻干剂：200 羽份/瓶、300 羽份/瓶、500 羽份/瓶。肌内注射，每只 1.0 毫升（1 羽份）。按瓶签注明羽份用灭菌生理盐水稀释，在产蛋前 15 日左右进行接种。

【药物相互作用（不良反应）】一般无可见的不良反应。

【注意事项】疫苗稀释后应冷藏，并于当日用完；在疫区使用本疫苗时，雏鹅接种后须隔离饲养 9 日，防止在未产生免疫力之前感染小鹅瘟强毒而造成保护率下降；注射疫苗用的针头和注射器等用具，用前需经高压或煮沸消毒；用过的疫苗瓶、器具和稀释后剩余的疫苗等污染物必须进行消毒处理。在－15℃以下避光保存，冻干苗有效期为 2 年。

6. 鹅副黏病毒病油乳剂灭活苗

【性状】乳白色均匀乳剂。采用鹅副黏病毒分离毒株，接种鸡胚，获得感染的鸡胚液，经福尔马林溶液灭菌，加适当的乳油剂制成。

【作用与用途】用于预防鹅副黏病毒病。

【用法与用量】乳剂：250 毫升/瓶。14～16 日龄雏鹅，肌内注射

0.3 毫升/只。青年鹅和成年鹅，肌内注射 0.5 毫升/只。

【药物相互作用（不良反应）】一般无可见的不良反应。

【注意事项】有效期 6 个月；放置在 4～20℃常温保存，勿冻结，有效期为 1 年。

7. 鸡痘活疫苗（鹌鹑化弱毒株）

【性状】本品为微黄色海绵状疏松团块，易与瓶壁脱离，加稀释液后迅速溶解。

【作用与用途】用于预防鹅痘。仅用于接种健康禽。

【用法与用量】冻干剂；200 羽份/瓶、300 羽份/瓶、500 羽份/瓶、1000 羽份/瓶。雏鹅 1 周龄内（最好是 1 日龄）进行首免，在鹅翅内侧薄膜无血管处刺种 1～2 次，经 4～6 天，刺种部位出现“痘疹”，表示刺种成功。检查 20～50 只鹅，如果发现多数刺种部位不发生反应，应考虑重新刺种。种鹅可在首免后 3～4 个月进行二免。

【药物相互作用（不良反应）】一般无可见的不良反应。

【注意事项】疫苗稀释后应放冷暗处，必须在 4 小时内用完；刺种后一周应逐个检查刺种部位，刺种无反应的，应重新补种；用过的疫苗瓶、器具和未用完的疫苗等应进行消毒处理；－15℃以下保存，有效期为 18 个月。

8. 雏鹅新型病毒性肠炎-小鹅瘟二联弱毒疫苗

【性状】将细胞培养物经适当浓缩后加入等量的 5％蔗糖脱脂乳经过真空冷冻干燥而成。淡红色海绵状疏松固体，稀释后即溶解成均匀的混悬液。湿苗冻结后为淡黄色或淡红色固体。

【作用与用途】预防雏鹅新型病毒性肠炎和小鹅瘟。专供产蛋前母鹅免疫用，雏鹅一般不使用此疫苗。

【用法与用量】冻干剂；500 羽份/瓶。按每只鹅 1 毫升稀释疫苗，一般疫苗每瓶 5 毫升，稀释成 500 毫升，每只肌内注射 1 毫升。在母鹅产蛋前 15～30 天内注射该疫苗，其后 210 天内所产蛋孵出的雏鹅 95％以上能获得抵抗小鹅瘟的能力。每只母鹅每年注射 2 次。

【注意事项】雏鹅和不健康的鹅群不能注射该疫苗。稀释后的疫苗放在阴暗处，限 6 小时内用完。

9. 禽多杀性巴氏杆菌病活疫苗（G190E40株）

【性状】本苗为乳白色海绵状疏松团块，易与瓶壁脱离。

【作用与用途】用于预防3月龄以上的鹅多杀性巴氏杆菌病（即禽霍乱）。本品含禽多杀性巴氏杆菌（G190E40株）。

【用法与用量】冻干剂；50羽份/瓶、100羽份/瓶、200羽份/瓶、400羽份/瓶、500羽份/瓶。按瓶签注明羽份，用20%铝胶生理盐水稀释，肌内注射，每只接种0.5毫升（1羽份）。

【药物相互作用（不良反应）】一般无严重的不良反应。本疫苗注射后，禽群可能有不同程度的反应，表现减食，精神较差，一般2～3日后恢复。产蛋禽只注射疫苗后产蛋略有减少，几日内即可恢复。

【注意事项】病禽、体弱和使用抗生素后未超过5天者，不宜接种本疫苗；疫苗稀释后放冷暗处，应在4小时内用完；在疫区接种前，应先做小群试验，无重反应时，再扩大使用；接种时，应执行常规无菌操作；严防散毒，使用过的疫苗瓶、器具和稀释后剩余的疫苗等应进行消毒处理。

10. 鹅蛋子瘟灭活苗

【性状】本菌苗将从免疫原性良好的鹅体内分离的大肠杆菌菌株接种于适宜的培养基上培养，经甲醛溶液灭活后，加适量的氢氧化铝胶制成。

【作用与用途】预防产蛋母鹅的卵黄性腹膜炎，即蛋子瘟。

【用法与用量】乳剂；100毫升/瓶、200毫升/瓶、500毫升/瓶。种鹅产蛋前半个月注射本疫苗，每只胸部肌内注射1毫升。

【药物相互作用（不良反应）】一般无可见的不良反应。

【注意事项】免疫有效期：4个月左右。放置在10～20℃阴冷干燥处保存，有效期为1年。

二、其它生物制品

1. 小鹅瘟精制卵黄抗体冻干粉（鹅瘟立停）

【性状】高倍量的卵黄抗体＋国际高效囊素冻干粉采用靶向技术

混合而成。

【作用与用途】主用于治疗和紧急预防小鹅瘟、副黏病毒病，并且对鹅流行性感冒及混合感染有独特疗效。

【用法与用量】注射剂；15 毫升/支。肌内注射，用 250 毫升生理盐水或黄芪多糖注射液配合赠品稀释，可用于治疗 100 羽鹅、预防 200 羽鹅。

【注意事项】阴凉、干燥、冷藏保存；2～15℃，保质期两年；15℃以上，有效期缩短。

2. 小鹅瘟、鹅副黏精制卵黄抗体冻干粉（鹅瘟多抗）

【性状】本品为微黄色晶体粉状，遇水可迅速溶解。每支本品不低于 40 个抗体效价。

【作用与用途】用于治疗和紧急预防小鹅瘟、鹅副黏病毒病、水禽感冒及其并发症。

【制剂与规格】注射剂；20 毫升/支。

【用法与用量】肌内注射，用 200 毫升生理盐水或黄芪多糖注射液直接稀释本品，可用于治疗 100 羽鹅、预防 200 羽鹅。

【注意事项】阴凉、干燥、冷藏保存；2～15℃，保质期两年；15℃以上，有效期缩短。

3. 小鹅瘟高免血清

【性状】本品为淡黄色液体，久置后瓶底微有沉淀。采用减毒的小鹅瘟活疫苗，接种于成年鹅经过反复免疫制成。

【作用与用途】用于治疗或紧急预防小鹅瘟。

【用法与用量】注射液；250 毫升/瓶。预防用量，出壳雏鹅皮下注射 0.3～0.5 毫升/只。治疗用量，发病鹅肌内或皮下注射 1～2 毫升/只。

【药物相互作用（不良反应）】一般无可见的不良反应。

【注意事项】贮存有效期，放置在－15℃冷冻贮存，2 年内有效；为防止注射过程中的细菌污染，可在血清中加入丁胺卡那霉素或庆大霉素等。为了防止小鹅瘟的发生，雏鹅出壳后越早注射效果越好。在一般情况下，注射 1 次，但在小鹅瘟严重流行的情况下，可注射 2

次。不主张在腿部肌内注射。

4. 畜禽植物血凝素

【性状】 本品为类白色冻干块状物，主要成分为基因工程 α+β 干扰素耐热冻干保护剂。

【作用与用途】 适用于鸭、鹅、鸽等家禽感染各种病毒后的早期治疗和潜伏期感染阶段的紧急预防，如痘病毒、新城疫病毒、鸭病毒性肝炎病毒、传染性法氏囊病病毒、小鹅瘟病毒、传染性支气管炎病毒、流感病毒、鹅副黏病毒等早期感染的治疗。

【用法与用量】 冻干剂；1 毫升（500 万活性单位）/瓶。本品可用生理盐水稀释后肌内注射，每瓶治疗 250 千克体重；也可稀释后滴口，每瓶应用于雏禽 5000 羽、成年禽 1500 羽。紧急预防一次即可。急性或重症病情加倍肌注，每天一次，连用两次。针对当前禽病病原的复杂化，在临床上没有确诊把握的情况下，建议处方以干扰素为主，再在饮水或拌料中加入反义核酸或黄芪多糖及抗生素配伍用药。

【药物相互作用（不良反应）】 本品可同其他药物混合使用，无任何配伍禁忌；在使用本品的前后各三天内严禁使用弱毒活疫苗。

【注意事项】 本品应在有经验的临床兽医师指导下按规定剂量、疗程和投药途径使用。本品溶解后应为透明液，如果有混浊等异常情况则不可使用；本品无免疫抑制性，故长期使用不会有耐药性产生；密封，在遮光、阴凉干燥处保存或 2～8℃冷藏保存。常温保存，有效期两年；冷藏保存，有效期三年。

5. 畜禽刀豆素

【性状】 白色疏松团块，遇水可迅速溶解。

【作用与用途】 用于防治鸭、鹅的各种病毒性疾病，如传染性法氏囊病、小鹅瘟、鸭病毒性肝炎，传染性支气管炎、传染性喉气管炎、伤寒、卵黄性腹膜炎、传染性鼻炎，病毒性呼吸道疾病等。

【用法与用量】、**【药物相互作用（不良反应）】**、**【注意事项】** 同畜禽植物血凝素。

6. 禽用白细胞介素-2

【性状】 无色或淡黄色微浊溶液。

【作用与用途】本品是一种淋巴因子，它通过 T 细胞、B 细胞、NK 细胞、巨噬细胞表面的受体而激活、诱导其他细胞因子的活性，此外它还有多种生物学功能包括诱导抗原刺激的 T 细胞增殖，增强 MHC 限制性抗原特异性 T 细胞的细胞毒作用；诱导大颗粒淋巴细胞、NK 细胞的 MHC 非限制性 LAK 活性等。对禽常见的细菌病及病毒病（新城疫、禽流行性感冒、传染性法氏囊病、传染性喉气管炎、传染性支气管炎、减蛋综合征、鸡痘、脑脊髓炎、鸡马立克病、鸭瘟、鸭病毒性肝炎、小鹅瘟等）具有一定的治疗或预防作用。

【用法与用量】液体；15 毫升/瓶。饮水，雏禽 3000 羽/瓶，成年禽 1500 羽/瓶，每天一次，连用 3～5 天，重症加倍使用。

【药物相互作用（不良反应）】、【注意事项】同畜禽植物血凝素。

7. 禽用干扰素

【性状】本品为无色透明或微浊液体，由 IFN-a＋IFN-y、抗菌肽、稳定剂、抗消化因子、保护因子等构成。

【作用与用途】本品采用真核和原核双重表达，具有广谱抗病毒、提高免疫力的作用，同时对细菌性疾病也有很好的治疗效果。

【用法与用量】液体；10 毫升/瓶。肌注或滴口，成年禽 200 毫升生理盐水稀释，0.2 毫升/只，雏禽 0.1 毫升/只，每天一次，连用 3 天（一个疗程）；饮水，雏禽 2500 羽/瓶，成年禽 1500 羽/瓶，每天一次，连用 3～5 天。病重或饮水使用时可以酌情加量。

【药物相互作用（不良反应）】本品可同其他药物混合使用，无任何配伍禁忌；在使用本品的前后各 36 小时内严禁使用活菌苗及活病毒疫苗，但可以与灭活疫苗分别同时注射或同时从不同途径给药。根据病情配合抗生素联合使用效果更佳。

【注意事项】本品在运输保存时，应避免反复冻融；饮水给药时，水温不得超过 25℃；开瓶后应一次性用完。

8. 免疫肽 1 号

【性状】本品为类白色冻干块状物。主要成分是黄芪多糖。

【作用与用途】用于病毒性疾病。

【用法与用量】冻干剂；100 毫升（含药物 1 克）/瓶。肌内注射，鹅每千克体重0.2～0.4毫升，每天一次，连用3天。混饮，鹅每毫升兑水5千克（即本品100毫升兑水500千克），连用3日。

【药物相互作用（不良反应）】、**【注意事项】**无。

9. 免疫核糖核酸（禽康）

【性状】本品为无色或微黄色液体。

【作用与用途】具有广谱抗病毒作用，能预防和治疗因免疫缺陷和免疫功能紊乱所引起的各种疾病，如禽痘、小鹅瘟等病毒性疾病。

【用法与用量】液体；10毫升（含RNA不低于180毫克）/瓶。混饮或注射。每瓶供1500羽成年禽或3000羽雏禽使用，每天一次，连用2～3天，重症加倍。

【药物相互作用（不良反应）】本品可同其他药物混合使用，无任何配伍禁忌；在使用本品的前后各36小时内严禁使用活菌苗及活病毒疫苗，但可以与灭活疫苗分别同时注射或同时从不同途径给药。

【注意事项】本品无免疫抑制性，故长期使用不会有耐药性产生；根据病情配合抗生素联合使用效果更佳；避光2～8℃，有效期2年；－15℃以下，有效期3年。

第九章 饲料添加剂的安全使用

第一节　概　述

一、饲料添加剂的概念与分类

1. 概念

为满足特殊需要，在饲料中加入的各种少量或微量物质，称为饲料添加剂。其是现代饲料工业必然使用的原料，在强化基础饲料营养价值、提高动物生产性能、保证动物健康、节省饲料成本、改善畜产品品质等方面有明显的效果。

2. 分类

目前，全世界在饲料中应用的添加剂有300多个品种，经常使用的有150余种。根据饲养畜禽的品种、生产目的及生长阶段的不同，每种配合饲料中使用的添加剂有20～60种。养鹅生产中常用的饲料添加剂见表9-1。

表9-1　饲料添加剂的种类及特性

类别	种类	特性
营养性饲料添加剂(指为了满足鹅的营养需要，对天然饲料中已有的营养物质，再另外加入起补充或强化作用的一类物质)	氨基酸类	本类产品主要用于补充鹅饲料中氨基酸的不足或用于防治其相应的缺乏症
	维生素类	本类产品主要用于补充鹅饲料中维生素的不足或用于防治其相应的缺乏症
	矿物质元素类	本类产品主要用于补充鹅饲料中矿物质元素的不足或用于防治其相应的缺乏症

续表

类别	种类	特性
非营养性饲料添加剂(指为达到防止饲料品质劣化,提高适口性,维持动物健康,促进生长、发育及提高动物产品质量等目的而人为加入饲料中的一些物质)	中草药及其制剂	本类产品具有促进动物生长、提高动物生产性能和提高饲料利用率的特性;能够抑制动物体内有害微生物的生长繁殖、维持动物健康、充分发挥动物对饲料的利用能力和生产潜力的作用
	抗应激剂	本类产品具有调节热应激所导致的机体酸碱平衡紊乱、营养代谢障碍,改善生产性能,降低机体对热应激敏感性等功能
	酶制剂	本类产品主要具有有效地提高饲料利用率、促进动物生长和防治动物疾病发生的功能
	活菌制剂	本类产品主要用于调整动物消化道内环境,恢复和维持正常微生物区系平衡;产生非特异性免疫调节因子,增强动物免疫力;合成消化酶,增强消化能力;合成维生素、菌体蛋白、未知生长因子,对动物的生长有促进作用
	饲料保藏剂	本类产品主要用于减少饲料在贮藏过程中营养物质损失。防霉剂可防止饲料发霉变质,保持良好的适口性和营养价值;抗氧化剂可以防止饲料氧化变质
	其它	如改善产品质量的添加剂

二、饲料添加剂的安全使用要求

饲料添加剂除了能补充动物必需的营养素、提高饲料利用率和大幅度提高动物的健康水平与生产性能外，也存在一些潜在的不安全因素，使用不科学也会危害鹅的健康和影响产品质量，因此必须科学安全地使用。使用中除了严格执行国家制定的饲料添加剂安全使用规范外，还要注意如下方面。

1. 正确选购

饲料添加剂应根据鹅不同生长发育阶段的营养需要，结合饲养目的、饲养条件和健康状况，并按饲养标准和饲料营养成分含量，依照“缺啥补啥”原则，有针对性地选择。宜选购包装封口严实、近期生产的产品。若包装袋外观陈旧、毛糙，字迹图像褪色、模糊，说明该产品贮存过久或转运过多，或者是假冒产品，不宜购买。注意包装物上是否附具标签，内容是否齐全、符合规定。按有关规定，标签应当以中文或者适用符号标明产品名称、原料组成、产品成分分析保证值、净重、生产日期、保质期、厂名、厂址、产品标准代号、注册商标等，还应标明合法的产品批准文号、生产许可证、使用方法和注意事项，如果没有或不全则属假劣产品，切忌购买。饲料中饲料添加剂所占比例甚微，因而质量要求很高。质量检验合格的，厂方应当附具产品质量检验合格证。自己检查时，将产品置于光滑的纸上，抚平表面，在光线充足处观察颗粒、色泽是否一致，是否无花纹、色斑；产品应具有原料的色泽与气味，若有异色异味及潮解、结块、聚团等现象，不宜购买。

2. 剂量准确

目前给畜禽规定的各类饲料添加剂的添加量都是基本的需要量，因此，使用饲料添加剂应按使用说明书进行，不可任意加大剂量。否则不仅达不到预期的效果，反而会影响畜禽生长发育，甚至出现中毒现象，严重时会导致死亡，给养殖户造成严重的经济损失。

3. 搅拌均匀

饲料添加剂一般用量较小，如果把微量的饲料添加剂直接混入大量的饲料中是不能达到均匀程度的。因此生产中经常采用逐级搅拌法，就是将饲料添加剂混入少量的附着作用较好的饲料中，先进行预混，然后再把预混料拌入一定量的饲料中混合，反复几次，最后再拌入全部饲料中，多翻几遍，这样就能达到混拌均匀的目的。

4. 注意搭配

多种饲料添加剂混合使用，易造成浪费。不同的饲料添加剂之间有时会产生一定的拮抗作用，故宜单用。另外，各种畜禽专用饲料添加剂只能适合相应的畜禽使用，不能用作其他，否则不仅降低饲料利用率，还可能会导致某些疾病发生。

5. 科学使用

一要在干饲料中使用。饲料添加剂不宜混于加水贮存的饲料或处于发酵过程中的饲料，凡含有维生素、氨基酸、抗生素、酶制剂等的饲料添加剂，在高温下容易失去效力。因此，饲料添加剂或添加饲料添加剂的饲料切忌高温蒸煮。二要在专业人员指导下或按说明书中要求使用，不要乱用。养殖户使用新品牌的饲料添加剂时最好先小批量试验，成功后，再大批量应用。三要现用现配。使用前应根据鹅的数量、体重等情况配制相应数量的饲料，切忌长期贮存已配制好的饲料。一般情况下，配制一次的饲料，以供采食3～5天为宜，最多不超过7天，以减少饲料营养损失。在配制量大、贮存较多、环境潮湿等情况下，最好添加防霉剂，以稳定饲料质量。

第二节　常用的饲料添加剂

一、氨基酸类饲料添加剂

常用的氨基酸类饲料添加剂见表9-2。

表9-2　常用的氨基酸类饲料添加剂

名称	性状	适应证	制剂与规格	用法与用量	注意事项
DL-甲硫氨酸	白色至淡黄色结晶或结晶性粉末，有光泽，易溶于水，有特异性臭味	为鹅第一限制性氨基酸，用于补充鹅甲硫氨酸不足	DL-甲硫氨酸粉剂，DL-甲硫氨酸纯度为98.5%；甲硫氨酸羟基类似物钙盐，甲硫氨酸羟基类似物含量≥84.0%；甲硫氨酸羟基类似物，甲硫氨酸羟基类似物含量≥88.0%	饲料中添加。在配合饲料或全混合日粮中的推荐用量（以氨基酸计）0～0.2%，最高限量为0.9%	注意氨基酸之间的平衡
L-赖氨酸	白色至淡黄色颗粒状粉末，稍有异味，易溶于水	为鹅的第二限制性氨基酸，用于补充赖氨酸的不足	L-赖氨酸盐酸盐，L-赖氨酸纯度≥78.8%；L-赖氨酸硫酸盐及其发酵副产物（产自谷氨酸棒状杆菌），L-赖氨酸纯度≥51.0%	饲料中添加。在配合饲料或全混合日粮中的推荐用量（以氨基酸计）0～0.5%	注意氨基酸之间的平衡

续表

名称	性状	适应证	制剂与规格	用法与用量	注意事项
L-苏氨酸	白色斜方晶系晶体或结晶性粉末。无臭，味微甜	用于补充苏氨酸的不足	L-苏氨酸粉剂，L-苏氨酸纯度≥98.5%	饲料中添加。在配合饲料或全混合日粮中的推荐用量（以氨基酸计）0～0.3%	注意氨基酸之间的平衡
L-色氨酸	白色至黄白色晶体或结晶性粉末。无臭或微臭，稍有苦味	用于补充色氨酸的不足	L-色氨酸粉剂，L-色氨酸纯度≥98.5%	饲料中添加。在配合饲料或全混合日粮中的推荐用量（以氨基酸计）0～0.1%	注意氨基酸之间的平衡

二、维生素类饲料添加剂

常见的维生素类饲料添加剂见表 9-3。

表 9-3　常见的维生素类饲料添加剂

类型	名称	性状	适应证	用法与用量	注意事项
脂溶性维生素饲料添加剂	维生素 A	本品为浅黄色油状物或结晶与油的混合物，不溶于水，易溶于脂肪与油。在空气中易氧化，遇光易变质	用于防治维生素 A 缺乏症所致的食欲不振、生长停止、羽毛松乱、眼睛干燥，或流泪或上、下眼睑黏合在一起等，以及增强鹅的抵抗力	混饲。生长鹅的需要量为 1500 国际单位/千克；产蛋鹅和种鹅 4000 国际单位/千克。当发生维生素 A 缺乏时可按正常添加量的 2～3 倍添加喂服	紫外线和氧可促进维生素 A 乙酸酯和维生素 A 棕榈酸酯分解。湿度和温度较高时，稀有金属盐可使其分解速度加快。含有七水的硫酸亚铁可使维生素 A 乙酸酯的活性损失严重。与氯化胆碱接触时，活性将受到严重损失。在 pH 4 以下的环境中和在强碱环境中，维生素 A 很快分解。维生素 A 酯经包被后，损失可减少。维生素 A 制成微型胶囊或颗粒后，活性的稳定性有很大提高

续表

类型	名称	性状	适应证	用法与用量	注意事项
脂溶性维生素饲料添加剂	维生素D	常用维生素D_2、维生素D_3，均为无色结晶。不溶于水，能溶于油及有机溶剂，性质稳定	能调节血钙浓度，促进钙磷吸收，促进骨骼正常钙化。维生素D_3的效能比维生素D_2高50～100倍。临床上用于防治维生素D缺乏症，如佝偻病、骨软化病等	混饲。在日粮中的推荐添加量，鹅400～2000国际单位/千克；最高剂量，家禽5000国际单位/千克。当发生维生素D缺乏时，可按正常添加量的2～3倍添加	长期大量应用易引起高钙血症、骨骼变脆、肾结石；其代谢缓慢，常见慢性中毒表现，食欲不振、腹泻。常因肾小管过度钙化而产生中毒症死亡
	维生素E（DL-α-生育酚乙酸酯）	微黄色透明的黏稠液体。不溶于水，易溶于乙醇	调节机体氧化过程，防止维生素A、维生素C和不饱和脂肪酸的氧化。防治鹅维生素E缺乏症引起的营养性肌肉萎缩，鹅的脑软化和渗出性素质；维生素E有保护细胞膜、防止氧化和增强机体免疫力作用，对预防热应激也有一定的效果	混饲。在日粮中的推荐添加量（以维生素计），10～30国际单位/千克；维生素E可代替部分硒，硒不能代替维生素E，但能促进维生素E的吸收	饲料中不饱和脂肪酸含量越高，动物对维生素E需要量越大；饲料中矿物质、糖含量的变化，其他维生素的缺乏等均可加重维生素E缺乏。由于动物缺乏硒与缺乏维生素E症状相似，故饲料中补硒也可防治维生素E缺乏症的症状。维生素E也常配合维生素A、维生素D、维生素B用于畜禽的生长不良、营养不足等综合性缺乏症
	维生素K	白色结晶性粉末。有吸湿性，遇光易分解，易溶于水。遇碱或还原剂易失效	用于维生素K缺乏或因长期内服广谱抗菌药导致的维生素K缺乏性出血症；用于治疗某些疾病，如胃肠炎、肝炎、阻塞性黄疸等导致的维生素K缺乏和低凝血酶原症	混饲。每千克饲料中维生素K_3的添加量0.5毫克。缺乏症时或长期使用抗生素时可加大用量至5～8毫克/千克	维生素K_3不能和巴比妥类药物合用；肝功能不良的病畜应改用维生素K_1；临产母畜大剂量应用，可使新生畜出现溶血、黄疸或胆红血症；维生素K在饲料和鱼粉中含量丰富

续表

类型	名称	性状	适应证	用法与用量	注意事项
	维生素 B_1	白色细小结晶或晶粉。易溶于水，水溶液呈酸性反应。在酸性溶液中稳定，碱性溶液中易分解失效	能促进正常的糖代谢，并且是维持神经传导、心脏和胃肠道正常功能所必需的物质。主要用于鹅维生素 B_1 缺乏症和神经炎	混饲。每千克饲料中维生素 B_1 的添加量为1～2毫克。当发生维生素 B_1 缺乏时，每千克饲料中维生素 B_1 的添加量可增加至30～50毫克，连续喂5～7天	维生素 B_1 较少发生单一维生素缺乏，如果有缺乏表现，可使用复合维生素B制剂。维生素 B_1 与碱性药物配伍易引起变质；铁和锰可以加速盐酸硫胺素的分解；对氨苄青霉素、氯邻青霉素、头孢菌素以及多黏菌素和制霉菌素有不同程度灭活，因此不宜混合使用；与其它B族维生素和维生素C合用效果更好
水溶性维生素饲料添加剂	维生素 B_2	橙黄色结晶。难溶于水，微溶于乙醇。在酸性条件下稳定，耐热，易被碱和光线破坏	维生素 B_2 在体内是构成黄酶的辅酶。黄酶在机体生物氧化中起作用，还协助维生素 B_1 参与糖代谢和脂肪代谢。用于维生素 B_2 缺乏症和神经炎的辅助治疗	混饲。日粮中的推荐添加量（以维生素 B_2 计），家禽2～8毫克/千克	本品对氨苄青霉素、邻氯青霉素、头孢菌素（头孢菌素Ⅰ、头孢菌素Ⅱ）、四环素、金霉素、去甲金霉素、土霉素、红霉素等多种抗生素有灭活作用，不能混合注射；遇到硫酸亚铁、维生素C等还原性物质及碱性物质时，其稳定性降低。应避光密闭保存
	烟酰胺与烟酸	均为白色晶粉。溶于水和乙醇。化学性质稳定	烟酰胺是烟酸在体内的活性形式，在体内与核糖、磷酸、腺嘌呤构成辅酶Ⅰ和辅酶Ⅱ，此二酶参与机体代谢过程。烟酸在体内转化为烟酰胺才能发挥作用。用于缺乏烟酸所引起的雏鹅腿骨弯曲、肿胀	混饲。每千克饲料中烟酸的需要量为10～70毫克。饲料中烟酸多呈结合状态，鹅的利用率低，容易缺乏，需要在日粮中补充	烟酰胺与异烟肼有拮抗作用，长期服用异烟肼时，应适当补充烟酰胺。妊娠初期过量服用有致畸的可能。动物可能出现食欲不振等症状，可自行消失

续表

类型	名称	性状	适应证	用法与用量	注意事项
水溶性维生素饲料添加剂	维生素 B_6	白色结晶。易溶于水，微溶于醇。在酸性溶液中稳定，遇碱、光、高热易被破坏	在体内形成有生理活性的磷酸吡哆醛和磷酸吡哆胺，是氨基酸代谢重要辅酶。用于维生素 B_6 缺乏症治疗及大量和长期服用异烟肼而引起的神经炎和胃肠道反应	混饲。在饲料中含量较丰富，一般很少发生缺乏症。一般情况下，每千克饲料中维生素 B_6 的需要量为2～5毫克	维生素 B_6 在肾功能正常时几乎不产生毒性，但长期过量服用本品可致严重的周围神经炎，出现神经感觉异常、步态不稳、肢体麻木、嗜睡，体内无残留
	泛酸	黄色油状液体。常用其钙盐，为白色粉末，易溶于水，微溶于醇	辅酶A的组成成分之一。用于防治泛酸缺乏引起的皮炎、羽毛发育不全和脱落等症状	混饲。一般情况下，每千克饲料中维生素D-泛酸钙的添加量为10～30毫克。如果发生缺乏症，可按正常添加量的2倍添加D-泛酸钙，连续饲喂5～7天	泛酸可延长动物的出血时间。动物患局限性肠炎所致的吸收不良综合征时，泛酸需要量增加。泛酸无不良反应，水溶性泛酸盐在肾功能正常时几乎没有毒性；与甲酸和烟酸有配伍禁忌；在高温高湿和酸性饲料中容易损失
	叶酸	橙色晶粉。极难溶于水，微溶于沸水。中性、碱性溶液中对热稳定	用于叶酸缺乏引起的雏鹅羽毛褪色、生长发育不良、羽毛发育差，有时也用于出现伸颈等神经麻痹症状的防治，也用作饲料添加剂	混饲。禽每1000千克饲料10～20克	长期使用磺胺类药物等肠道抑菌药物时，鹅群容易发生缺乏症，注意补充；在矿物质的预混料中比较稳定，但室温保存3个月，可损失50%。遇光易变质
	生物素(维生素H)	白色针状结晶。能溶于水。对热稳定。遇氧化剂、强酸、强碱易被破坏	用于维生素H缺乏症。缺乏时，雏鹅逐渐衰弱，发育缓慢，脚、喙及眼周围皮肤发炎，有时出现骨骼短粗症；蛋鹅产蛋下降、孵化率低、死胚较多；新孵出的雏鹅有骨骼短粗症及畸形等	混饲。按生物素计，每1000千克饲料，禽100～250毫克	长期大量使用抗生素可导致生物素缺乏，应予以补充

续表

类型	名称	性状	适应证	用法与用量	注意事项
水溶性维生素饲料添加剂	氯化胆碱	水溶液为无色透明的黏性液体；粉为白色或黄褐	促进禽增重，提高家禽产蛋率和饲料利用率	混饲。在配合饲料或全混合日粮中的推荐添加量，鹅450～1500毫克/千克	具有吸湿性和特异性臭味，保存注意防潮
	维生素 B_{12}	暗红色结晶，易吸湿，可被氧化剂、还原剂、醛类、抗坏血酸、二价铁盐等破坏	适用于维生素 B_{12} 缺乏所引起的禽及其他动物的生长受阻，继而表现为步态的不协调和不稳定	混饲。在配合饲料或全混合日粮中的推荐添加量(以维生素计)，家禽3～12微克/千克。肌注0.05毫克/(只·次)	维生素 B_{12} 有低钾血症及高尿酸血症等不良反应的报道。维生素 B_{12} 中毒剂量是需要量的数百倍
	维生素C	无色晶体。酸性，加热或在溶液中易氧化分解，碱性条件下更易被氧化	用于维生素C缺乏，提高机体适应性和抵抗力；可缓解夏季热应激、减少死亡，并提高产蛋率	片剂，口服0.05～0.1克/(只·次)；混料家禽50～200毫克/千克	如果能配合维生素B族、维生素K、维生素A和维生素D，效果更好；每千克饲料中添加100～150毫克维生素C，可明显提高蛋壳厚度，减少破壳蛋、薄壳蛋，改善蛋壳颜色，并可减少细菌的感染

三、微量元素类饲料添加剂

常用的微量元素添加剂见表9-4。

表9-4　常用的微量元素添加剂

名称	性状	适应证	制剂与规格	用法与用量	注意事项
铁	硫酸亚铁为浅绿色结晶；氯化铁为黑棕色六方结晶，氯化亚铁为黄绿色或蓝绿色六面体结晶，氢氧化铁为红褐色结晶	为维持鹅生长所必需的微量元素；适用于铁缺乏所引起的贫血、生长缓慢及产蛋减少	硫酸亚铁，含量20.1%；氯化铁，含量34.4%(六水的为20.7%)；氯化亚铁，含量28.1%；氢氧化铁，含量48.2%	混饲；每千克日粮添加量为49～51毫克	过量易引起缺磷症状，磷不足也易引起铁中毒；碘过量可影响铁代谢和利用，增加铁可以纠正碘过量；添加过量可以引起鹅腹泻及慢性中毒，抑制生长

续表

名称	性状	适应证	制剂与规格	用法与用量	注意事项
铜	硫酸铜为蓝色透明结晶或蓝色结晶颗粒性粉末；氧化铜为黑色粉末；氯化铜为蓝氯色结晶	适用于铜不足或铜缺乏引起的贫血，病禽产蛋率和孵化率下降、神经功能异常和骨骼异常等	硫酸铜，含量25.5%；氧化铜，含量79%；氯化铜，含量64.2%（二水氯化铜，含量37.2%）	混饲：每千克日粮添加量（以铜含量计），中鹅9.5～10.2毫克，其它鹅11～12毫克	高铜可以促进肉鹅生长，但要注意与铁、锌和钙的比例；混合不匀易中毒
锰	常用硫酸锰，浅红色粉状结晶，易溶于水，不溶于酒精	适用于鹅锰缺乏症所引起的脱腱症、生长发育受阻和孵化率下降	粉剂，一水硫酸锰纯度为98%，含锰元素32.5%；五水硫酸锰，含锰22.7%	混饲：每千克日粮添加量（以锰含量计），中鹅78～80毫克，其它鹅88～91毫克	治疗脱腱症可在日粮中添加硫酸锰或用0.01%高锰酸钾溶液代替饮水
锌	硫酸锌为无色或白色棱柱状或细针状结晶粉末或颗粒结晶粉末，无臭，味涩，有风化性	适用于锌不足或锌缺乏引起的雏鹅生长不良、皮炎、腿骨畸形以及产蛋母鹅蛋壳薄、死胚多、孵化率低、弱雏及残雏多等	硫酸锌，含量为22.7%；氧化锌，含量为80.3%；碳酸锌，含量为52.1%	混饲：每千克日粮添加量（以锌含量计），雏鹅85～87毫克，中鹅75～77毫克，其它鹅90毫克	高钙会阻碍锌的吸收，而锌过多也会影响钙的吸收；锌过量易引起铜缺乏症和影响蛋白质代谢
硒	亚硒酸钠为无色或白色结晶粉末，在空气中稳定，溶于水，不溶于乙醇	适用于硒不足或硒缺乏引起的雏鹅渗出性素质和蛋鹅贫血、产蛋下降、种蛋受精率和孵化率降低等。硒可促进生长、提高种鹅繁殖性能和增强机体抵抗力	亚硒酸钠粉，含量45.6%；注射液，1毫升1毫克或2毫克，5毫升5毫克或10毫克；亚硒酸钠维生素E注射液，每支5毫升、10毫升	混饲，每千克日粮添加量（以硒含量计），中鹅0.25～0.29毫克，其它鹅0.35～0.4毫克	硒毒性极强，使用时必须严格掌握剂量，并搅拌均匀，防止中毒；使用时要考虑本地饲料的硒含量

续表

名称	性状	适应证	制剂与规格	用法与用量	注意事项
钴	氯化钴为紫红色或红色单斜系结晶，极易溶于水和乙醇，水溶液呈桃红色而乙醇溶液为蓝色，密闭保存	适用于钴不足或钴缺乏引起的恶性贫血、肝脂肪变性、产蛋量下降及孵化率降低等，也可促进食欲和增重	一水硫酸钴，含量33.4%，七水硫酸钴含量为23.6%；氯化钴含量为49.4%	混饲，每千克日粮添加量（以钴含量计），0.18～0.22毫克	常以维生素B_{12}作为饲料添加剂作为钴的来源
碘	碘化钾白色结晶或结晶粉末，不溶于水，但可溶于乙醇	适用于碘不足或碘缺乏引起的生长发育不良，产蛋减少和种蛋受精率和孵化率降低	碘化钾，含碘76.4%；无水碘酸钙，含碘65.1%；碘酸钾，含碘59.3%	混饲，每千克日粮添加量（以碘含量计），鹅0.35～0.39毫克	碘缺乏地区可以使用碘化盐混饲，每千克体重2～4.5微克；大剂量可抗甲状腺肿大

四、酶制剂和活菌制剂

1. 酶制剂

常用的酶制剂见表9-5。

表9-5　常用的酶制剂

名称	性状	适应证	制剂与规格	用法与用量	注意事项
纤维素酶	灰白色无定形粉末或液体，适宜的pH为4.5～5.5。对热较稳定，最适作用温度为50～60℃。溶于水，几乎不溶于乙醇、氯仿和乙醚	适用于各类型鹅，能够水解纤维素β-1,4-糖苷键，生成纤维二糖和葡萄糖，提高饲料转化率，对雏鸭雏鹅效果更明显	粉剂，25千克/桶。液体，30千克/桶	混饲，肉仔鹅添加量按0.05%～0.10%，蛋鹅添加量0.1%～0.5%；或按照产品说明书规定量添加	置于低温、干燥处保存，避免阳光照射和长期与外界空气接触
淀粉酶	有α-淀粉酶和β-淀粉酶两种。α-淀粉酶为米黄色或灰褐色粉末。β-淀粉酶为棕黄色粉末，最适作用温度为60℃，无异味	α-淀粉酶能水解淀粉分子中的α-1,4-糖苷键。β-淀粉酶用于水解支链淀粉分子末端分支点处的α-1,6-糖苷键。可以用于提高鸭鹅对饲料淀粉的消化率	粉剂，α-淀粉酶25千克/袋，2万国际单位/克；β-淀粉酶1千克/袋，5万～10万国际单位/克	混饲，肉仔鹅α-淀粉酶建议添加量为9000单位/千克，或按照产品使用说明书添加	本品置于干燥、阴凉处保存

续表

名称	性状	适应证	制剂与规格	用法与用量	注意事项
脂肪酶	本品为白色或淡黄色粉末，最适作用温度为55℃，最适作用pH为9.4	用于补充鹅内源性消化酶不足，提高饲料脂肪消化率和饲料转化率，促进脂溶性维生素的吸收利用	粉剂，25千克/桶，脂肪酶活性为1万单位/克	混饲，家禽按100克/吨的量添加，或按照产品使用说明书添加	存放于通风、干燥处，避免受潮
蛋白酶	饲料用蛋白酶为酸性蛋白酶，本品为固体型粉末或液体，最适作用温度为40～50℃，最适作用pH为2.5～3.5	适用于在鹅饲料中添加，用于降解成小分子的蛋白胨、小肽、氨基酸等物质，提高饲料蛋白质消化率和饲料转化率	粉剂，20千克/袋，酶活性为5万～10万单位/克；液体，25千克/桶，酶活性为5万～7万单位/克	混饲，鹅按每千克饲料5000～10000单位量添加，或按照产品使用说明书添加。使用酸性蛋白酶固体产品时，应先按1∶20的比例溶于30～40℃的温水中，浸泡活化60分钟，搅拌均匀后使用	应避免吸入酶的粉尘与酶雾，不慎溅到手上或眼中，应马上用水冲洗15分钟以上
植酸酶	植酸酶可分为粉状、颗粒状和液体植酸酶。最适作用pH为4～6，最适作用温度为46～57℃	植酸酶能释放出被植酸络合的磷、钙等矿物质元素以及蛋白质、氨基酸、淀粉和脂类等营养物质，消除植酸抗营养作用、提高饲料的转化率和家禽的生产性能	粉末，酶活性为5000～2万单位/克；颗粒，酶活性为5000～2万单位/克；液体，酶活性为5000～5万单位/克	按每吨饲料添加，肉禽120～150克，蛋禽200克	应贮存在干燥、通风、阴凉处，避免高温存放

2. 活菌制剂

常用的活菌制剂见表9-6。

表 9-6　常用的活菌制剂

名称	性状	适应证	制剂与规格	用法与用量	注意事项
乳酸菌复合活菌制剂	用嗜酸乳杆菌、粪链球菌和枯草杆菌的液体培养物，以冷冻真空干燥制成菌粉，加载体制成粉剂或颗粒剂或片剂	对维持鹅消化道微生物区系的正常平衡和消化机能的为正常起重要作用。对沙门菌及大肠杆菌引起的雏禽细菌性下痢有效，并有调整肠道菌群失调、促进生长作用	粉剂或颗粒剂或片剂，每克制剂中含活嗜酸乳杆菌1000万个，粪链球菌100万个，枯草杆菌10000个	用时以凉水溶解后饮服或拌料口服。治疗量：雏禽每次0.18克，成年禽每次0.2～0.4克，每天早晚各1次。连用5～7天，预防量减半	严禁同抗生素类药物同时服用（包括饲料中的抗菌药物添加剂）。在25℃保存，有效期1年
蜡样芽孢杆菌制剂	蜡样芽孢杆菌DM423菌株或SA38菌株的培养物，加适宜赋形剂后干燥而成	用于雏禽腹泻的预防和治疗，并有促进生长作用	粉剂或片剂	治疗量：雏禽口服每次0.01克，每天1次，连用3天。预防量减半，连用7天	不得与抗生素及抗菌药物同时使用。在避光干燥处室温保存
枯草芽孢杆菌制剂	有效成分为活性枯草芽孢杆菌，浅黄色粉末。最适生长温度为37℃	具有调节肠道菌群，维持微生态平衡的作用。能分泌大量胞外酶如蛋白酶、淀粉、纤维素酶、β-葡聚糖酶、脂肪酶及卵磷脂酶等，同时也分泌活性抗菌物质及挥发性代谢产物，提高鹅的生产性能、饲料转化率和氮的利用率，减少氨和吲哚类化合物的生成	粉剂，活菌数在250亿/克以上	添加于饲料或饮水中使用，饲料中添加量种蛋鹅：300～600克/吨，肉鹅：250～500克/吨。饮水，按250～500倍稀释自由饮水	一般不与抗生素混用。使用过量不会对动物造成伤害。初次使用时、环境突变时、动物患病时加倍使用

五、抗应激类饲料添加剂

抗应激类饲料添加剂是指能够缓解、防治由应激引起的应激综合征的饲料添加剂。在畜牧业生产中常用的抗应激类添加剂包括电解质（碳酸氢钠、氯化钾、有机铬）、糖类（葡萄糖、低聚糖）、维生素（维生素C、维生素E、烟酸）、有机酸类（柠檬酸和延胡索酸）、抗生素类（杆菌肽锌）、中草药、真菌提取物、生长激素、甜菜等。

养鹅生产中常用的抗应激类添加剂主要有以下几类。小苏打，也称碳酸氢钠（白色结晶，或不透明细微结晶。可溶于水，微溶于乙醇），具有健胃和调节血液酸碱平衡的作用，可明显减轻鹅体热应激；推荐用量，蛋鹅日粮中添加0.3%～1%，或在饮水中添加0.1%～0.2%，肉仔鹅日粮中添加0.1%～0.5%。维生素C和维生素E，每千克日粮中分别添加500毫克和200国际单位，在高温应激时有助于维持和提高抗体水平、增加抵抗力、促进采食，表现出明显的抗应激效果。富马酸（延胡索酸），具有镇静作用，可明显缓解应激，起到增进食欲和促进增重的作用；饲料中添加0.15%～0.5%，可以缓解断喙、免疫接种、药物注射、转群和运输引起的应激。

六、饲料保藏类添加剂

常用的饲料保藏类添加剂见表9-7。

表9-7　常用的饲料保藏类添加剂

名称		性状	适应证	制剂与规格	用法与用量	注意事项
防霉剂	丙酸类（丙酸、丙酸铵、丙酸钠、丙酸钙）	无色透明液体，溶于水，有较强腐蚀性，其钠盐为白色结晶颗粒或粉末，易溶于水；钙盐为近白色或淡黄色粉末或颗粒，易溶于水	对酵母菌、细菌和霉菌均有效，尤其对腐败变质微生物抑制作用更好，能够延长饲料贮藏期	粉剂；露保细含丙酸99.5%，露保细钠盐含丙酸钠98%，露保细钙盐含丙酸钙94%。作为饲料添加剂，丙酸常用赋形剂吸附制成50%或60%的粉状产品	露保细、露保细钠盐、露保细钙盐的用法为喷洒或均匀混入饲料中，每吨饲料添加量：2.5～4千克	由于丙酸具有腐蚀性且有刺激性气味，易对加工机械及操作人员的手造成损伤；与柠檬酸配合使用，以适当降低其腐蚀性

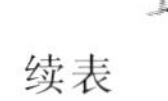

续表

名称		性状	适应证	制剂与规格	用法与用量	注意事项
防霉剂	苯甲酸（安息香酸）	白色有丝光的鳞片或针状结晶，有引湿性，微溶于水，性质稳定；其钠盐为白色颗粒或结晶性粉末，易溶于水，空气中稳定	苯甲酸及其钠盐对细菌、酵母菌等均有较强的抑制作用，对霉菌的抑制作用较弱。适用于饲料防霉	粉剂	苯甲酸和苯甲酸钠在饲料中的适宜添加量不能超过0.2%	用量过多或长期使用可以对人和动物的肝脏造成危害，甚至致癌。 对肝功能衰弱的家畜不宜使用
	山梨酸	无色针状结晶或白色结晶性粉末，微溶于水而易溶于脂肪，对光、热稳定	山梨酸及其钾盐能有效地抑制霉菌、沙门菌、大肠杆菌、金黄色葡萄球菌	粉剂；山梨酸含量大于98.5%，25千克/袋	适宜添加量为饲料的0.05%～0.15%。通常用法是先将其溶解于低碳酸（如乙酸、丙酸、富马酸）中，再用以喷洒或混合饲料	注意产品的保存
	柠檬酸及其盐类	半透明结晶或白色结晶粉末，无臭、味酸，在潮湿空气中会潮解	防腐，又是抗氧化剂的增效剂。它可使肠道内容物变酸，稳定肠道内微生物区系，提高生产性能及饲料利用率	食品级柠檬酸产品含柠檬酸大于等于99.5%	一般按配合饲料的0.5%添加。柠檬酸作为抗氧化剂增效剂时的使用剂量为0.005%以下	本品具有刺激性，在使用中，接触者可能引起湿疹。粉体与空气接触可形成爆炸性混合物，与明火、高热或与氧化剂接触，有引起燃烧爆炸的危险
	脱氢乙酸及其钠盐	脱氢乙酸为白色或淡黄色针状结晶粉末，无臭、无味或略具有异味；脱氢乙酸钠为白色结晶性粉末，无臭或略带臭味	脱氢乙酸主要对酵母菌和霉菌有较强的抗菌效果，较高剂量对某些细菌也有作用	粉剂	饲料中建议添加量为0.002%～0.15%	—

续表

名称		性状	适应证	制剂与规格	用法与用量	注意事项
防霉剂	富马酸及其酯类	富马酸为无色结晶或粉末，水果酸香味，溶解度低；富马酸二甲酯为白色结晶或粉末	富马酸及其酯类的防霉效果最好，适用于各种畜禽的饲料。富马酸具有镇静作用，可明显缓解热应激、增进食欲	粉剂，含量大于等于99%，20千克/桶。也可用载体制成预混料	混饲。富马酸在饲料中的添加剂量为500～800毫克/千克。富马酸二甲酯在饲料水分为14%以下时的添加量为250～500毫克/千克，饲料水分在15%以上时的添加量为500～800毫克/千克	富马酸二甲酯可先溶于有机溶剂中，如异丙醇、乙醇，再加入少量水及乳化剂达到完全溶解，然后用水稀释，加热除去溶剂，恢复到应稀释的体积，混于饲料中或喷洒于饲料表面
抗氧化剂	乙氧基喹啉	琥珀色至浅褐色黏稠液体，长期储存或暴露于日光下色泽逐渐变深，但不影响使用效果	抗氧化性能较强，尤其对维生素A、维生素D和胡萝卜素的保护更有效	粉剂：含乙氧基喹啉10%～70%，180千克/桶、210千克/桶	每吨鱼粉、肉骨粉、中添加量（按乙氧基喹啉计算）：120～150克；维生素A、维生素D等饲料添加剂中的使用量为0.1%～0.2%；全价配合饲料中添加量为50～150毫克/千克	乙氧基喹啉的缺点是自身的色泽变化太快、太大。在预混料中大量使用时，常因为色泽急剧变深，而被误认为是饲料的质量发生变化
	二丁基羟基甲苯	白色微黄块状固体或结晶性粉末，无臭无味	具有较好的抗氧化性，主要用于含油脂较多的饲料成分的保存	粉剂，含量99.2%。产品规格：25千克/袋	二丁基羟基甲苯被广泛应用于猪、鹅、鸡、反刍动物及鱼类饲料中。混饲，用量一般为60～120毫克/千克	二丁基羟基甲苯与丁基羟基茴香醚或有机酸（常用柠檬酸）合并使用具有很好的协同作用

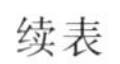

续表

名称		性状	适应证	制剂与规格	用法与用量	注意事项
抗氧化剂	丁基羟基茴香醚	白色或微黄色结晶或结晶状粉末，有特异酚类臭味及刺激性气味，通常是两种异构体的混合物	具有抗脂肪氧化作用和相当强的抗菌力，并能阻止黄曲霉毒素生成，抑制饲料中青霉、黑曲霉孢子的生长，一般不在禽体内积存。多用作油脂抗氧化剂	粉状，含量为99.8%。使用前先把本品制成乳化母液，与含油脂成分高的饲料成分混合后再与整个饲料混合	作为抗氧化剂，在饲料中的通常用量为60～120毫克/千克，在鱼粉及油脂中的用量为100～1000毫克/千克。抗菌能力，250毫克/千克可完全抑制饲料中黄曲霉生长；200毫克/千克可完全抑制黑曲霉、青霉的孢子生长	与柠檬酸、抗坏血酸等合用有较好协同效应，也可以和二丁基羟基甲苯联合用于动植物油脂饲料中。使用时，以适量乙醇和丙二醇作溶剂能提高丁基羟基茴香醚的抗氧化能力
	没食子酸丙酯	浅色的结晶性粉末或乳白色的针状结晶，无臭，稍带苦味	有显著的抗氧化作用，对动物性脂肪的抗氧化作用较强，主要用作油脂的抗氧化剂	粉剂，产品含没食子酸92%	饲料中使用限量为油脂含量的0.02%	没食子酸丙酯在加工时不能和含三价铁离子的器具及水加在一起；价格高、溶解度差，只在复合型抗氧化剂中少量使用

下篇
鹅场疾病防治技术

第十章

鹅场的生物安全体系

鹅场要有效控制疾病，必须树立“预防为主”和“养防并重”的观念、建立综合生物安全体系，否则，疾病发生，必然会影响鹅群的生产性能，甚至导致死亡，造成较大的损失。

第一节　提高人员素质，制订规章制度

一、工作人员必须具有较高的素质、较强的责任心和自觉性

在诸多预防禽病的因素中，人是最重要的。要加强饲养管理人员的培训和教育，使他们树立正确的疾病防制观念，掌握鹅饲养管理和疾病防治的基本知识，了解疾病预防的基本环节，熟悉疾病预防的各项规章制度并能认真、主动地落实和执行，这样才能预防和减少疾病的发生。

二、制定必需的操作规章和管理制度

对鹅病的预防，除工作人员的自觉性外，还必须有相应的操作规章和管理制度的约束。没有严格的规章制度就不会有科学的管理，就不可能养好鹅，就可能会出现这样或那样的疾病。只有严格地执行科学合理的饲养管理和卫生防疫制度，才能使预防疫病的措施得到切实落实，减少和杜绝疫病的发生。因此，在养鹅场内对进场人员和车辆物品的消毒，种蛋、孵化机和出雏机的清洁消毒，鹅舍的清洁消毒等程序和卫生标准；对疫苗和药物的采购、保管与使用，免疫程序和免

疫接种操作规程；对各种鹅的饲养管理规程等均应有详尽的要求。制度一经制订公布，就要严格执行和落到实处，并经常检查、有奖有罚，这对养鹅场尤其是规模化养鹅场至关重要。各项制度内容见图 10-1。

免疫制度

1.严格遵守《中华人民共和国动物防疫法》《山东省动物防疫条例》等法律法规，按照兽医主管部门的统一部署和要求，认真做好高致病性禽流感等重大动物疫病的免疫接种工作。

2.严格按照免疫程序做好其它疫病的免疫接种工作，严格免疫操作规程，确保免疫质量。

3.遵守国家关于生物安全方面的规定，使用来自合法渠道的合法疫苗产品，不使用试验用产品或中试产品。

4.在县动物疫病防控中心和镇防控所的指导下，根据本场实际，制订科学合理的免疫程序，并严格遵守。

5.建立疫苗出入库制度，严格按照要求贮运疫苗，确保疫苗的有效性。废弃疫苗按照国家规定无害化处理，不乱丢乱弃疫苗及疫苗包装袋。

6.遵守操作规程、免疫程序接种疫苗并严格消毒，防止带毒或交叉感染。疫苗接种及反应处置由取得合法资质的兽医进行或在其指导下进行。免疫接种人员按国家规定做好个人防护。

7.疫苗接种后，按规定详细记入免疫档案。

8.定期对主要病种进行免疫效价监测，及时改进免疫计划，完善免疫程序，使本场的免疫工作更科学更实效。

消毒制度

1.养殖场(小区)大门和圈舍门前必须设消毒池，并保证消毒液消毒效果;场内应设更衣室、淋浴室、消毒室、患病动物隔离舍等。

2.选择高效低毒、人畜无害的消毒药品，消毒药应根据消毒目的、对象选择和储备，不得选择对环境、生态及动物有危害的药品。

3.养殖场定期不定期进行清扫、冲洗、光照和使用化学药品等多种方法相结合进行消毒。

4.鹅舍每天清扫1~2次，周围环境每周清扫一次，及时清理污物、粪便、剩余饲料等物品，保持鹅舍、场地、用具及鹅舍周围环境的清洁卫生，对清理的污物、粪便、垫草及饲料残留物应通过生物发酵、焚烧、深埋等进行无害化处理。发病期间做到一天一次消毒。疾病发生后进行彻底消毒。

5.场内工作人员进出场要更换衣服和鞋，场外的衣物鞋帽不得穿入场内,场内使用的外套、衣物不得带出场外，同时定期进行消毒。所有人员进入养殖区必须经过消毒池和消毒室,并对手、鞋消毒。消毒池的药液每周至少更换一次。

无害化处理制度

1.当饲养的鹅发生疫病死亡时，必须坚持“五不一处理”原则，不宰杀、不贩运、不买卖、不丢弃、不食用，进行彻底的无害化处理。

2.养殖场必须根据养殖规模在场内下风口修一个无害化处理化尸池。

3.当养殖场发生重大动物疫情时，除对病死鹅只进行无害化处理外，还应根据兽医主管部门的决定，对同群或感染疫病的鹅只进行扑杀和无害化处理。

4.当鹅群发生一般传染性疾病时，一律不允许交易、贩运，就地进行隔离观察和治疗。

5.无害化处理过程必须在驻场兽医和当地动物卫生监督机构的监督下进行，并认真对无害化处理的鹅只数量、死因、处理方法、时间等进行详细的记录、记载。

6.无害化处理完后，必须彻底对其圈舍、用具、道路等进行消毒、防止病原传播。

7.在无害化处理过程中及疫病流行期间要注意个人防护，防止人畜共患病传染给人。

用药制度

1.场内预防性或治疗性用药，必须由场内兽医技术人员决定，其它人员不得擅自使用。

2.兽医技术人员使用兽药必须遵守国家相关法律法规规定，不得使用瘦肉精等非法产品。

3.肉鹅养殖必须严格遵守国家关于休药期的规定，未满休药期的鹅只不得出售、屠宰。

4.树立合理科学用药观念，不乱用药。

5.不擅自改变给药途径、投药方法及使用时间等。

6.做好用药记录,包括动物品种、年龄、性别，用药时间、药品名称、生产厂家、生产批号、剂量、用药原因、疗程、反应及休药期。必要时应附医嘱。

7.做好添加剂、药物等材料的采购和保管记录。

疫情报告制度

1.义务报告人:任何人发现场内鹅只出现不明原因死亡时要立即向兽医技术人员汇报，兽医技术人员怀疑发生重大传染病时应立即向当地动物防疫监督机构和动物卫生监督机构报告。

2.临时性措施:(1)将可疑传染病鹅只隔离，派人专管和看护。(2)对病鹅停留过的地方和污染的环境、用具进行消毒。(3)病鹅死亡时，应将其尸体完整地保存下来。(4)发生可疑需要封锁的传染病时，禁止畜禽进出养殖场(小区)。(5)限制人员流动。

3.报告内容:(1)发病的时间和地点。(2)发病动物种类和数量、同群动物数量、免疫情况、死亡数量、临床症状、病理变化、诊断情况。(3)已采取的控制措施。(4)疫情报告的单位、负责人、报告人及联系方式。

4.报告方式:书面报告或电话报告，紧急情况时应电话报告。

检疫申报制度

1.根据《中华人民共和国动物防疫法》和《动物检疫管理办法》的相关规定进行检疫申报。本场饲养的鹅只在出栏前应提前三天向镇动物卫生监督分所或其派出的报检点申报检疫。

2.官方兽医到场进行检疫时要提供养殖、防疫等相应资料，取得《动物检疫合格证明》后方可出场。

3.本省之内引进鹅苗后，应在三天之内向镇动物卫生监督分所报告，并提供《动物检疫合格证明》，引入后按规定进行隔离、观察。

4.跨省引进鹅苗的，在引进前须向动物卫生监督机构申报备案，引入后按规定进行隔离、观察，期满后经检疫合格方可合群饲养。

图 10-1 各项制度内容

第二节 科学规划和设计鹅场

一、选择场址和规划布局

1. 场址选择

（1）地势和地形 鹅舍及陆上运动场的地势应高燥，地面应有坡度。场地高，排水良好；地面干燥，阳光充足，不利于微生物和寄生虫的滋生繁殖。否则，地势低洼，场地容易积水、潮湿、泥泞；夏季通风不良，空气闷热，有利于蚊蝇等昆虫的滋生，冬季则阴冷。地形要开阔整齐、向阳、避风，特别是要避开西北方向的山口和长形谷地，以保持场区小气候状况相对稳定，减少冬季寒风的侵袭。场地不要过于狭长，也不要边角太多，以减少防护设施的投资，见图 10-2。

（2）土壤 鹅场的土壤，应洁净卫生、透气性强、毛细管作用弱、吸湿性和导热性小、质地均匀、抗压性强，以沙质土壤最适合，便于雨水迅速下渗。越是贫瘠的沙性土地，越适于建造鹅舍。因为这种土地渗水性强。如果找不到贫瘠的沙土地，至少要找排水良好、暴雨后不会积水的土地，以保证在多雨季节不会变得潮湿和泥泞，有利于鹅场和鹅舍保持干燥。

图 10-2　场址地形地势图

（3）水源　鹅是水禽，宜在有水源的地方建场。在鹅场生产过程中，鹅的饮食、饲料的调制、鹅舍和用具的清洗，以及饲养管理人员的生活，都需要使用大量的水。同时，鹅的放牧、洗浴和交配等都离不开水源。所以鹅场必须有充足的水源。

水源应符合下列要求：一是水量要充足，既要能满足鹅场内的人、鹅用水和其他生产、生活用水，还要能满足鹅的放牧、洗浴等所需用水。二是水质问题要求良好，不经处理即能符合饮用标准的水最为理想。此外，在选择时要调查当地是否因水质问题而出现过某些地方性疾病等。三是水源要便于保护，以保证水源经常处于清洁状态，不受周围环境的污染。四是要求取用方便，设备投资少，处理技术简便易行。

（4）场地面积　场地面积要根据饲养规模和以后发展规划来确定。占地面积不宜过大，也不能过小，应满足饲养密度要求。鹅场场地面积推荐见表 10-1。

表 10-1　鹅场场地面积推荐

性质	养殖场规模/万只	占地面积/亩①	运动场、水池等面积/米^2	生产建筑面积/米^2
种鹅场	1.0	35	13000	9000
商品鹅场	10.0	50	—	20500

① 1 亩＝666.67 平方米。

（5）青饲料的供应　鹅是草食家禽，不仅需要较多的精饲料，也需要大量的青饲料（每只种鹅每天需要青饲料1.5～2.5千克）。肉鹅养殖场要紧临林地、园地、荒坡和大片耕地，以便于放牧饲养；种草养鹅场地的选择还要考虑草场的位置和草的供应，场地尽量靠近草场（图10-3）。

图10-3 林地（左）、玉米地（中）、草地放养鹅（右）

（6）其他方面　鹅场是污染源，但也容易受到污染。鹅场生产大量产品的同时，也需要大量的饲料，所以，鹅场场地要兼顾交通和隔离防疫，既要便于交通，又要便于隔离防疫。鹅场和居民点或村庄、主要道路要有300～500米距离，大型鹅场要有1000米距离。鹅场要远离屠宰场、畜产品加工场、兽医院、医院、造纸场、化工厂等污染源，远离噪声大的工矿企业，远离其它养殖企业；鹅场要有充足稳定的电源，周围环境要安全。

2. 规划布局

鹅场的规划布局就是根据拟建场地的环境条件，科学确定各区的位置，合理确定各类房舍、道路、供排水和供电等管线、绿化带等的相对位置及场内防疫卫生的安排。鹅场的规划布局是否合理，直接影响到鹅场的环境控制和卫生防疫。

（1）鹅场分区规划　鹅场通常根据生产功能，分为生产区、生活管理区和隔离区等，见图10-4。生产区也要进行分区规划或分场规划，见图10-5。

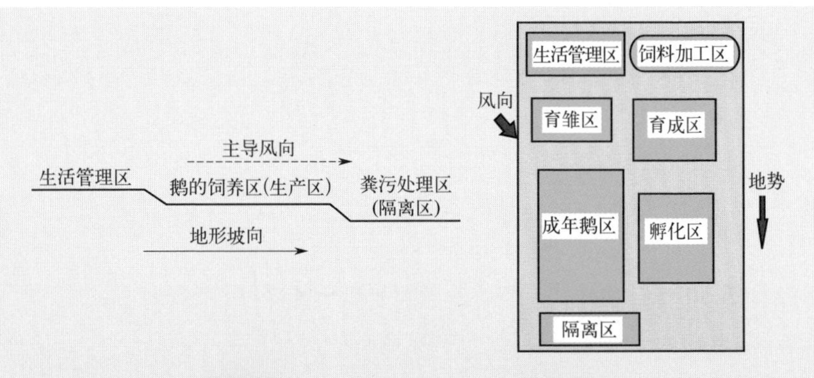

图 10-4　地势、风向分区规划示意图及布局图

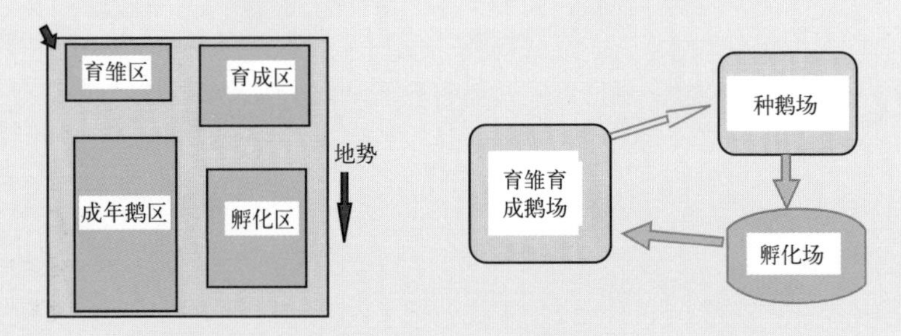

图 10-5　生产区的分区规划（左图）和分场规划（右图）

（2）鹅舍排列方式　鹅舍排列方式多种多样，比较常见和合理的排列方式有单列式和双列式，见图 10-6、图 10-7。

图 10-6　单列式鹅舍布局图（左）及实景图（右）

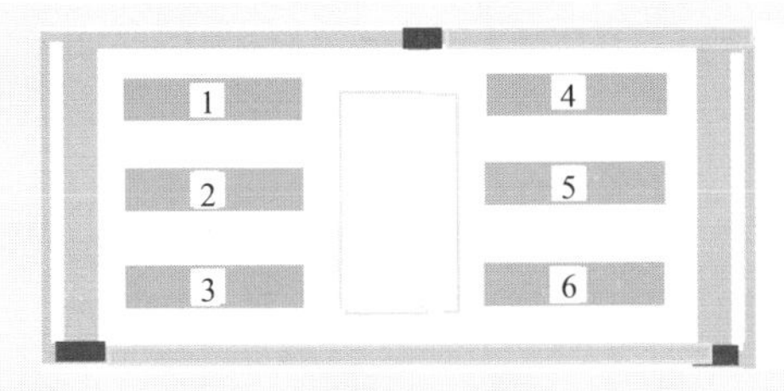

图 10-7 双列式鹅舍布局图（左）及实景图（右）

（3）鹅舍间距　鹅舍间距直接影响鹅舍的通风、采光、卫生、防火。间距过小，场区的空气环境差，舍内微粒、有害气体和微生物含量过高，增加病原含量和传播机会，容易引起鹅群发病。为了维持场区和鹅舍适宜环境，鹅舍之间要保持适宜距离（15～20 米）（图 10-8）。

图 10-8 鹅舍之间保持适宜距离

（4）道路　鹅场设置清洁道和污染道，清洁道供饲养管理人员、清洁的设备用具、饲料和新母鹅等使用，污染道供清粪、污浊的设备用具、病死鹅和淘汰鹅使用。清洁道和污染道不交叉。

（5）贮粪场　鹅场设置粪尿处理区。粪场靠近道路，有利于粪便的清理和运输。贮粪场（池）设置注意：贮粪场应设在生产区和鹅舍的下风处，与住宅、鹅舍之间保持 30～50 米的卫生间距，并应便于运往农田或做其它处理；贮粪池的深度以不受地下水浸渍为宜，底部应较结实。贮粪场和污水池要进行防渗处理，以防粪液渗漏流失污染水源和土壤；贮粪场底部应有坡度，使粪水可流向一侧或集液井，以便取用；贮粪池的大小应根据每天牧场家畜排粪量多少及贮藏时间长短而定（图 10-9）。

图 10-9 贮粪场及粪便处理

（6）防疫隔离设施　规模化鹅场周围设置隔离墙，墙体严实，高度 2.5～3 米。大门设置消毒池和消毒室，供人员、设备和用具的消毒（图 10-10、图 10-11）。

图 10-10 隔离墙

二、鹅舍的科学设计

根据工艺设计要求，在选择好的场地上进行合理规划布局后，可以设计鹅舍、确定鹅舍规格、绘制鹅舍建筑详图。设计的鹅舍应冬暖夏凉、空气流通、光线充足、便于饲养管理、容易消毒和经济耐用。

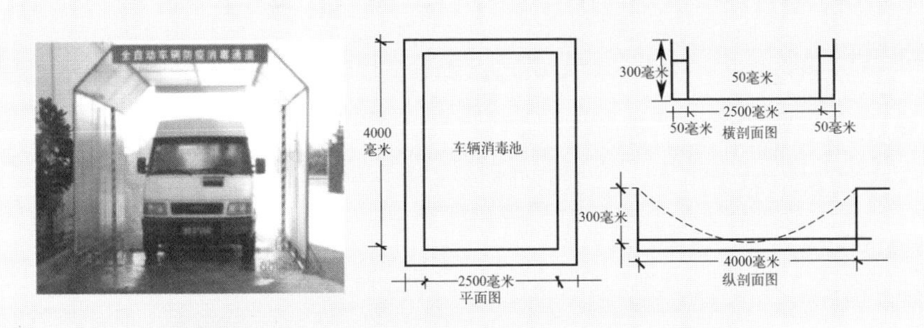

图 10-11 车辆消毒池实景图（左）及消毒池的结构图（右）

1. 鹅舍的结构及要求

（1）屋顶的形式和要求　屋顶形式多种多样，钟楼式屋顶夏季防暑效果好，冬季可密封开露的部分，适合南方地区；双坡式屋顶成本不高，容易施工建设，跨度可大可小，北方多见；双拱形屋顶，造价低，屋顶内侧可用水冲洗。为降低成本，也可使用塑料大棚屋顶；单坡式双层石棉瓦中间夹泥巴屋顶，成本低、保温隔热。应根据不同地区特点、气候特点和实际情况选择最适宜的屋顶形式和结构（图 10-12）。对屋顶的要求是：耐久、耐火、防水、光滑、不透气；保温隔热（最好设置天棚）；具有一定承重能力；结构简便，造价便宜；一般地区屋顶净高（指地面到天棚高度）3～3.5 米，严寒地区为 2.4～2.7 米。

（2）墙体的形式和要求　根据墙体情况将鹅舍分为棚舍、开放舍和密闭舍。棚舍建筑成本低，可安装帘子布和卷帘机，根据外界气候变化升降帘子布（图 10-13），能够充分利用自然条件。开放舍侧墙上留有窗户，可根据外界气候变化开启窗户，能够充分利用外界自然条件（图 10-14）。密闭舍侧墙封闭或留有很小的应急窗（图 10-15），舍内环境人工控制，不受外界气候影响。鹅舍和设备投资大，鹅的生产性能高。对墙体的要求是：坚固、耐久、抗震、耐水、防火；具有良好的保温隔热性能；结构简单，便于清扫消毒；防潮防水处理（用防水耐久材料抹面，保护墙面不受雨雪侵蚀，做好散水和排水沟以及设防潮层和墙围）。

图 10-12 钟楼式屋顶（上左）、双坡式屋顶（上中）、双拱形屋顶（上右）、单坡式双层石棉瓦屋顶（下左）和塑料大棚屋顶（下右）

图 10-13 棚舍及帘子布

图 10-14 开放舍

图 10-15 密闭舍外景图和室内图

(3) 地面的要求　鹅舍的地面要硬化，以便于清洁消毒（图 10-16）。

图 10-16 网上平养鹅舍（左图）、地面平养鹅舍的硬化地面（右图）

2. 鹅舍的类型及特点

鹅场有雏鹅舍、后备鹅舍、育肥舍、种鹅舍以及孵化室等，鹅场性质不同，鹅舍种类不同，对鹅舍要求也不同。如商品肉鹅场只需要雏鹅舍和育肥舍，或雏鹅-育肥舍；种鹅场就需要雏鹅舍、后备鹅舍和种鹅舍。

(1) 雏鹅舍　雏鹅舍主要饲养 3～4 周龄以内的雏鹅。对雏鹅舍的要求：一是保温隔热。屋顶和墙壁选择导热性小的材料，并达到一定厚度。为增加保温性能可内设天花板。二是舍内干燥。为保持舍内干燥，地面应比舍外高 25～30 厘米，最好用水泥或砖铺成，以利于冲洗、消毒和防鼠害。三是采光通风良好。窗与地面面积之比一般为 1∶10～1∶15，舍内空气流通而无贼风。

雏鹅舍的建筑面积根据育雏方式、饲养密度、饲养数量和饲养鹅的类型、周龄而确定。鹅舍内分割成多个小栏，每栏面积 12～14 平方米，可容纳雏鹅 100 只；如果饲养 1000 只雏鹅，则需要 120～140 平方米的雏鹅舍。每座雏鹅舍容纳 500～1000 只雏鹅比较适宜。

雏鹅舍的宽度一般为 6～10 米，长度根据雏鹅舍的面积和场地情况确定，房檐高 2～2.5 米，如果还饲养中鹅，可适当加高，以利于通风换气。地面平养和网上平养雏鹅舍见图 10-17。

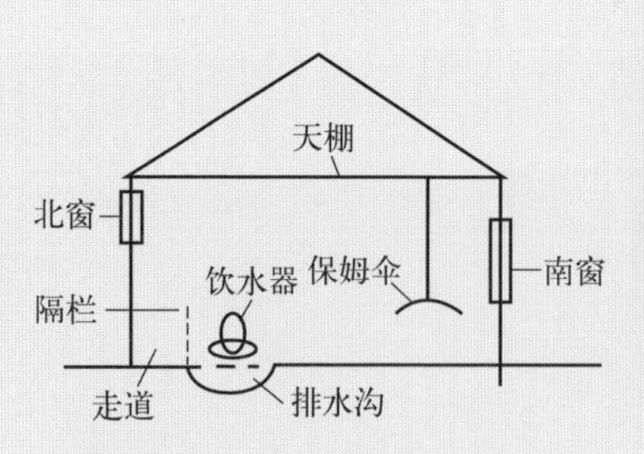

图 10-17 地面平养雏鹅舍剖面图（左）和网上平养雏鹅舍内部实景图（右）

（2）后备鹅舍（青年鹅舍）　育雏结束，鹅的羽毛开始生长，对环境温度抵抗力增强，对鹅舍的保温要求不高。因此，后备鹅舍的建筑结构简单，基本要求是能遮挡风雨、夏季通风、冬季保暖、室内干燥。规模较大的鹅场，建筑后备鹅舍时，可参考雏鹅舍。在南方只要建简易的棚架鹅舍就可以了，要求鹅舍能做到遮雨、挡风；北方地区还要注意防寒。鹅舍下部能适当封闭，防止敌害。上部敞开，增加通风量，夏季特别注意散热。南方至 40 日龄后，可半露宿饲养，因此，鹅舍外应有舍外水陆运动场，鹅舍与陆地运动场面积的比例在 1∶2 以上。每栏鹅群可扩大到 200～300 只，舍内密度大型鹅 6～7 只/米^2，中小型鹅 8～10 只/米^2。如果远离水源，可以人工挖一个水池

(图 10-18)。

图 10-18 后备鹅舍（左图）和人工挖的水池（右图）

(3) 种鹅舍　鹅舍有单列式和双列式两种[图 10-19(左)]。双列式鹅舍中间设走道，两边都有陆上运动场和水上运动场，在冬天结冰的地区不宜采用双列式。单列式鹅舍冬暖夏凉，较少受季节和地区的限制，故大多采用这种方式。单列式鹅舍走道应设在北侧。种鹅舍要求防寒、隔热性能好，有天花板或隔热装置更好。屋檐高 1.8～2.0 米。窗与地面面积比要求 1∶10～1∶12。特别在南方地区南窗应尽可能大些，气温高的地区朝南方向可以无墙也不设窗户。鹅舍的内侧墙下安置产蛋箱［产蛋箱规格见图 10-19（右）］，或设置产蛋窝，并在地面上铺垫较厚的垫料以供产蛋之用。舍内地面用水泥或砖铺成，并有适当坡度（高出舍外 10～15 厘米）。饮水器置于较低处，并在其下面设置排水沟。每栋种鹅舍以养 400～500 只种鹅为宜。大型种鹅每平方米养 2～2.5 只，中型种鹅每平方米养 3 只，小型种鹅每平方米养 3～3.5 只。

种鹅舍也可用秸秆搭建的大棚。大棚坐北朝南，前墙高度 1 米左右，后墙高度以不碰头为宜。大棚四周可以使用玉米秸、高粱秸围起或挂上草帘，并保证不透风（用草泥糊上或内衬塑料布）。冬季种鹅舍地面铺上 3～4 厘米厚的垫料，经常翻晒和更换补充垫料，以保持垫料洁净。大棚饲养种鹅的饲养密度以 2～3 只/米^2 为宜。

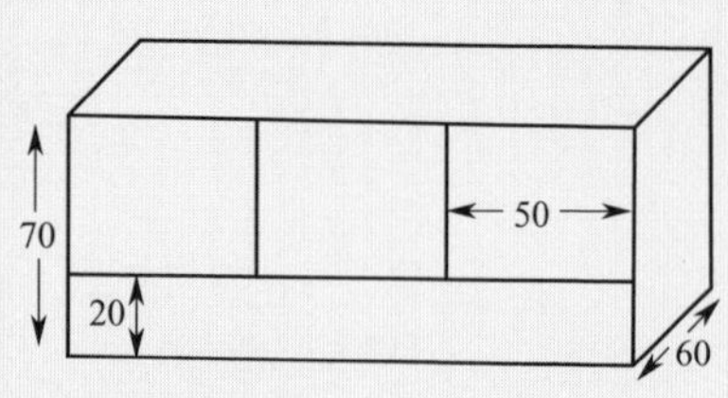

图 10-19　简易种鹅舍（左）和种鹅产蛋箱（单位：厘米）（右）

塑料温室大棚式鹅舍坐北朝南建设，跨度一般为 6～10 米，四周围栏高 1.0～1.2 米，支撑大棚可用空心砖等材料砌成，棚高一般在 2.5～3 米。大棚可以采用半坡式，也可采用双坡式（图 10-20）。建设大棚的材料可选用钢筋、水泥等，顶部覆盖塑料薄膜、编织布、草帘等。大棚夏天拉开塑料薄膜卷帘、加盖遮阳网等于是个凉棚，冬季放下塑料薄膜卷帘加盖草帘就成为一个暖圈，冬暖夏凉，为鹅提供了一个良好的生长环境。

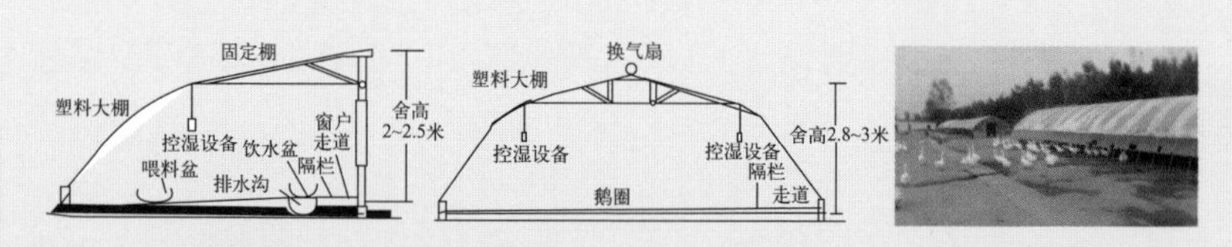

图 10-20　半坡式塑料大棚鹅舍（左）、双坡式塑料大棚鹅舍（中）和塑料大棚鹅舍外景图（右）

种鹅舍外须设陆上运动场和水上运动场。陆上运动场的面积应为鹅舍面积的 1.5～2 倍，周围要建围栏或围墙（花墙），一般高 80 厘米。其周围种植树木，既可绿化环境，又可在夏季作凉棚。在陆上运动场与水面连接处，须用块石砌好；还要用水泥做好斜坡，坡度为 25°～35°，斜坡要深入水中，与枯水期的最低水位持平。水上运动场的面积应大于陆上运动场，周围可用竹竿或渔网围住，围栏深入水下，高出水面 80～100 厘米（最高水位时）。

现在许多地方的鹅场没有水上运动场，应扩大陆上运动场的面积，并在运动场上设置嬉戏池（可以用水泥抹底抹壁，也可以用塑料布铺设以避免水向下渗）（图 10-21、图 10-22）。

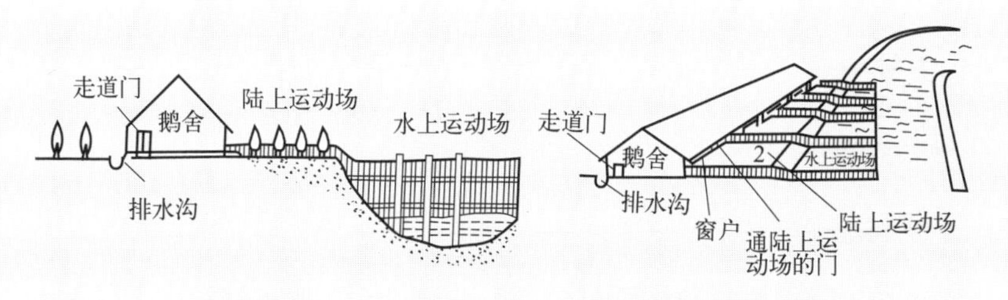

图 10-21　鹅舍外景示意图（左）和侧面示意图（右）

图 10-22　鹅舍的陆上运动场及嬉戏池（左）和陆上运动场与水面连接处斜坡（右）

【注意】水池不宜过大过深。鹅舍水池，面积为舍内面积的 1/3 左右即可，深度在 40 厘米左右。即使利用天然河道、水库等，也需设置拦网，水面不超过舍内面积。水池过大过深，如果经常换水，则用水量大大增加，并导致排污大大加剧；如果不经常换水，则水质恶化，病菌在水内滋生，可导致各种疾病发生。水浅池小，可以经常换水，保持水质良好，并能够把各种病菌及时排出。

（4）肉用鹅舍和填鹅舍　肉用鹅舍的要求与雏鹅舍基本相同，但窗户可以大些，通风量应大些，要便于消毒。肉用仔鹅采用笼养和网上平养时房舍应适当高些。仔鹅育肥期间，每小栏 15 平方米左右，可养中型鹅 80～90 只。有些地区，饲养量较多时，常采用行栅、草舍、塑料大棚等简易鹅舍，这种鹅舍多采用毛竹、稻草、塑料布和油毛毡等材料制成，投资少、建造快，夏天通风、冬天保暖，在东南各省比较常用，饲养效果甚佳。肉用仔鹅后期育肥要求环境安静、光线暗淡、通风良好。平养育肥密度，大型鹅种 3～4 只/米^2，中小型鹅种 5～8 只/米^2。舍中栏圈单位应小些，一般以每群 20～50 只为宜，不应超过 100 只。为提高育肥效率或满足特殊需要育肥（如肥肝生产填肥），最好选择离地育肥。离地育肥应保证通风良好、饮水供应充分。对肥肝生产还可实行单栏饲养（图 10-23）。

图 10-23　网上平养肉用鹅舍

第三节　维持鹅群洁净卫生

鹅群污染不仅会导致疫病发生，而且会严重影响鹅群的生产性能。

一、加强引种管理

鹅场引种要选择洁净的种鹅场。种鹅场污染严重，引种时也会带来病原微生物，特别是我国现阶段有些种鹅场管理不善、净化不严，更应高度重视。到有种畜禽生产经营许可证、管理严格、净化彻底、信誉度高的种鹅场订购雏鹅，避免引种带来污染。

二、建立无特定病原体的种禽群

如果禽场或禽舍无病原微生物污染，种苗又来自洁净的种禽群，那么就大大减少了传染病发生的危险，这是预防传染病最有效的途径。被指定的特定病原体主要包括禽流感病毒、禽传染性支气管炎病毒、禽传染性脑脊髓炎病毒、禽呼肠孤病毒、禽痘病毒、沙氏菌、多杀性巴氏杆菌以及支原体等。

三、孵化厅（场）的卫生防疫

孵化场的隔离卫生在疾病预防过程中具有重要的作用，必须给予足够的重视。

1. 种蛋的卫生管理

种蛋必须来自非疫区，或来自健康的种鹅群，在发生烈性传染病期间产的种蛋，不能作种蛋孵化。种蛋在贮蛋库上机待孵时、落盘时都要进行烟熏法消毒。

2. 孵化设备及用具的卫生

孵化机或出雏机在一批种蛋孵化完毕，应彻底清除所有残留物，经常进行局部擦洗工作，定期执行彻底清洗消毒制度。蛋盘应先认真清洗，然后在药液池内浸泡消毒，再用清水洗，待干燥后，方可接纳下一批入孵的种蛋。对孵化厅内的其他用具，如塑料雏鹅盘、检蛋车等，也应定期进行清洗消毒。

3. 孵化厅的清洁卫生

在种蛋孵化中产生的代谢废气、消毒液残留气体等，含有二氧化碳、绒毛、微生物、灰尘等，应及时将这些废气合理排出室外，这对保持正常孵化率和工作人员、雏鹅的健康都极为重要。孵化厅的蛋壳、变质死蛋、死雏、绒毛及其他废弃物，必须认真处置，不要污染环境。孵化厅内要经常用吸尘器吸出各室地面、墙壁、天花板、孵化机和出雏机等表面的绒毛、灰尘和垃圾，并定期进行冲洗和消毒药液喷洒消毒。随时清理洗涤室内的杂物垃圾，经常保持水槽的卫生，并更换消毒药液，随时清除下水道内积聚的蛋壳、绒毛等垃圾，用清水冲洗，定期进行消毒。

4. 避免雏鹅早期感染

所谓雏鹅早期感染，主要指雏鹅在孵化过程中或孵出后尚未运到饲养地前就感染疾病。早期感染途径有两条，一是垂直感染，即由于种鹅的长期带菌（毒），导致其产生的种蛋也带菌，如鹅沙门菌、支原体等；二是水平感染，即带菌种蛋与非带菌种蛋同时孵化、同时出雏，使原来不带菌的种蛋或雏鹅也被感染疾病。此外，孵化环境和孵化用具的带菌，也会造成这一感染。要避免早期感染，应建立健康鹅群或健康鹅场，及早严格消毒种蛋，严格做好孵化厅的各项卫生消毒工作，注意对雏鹅消毒。

第四节 科学饲养管理

科学饲养管理是增强机体抵抗力的重要手段。具体措施见图 10-24。

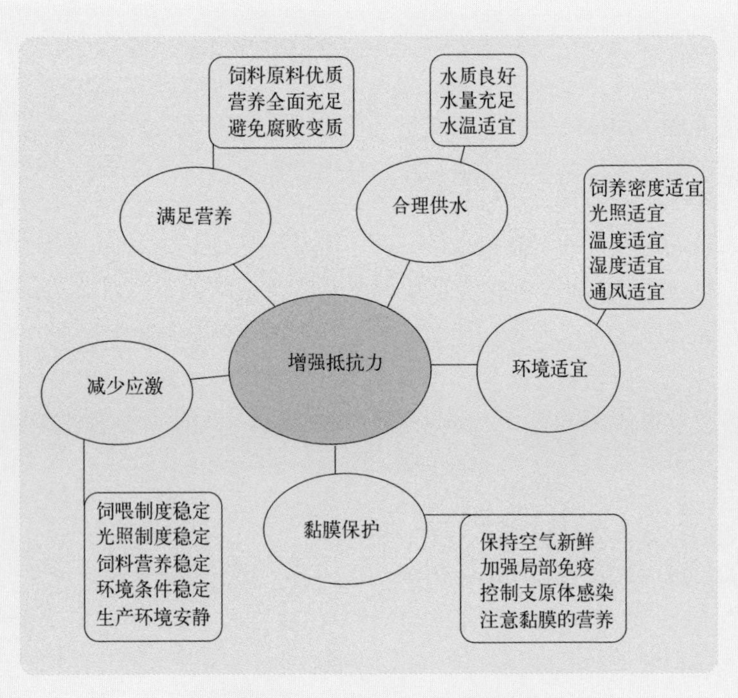

图 10-24 增强机体抵抗力的管理措施

第五节　加强隔离和清洁卫生

一、加强隔离

1. 创造好的隔离条件

鹅场要远离市区、村庄和居民点，远离屠宰场、畜产品加工厂等污染源。鹅场周围要有隔离物。鹅场大门、生产区门口分别要建同门口一样宽、长是汽车轮一周半以上的消毒池。各鹅舍门口要建与门口同宽、长1.5米的消毒池（消毒池内可以放置3%～4%的火碱溶液，并注意经常更换）。生产区门口还要建更衣消毒室和淋浴室。鹅舍之间保持适宜距离。

2. 采用全进全出的饲养制度

全进全出饲养制度有利于鹅场净场和充分消毒，切断了疾病传播的途径，从而避免患病鹅只或病原携带者将病原传染给日龄较小的鹅群。

3. 到洁净的种鹅场订购雏鹅

种鹅场污染严重，引种时也会带来病原微生物。到环境条件好、管理严格、净化彻底、信誉度高、有种畜禽经营许可证的种鹅场订购雏鹅，以避免引种带来污染（图10-25）。

图10-25　环境良好和管理严格的种鹅场

4. 加强进入人员管理

饲养管理人员进入鹅场要进行消毒；禁止其他养殖户、鹅蛋收购商和死鹅贩子进入鹅场，病死鹅经疾病诊断后应深埋或焚烧，并做好消毒工作，严禁销售和随处乱丢（图 10-26）。

图 10-26 随处堆放的死鹅（左图）和病死禽收购人员（右图）

5. 及时发现、隔离或淘汰病鹅

饲养人员要经常观察鹅群，及时发现有精神不振、行动迟缓、毛乱翅垂、闭眼缩颈、粪便异常、呼吸困难、咳嗽等症状的病鹅，将其隔离饲养观察或淘汰，并查明原因、迅速处理。

6. 严防禽兽串入鹅舍

严防野兽、飞鸟、鼠、猫、犬等串入鹅舍，防止惊群和传播病菌。

二、保持清洁卫生

1. 保持环境洁净

不在鹅舍周围、鹅场道路和运动场上堆放废弃物和垃圾。定期清扫鹅舍周围、道路及运动场，保持场区和道路清洁；鹅舍和鹅场排水沟的垃圾、垫料要及时清理，鹅舍要经常打扫，用具要经常清洗和消毒，粪便要及时清理；定期清理消毒池中的沉淀物，减少消毒池内杂物和有机物，提高消毒液的消毒效果。

2. 废弃物的处理

鹅场的废弃物，如粪便、污水、病死鹅等直接影响到鹅场的卫生和疫病控制，危害鹅群安全和公共卫生安全，必须进行无害化处理。

（1）粪便处理　粪便既是污染物质，又是很好的资源。经过堆积腐熟或高温、发酵干燥处理后，体积变小、松软、无臭味，不带病原微生物，可作为有机肥用于农田。比较简单的处理方法是堆粪法，即在距鹅场100～200米或以外的地方设一个堆粪场，进行堆积发酵（图10-27）。

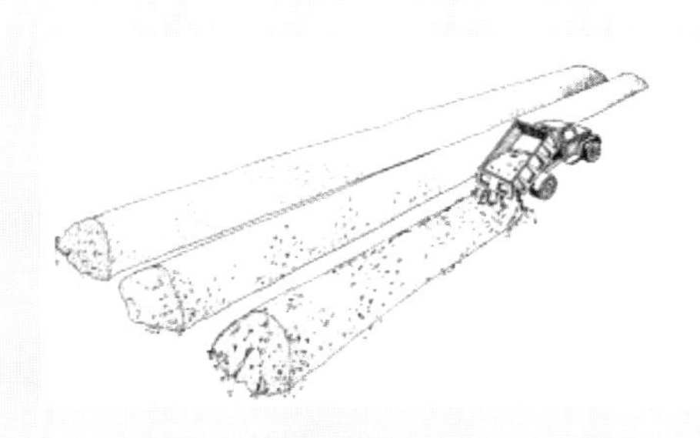

图10-27 条垛式堆积发酵处理（右图覆盖塑料薄膜）

如果有传染病发生，可在地面挖一个浅沟，深约20厘米、宽1.5～2米，长度不限，随粪便多少确定，进行粪便堆积发酵。堆积粪便的循序见图10-28。如此堆放3周至3个月，即可用以肥田。

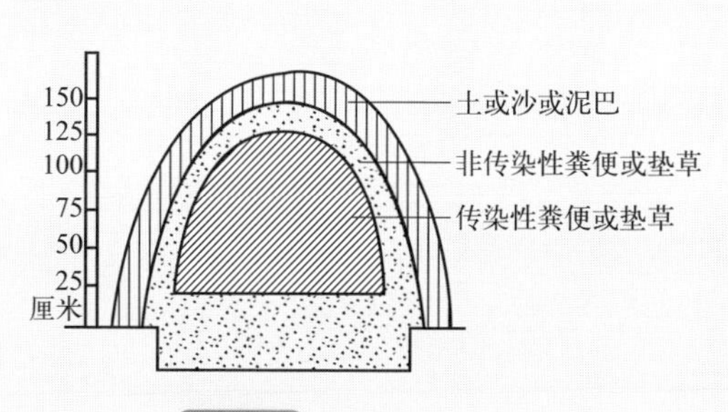

图10-28 堆积粪便的循序图

【提示】当粪便较稀时，应加些杂草；太干时倒入稀粪便或加水，使其不稀不干，以促进迅速发酵。

（2）病死鹅处理　病死鹅必须及时进行无害化处理，坚决不能为图私利而出售。处理方法如下。

① 焚烧法。将病死鹅投入焚化炉内烧掉（图 10-29），是一种较完善的方法，但要烧透，不留残渣。此法不能利用产品且成本高，故不常用。但对一些危害人、畜健康极为严重的传染病病畜的尸体，仍有必要采用此法。

图 10-29　病死鹅焚化炉

② 高温处理法。此法是将畜禽尸体放入特制的高温锅（温度达150℃）内或有盖的大铁锅内熬煮，达到彻底消毒的目的。鹅场也可用普通大锅，经 100℃以上的高温熬煮处理。此法可保留一部分有价值的产品，但要注意熬煮的温度和时间，必须达到消毒的要求。

③ 土埋法。利用土壤的自净作用使其无害化。此法虽简单但不理想，因其无害化过程缓慢，某些病原微生物能长期生存，从而污染土壤和地下水，并会造成二次污染，所以不是最彻底的无害化处理方法。采用土埋法时，必须遵守卫生要求，如埋尸坑远离畜舍、放牧地、居民点和水源，地势高燥，尸体掩埋深度不小于 2 米。掩埋前在坑底铺上 2～5 厘米厚的石灰，尸体投入后，再撒上石灰或洒上消毒药剂，埋尸坑四周最好设栅栏并做上标记（图 10-30）。

图 10-30 病死鹅土埋法

④ 发酵法。将尸体抛入尸坑内，利用生物热的方法进行发酵，从而起到消毒灭菌的作用。尸坑一般为井式，深达 9～10 米，直径 2～3 米，坑口有一个木盖，坑口高出地面 30 厘米左右。将尸体投入坑内，堆到距坑口 1.5 米处，盖封木盖，经 3～5 个月发酵处理后，尸体即可完全腐败分解（图 10-31）。

图 10-31 尸体处理塔或化尸池

【注意】在处理畜尸时，不论采用哪种方法，都必须将病畜的排泄物、各种废弃物等一并进行处理，以免造成环境污染。

（3）污水处理　污水要经过消毒后排放。被病原体污染的污水，可用沉淀法、过滤法、化学药品处理法等进行消毒。比较实用的是化学药品消毒法。方法是先将污水处理池的出水管用一木闸门关闭，将污水引入污水池后，加入化学药品（如漂白粉或生石灰）进行消毒。消毒药的用量视污水量而定（一般 1 升污水用 2～5 克漂白粉）。消毒后，将闸门打开，使污水流出。

（4）垫料处理　地面平养时多使用垫料，使用垫料对改善环境条件具有重要的意义。垫料具有保暖、吸潮和吸收有害气体等作用，可以降低舍内湿度和有害气体浓度，保证一个舒适、温暖的小气候环境。选择的垫料应具有导热性低、吸水性强、柔软、无毒、对皮肤无刺激性等特性，并要求来源广、成本低、适合作肥料和便于无害化处理。常用的垫料有稻草、麦秸、稻壳、树叶、野干草、植物藤蔓、刨花、锯末、泥炭和干土等。近年来，还采用橡胶、塑料等制成的厩垫以取代天然垫料。没有发生过传染病的垫料经过阳光暴晒后以及熏蒸消毒后可以重复利用，利用后经堆积发酵和消毒后可作为肥料；发生过传染病的垫料要焚烧。

3. 灭鼠杀虫

（1）灭鼠　鼠是人、畜多种传染病的传播媒介，鼠还盗食饲料和鹅蛋、咬死雏鹅、咬坏物品、污染饲料和饮水，危害极大，鹅场必须加强灭鼠。

① 防止鼠类进入建筑物。鼠类多从墙基、天棚、瓦顶等处窜入室内，在设计施工时注意墙基最好用水泥制成；碎石和砖砌的墙基，应用灰浆抹缝。墙面应平直光滑，以防鼠沿粗糙墙面攀登。砌缝不严的空心墙体，易使鼠隐匿营巢，要填补抹平。通气孔、地脚窗、排水沟（粪尿沟）出口均应安装孔径小于 1 厘米的铁丝网，以防鼠窜入。

② 器械灭鼠。器械灭鼠方法简单易行，效果可靠，对人、畜无害。灭鼠器械种类繁多，主要有夹、关、压、卡、翻、扣、淹、粘、电等（图 10-32）。

③ 化学灭鼠。化学灭鼠效率高、使用方便、成本低、见效快，缺点是能引起人、畜中毒，有些鼠对药物有选择性、拒食性和耐药性。所以，使用时须选好药剂和注意使用方法，以保安全有效。灭鼠药剂种类很多，主要有灭鼠剂、熏蒸剂、烟剂、化学绝育剂等。鹅场的鼠类以孵化室、饲料库、鹅舍最多，这些地点是灭鼠的重点场所。

饲料库可用熏蒸剂毒杀。鹅舍灭鼠投放毒饵时，要防止鹅食。鼠尸应及时清理，以防被人、畜误食而发生二次中毒。选用鼠吃惯了的食物作饵料，要突然投放、饵料充足、广泛分布，以保证灭鼠的效果。

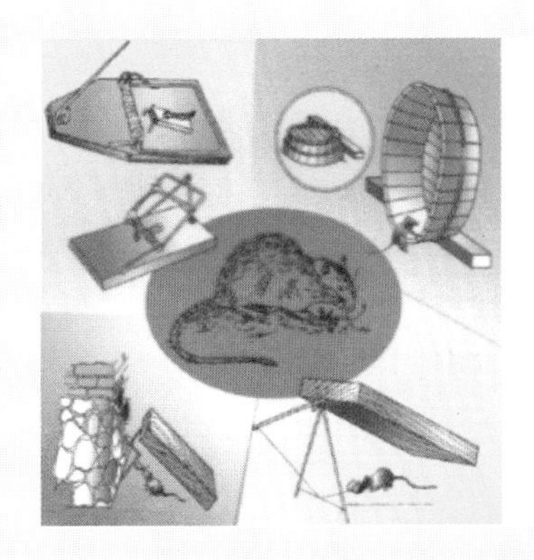

图 10-32　器械灭鼠

（2）杀虫　鹅场易滋生蚊、蝇等有害昆虫，骚扰人、畜和传播疾病，给人、畜健康带来危害，应采取综合措施杀灭。

① 环境卫生。搞好鹅场环境卫生，保持环境清洁、干燥，是杀灭蚊蝇的基本措施。蚊虫需在水中产卵、孵化和发育，蝇蛆也需在潮湿的环境及粪便等废弃物中生长。因此，要填平无用的污水池、土坑、水沟和洼地。保持排水系统畅通，对阴沟、沟渠等定期疏通，勿使污水储积。对贮水池等容器加盖，以防蚊蝇飞入产卵。对不能清除或需要的水池，在蚊蝇滋生季节，应定期换水。永久性水体（如鱼塘、池塘等），蚊虫多滋生在水浅而有植被的边缘区域，修整边岸、加大坡度和填充浅湾，能有效地防止蚊虫滋生。鹅舍内的粪便应定时清除，并及时处理，贮粪池应加盖并保持四周环境的清洁。

② 物理杀灭。利用机械方法以及光、声、电等物理方法，捕杀、诱杀或驱逐蚊蝇。我国生产的多种紫外线灯和其他光诱器，效果良好。此外，还有可以发出声波或超声波并能将蚊蝇驱逐的电子驱蚊器等，都具有防除效果（图 10-33）。

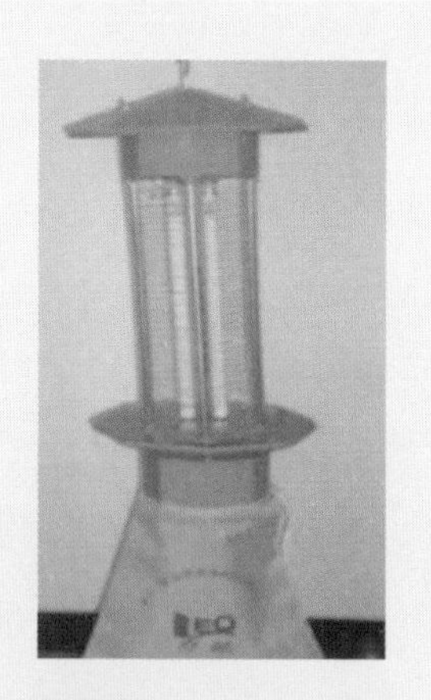

图 10-33　光触媒灯光灭蝇

③ 生物杀灭。利用天敌杀灭害虫，如池塘养鱼即可达到鱼类治蚊的目的。此外，应用细菌制剂——内菌素杀灭吸血蚊的幼虫，效果良好。

④ 化学杀灭。化学杀灭是使用天然或合成的毒物，以不同的剂型（粉剂、乳剂、油剂、水悬剂、颗粒剂、缓释剂等），通过不同途径（胃毒、触杀、熏杀、内吸等），毒杀或驱逐蚊蝇。化学杀虫法具有使用方便、见效快等优点，是当前杀灭蚊蝇的较好方法。化学药物分为杀幼虫剂和杀成虫剂。杀幼虫剂国内外常用的是通过饲料途径控制苍蝇，如驱除净（环丙氨嗪预混剂），隔周饲喂或连续饲喂，且必须采用逐级混合的办法搅拌均匀后使用，对畜禽也安全，拌料时按比例添加，效果非常显著。杀成虫剂可以快速杀灭苍蝇蚊子。经常使用的杀成虫剂有有机磷类（如马拉硫磷）、拟除虫菊酯类杀虫剂等。马拉硫磷为有机磷杀虫剂。它是世界卫生组织推荐用的室内滞留喷洒杀虫剂，其杀虫作用强而快，具有胃毒、触毒作用；也可作熏杀，杀虫范围广，可杀灭蚊、蝇、蛆、虱等，对人、畜的毒害小，故适合畜舍内使用。拟除虫菊酯类杀虫剂是一种神经毒药剂，可使蚊蝇等迅速呈现神经麻痹而死亡。其杀虫力强，特别是对蚊的毒效比敌敌畏、马拉硫磷等高 10 倍以上；对蝇类，因不产生抗药性，故可长期使用（图 10-34）。

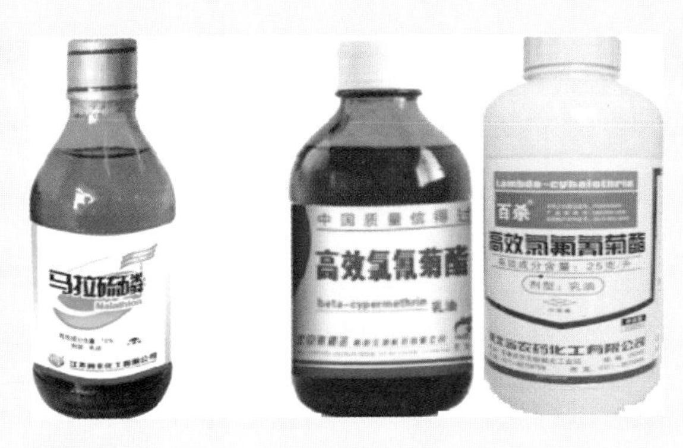

图 10-34　马拉硫磷（左图）和拟除虫菊酯类杀虫剂（右图）

4. 保持饲料和饮水卫生

饲料不霉变，不被病原污染，饲喂用具勤清洁消毒；饮用水符合卫生标准（人可以饮用的水，鹅也可以饮用），水质良好，饮水用具要清洁，饮水系统要定期消毒。

5. 保持饲养人员卫生

每栋鹅舍要有单独的饲养员，彼此不能有接触；饲养管理人员应避免同养禽业有关的行业相接触，如屠宰场、孵化场，不要参观其它的鹅场和鸟类养殖场；无关人员不准进入场区和鹅舍。工作人员做疫苗接种或因其它原因需要进入鹅舍时，需要穿消毒过的服装、帽子和靴子。饲养人员要保持清洁卫生。勤洗澡、勤清洗消毒工作服。饲喂前要用消毒液洗手。工作鞋要洁净，进入鹅舍要在消毒池内浸泡。

6. 保持物品卫生

凡是需要进入生产区的物品，必须事先进行冲洗或熏蒸消毒。饲料电器类、工具类、办公用品、其它小件生活物品等不能冲洗消毒的物品，都必须事先熏蒸消毒，方可进场；蛋托、蛋筐、遮光罩、饮水饲喂用具等可以冲洗，但又不易冲洗干净的，可采用先冲洗后熏蒸的办法，以保证消毒效果。

第六节 正确消毒

鹅场消毒就是将养殖环境、养殖器具、动物体表、进入的人员或物品、动物产品等中存在的微生物全部或部分杀灭或清除掉的方法。消毒的目的在于消灭被污染的场内环境、畜体表面及设备器具上的病原体，切断传播途径，防止疾病的发生或蔓延。

一、消毒的方法

（1）机械性清除

① 用清扫、铲刮、冲洗等机械方法清除降尘、污物及沾染在墙壁、地面以及设备上的粪尿、残余的饲料、废物、垃圾等，这样可除掉 70%的病原，并为药物消毒创造条件（图 10-35）。

图 10-35 高压水枪冲洗地面（左图）和冲洗用具（右图）

②适当通风，特别是在冬季、春季，可在短时间内迅速降低舍内病原微生物的数量、加快舍内水分蒸发、保持干燥，可使除芽孢、虫卵以外的病原失活，起到消毒作用。

（2）物理消毒法

① 紫外线。利用太阳中的紫外线或安装波长为 240～280 纳米的紫外线灯（图 10-36）等可以杀灭病原微生物。一般病毒和非芽孢的

菌体，在阳光直射下，只需要几分钟到一小时就能被杀死。即使是抵抗力很强的芽孢，在连续几天的强烈阳光下反复暴晒也可变弱或被杀死。利用阳光消毒运动场及移出舍外的、已清洗的设备与用具等，既经济又简便。

图 10-36　紫外线灯

② 高温。高温消毒主要有火焰、煮沸与蒸汽等形式。可利用酒精喷灯的火焰（图 10-37）杀灭地面、耐高温的网面上的病原微生物，但不能对塑料、木制品和其它易燃物品进行消毒，消毒时应注意防火。另外对有些耐高温的芽孢（破伤风梭菌芽孢、炭疽杆菌芽孢），使用火焰喷射靠短暂高温来消毒，效果难以保证。蒸汽可进行灭菌，设备主要有手提式下排气式压力蒸汽灭菌锅和高压灭菌器（图 10-38）。

图 10-37　酒精喷灯的火焰

图 10-38 手提式下排气式压力蒸汽灭菌锅（左图）和高压灭菌器（右图）

（3）化学药物消毒法　利用化学药物杀灭病原微生物以达到预防感染和预防传染病传播和流行的目的。使用的化学药品称化学消毒剂，此法在养鹅生产中是最常用的方法。

（4）生物消毒法　指利用生物技术将病原微生物杀灭或清除的方法。如粪便的堆积通过需氧或厌氧发酵产生一定的高温可以杀死粪便中的病原微生物（图 10-39）。

图 10-39 粪便堆积发酵

二、化学消毒剂的使用方法

化学消毒剂的使用方法见表 10-2。

表 10-2　化学消毒剂的使用方法

方法	用法
浸泡法	主要用于消毒器械、用具、衣物等。一般洗涤干净后再行浸泡，药液要浸过物体，浸泡时间以长些为好，水温以高些为好。在鹅舍进门处消毒槽内，可用浸泡药物的草垫或草袋对人员的鞋靴消毒
喷洒法	喷洒地面、墙壁、舍内固定设备等，可用细眼喷壶；对鹅舍内空间消毒，则用喷雾器。喷洒要全面，药液要喷到物体的各个部位
熏蒸法	适用于可以密闭的鹅舍。这种方法简便、省事，对房屋结构无损，消毒全面，鹅场常用。常用的药物有福尔马林(40%的甲醛水溶液)、过氧乙酸水溶液。为加速蒸发，常利用高锰酸钾的氧化作用
气雾法	气雾粒子是悬浮在空气中的气体与液体的微粒，直径小于 200 纳米，分子量极轻，能悬浮在空气中较长时间，可在畜舍内的周围及其空隙间移动。气雾是消毒液倒进气雾发生器后喷射出的雾状微粒，是消灭空气中病原微生物的理想办法。全面消毒鹅舍空间，每立方米用 5%的过氧乙酸溶液 2.5 毫升喷雾

三、鹅场的消毒程序

(1) 进入车辆和人员消毒

① 进入场区的车辆要进行车轮消毒和车体喷雾消毒。消毒池内的消毒液可以使用消毒作用时间长的复合酚类和氢氧化钠（3%～5%溶液），最好再设置喷雾消毒装置对车体进行喷雾，喷雾消毒液可用 1∶1000 的氯制剂（图 10-40）。

图 10-40　车辆消毒

② 人员进入鹅场应严格按防疫要求进行消毒。消毒室要设置淋浴装置、熏蒸衣柜和配备场区工作服，进入人员必须淋浴，换上清洁消毒好的工作衣帽和靴后方可进入。工作服不准穿出生产区，应定期更换清洗消毒（图 10-41）。

图 10-41 人员消毒（左图：雾化中的人员通道；右图：更衣室紫外线灯消毒）

③ 进入场区的所有物品、用具都要消毒。

（2）场区环境消毒

① 生活管理区的消毒。建立外源性病原微生物的净化区域。在鹅场生活区门口经过简单消毒后，进入生活区的人员和物品还需要在生活区进行进一步的消毒和净化。生活区消毒的常规做法有：生活区的所有房间每天用消毒液喷洒消毒一次；每月对所有房间甲醛熏蒸消毒一次；对生活区的道路每周进行两次环境大消毒；外出归来人员所带的东西存放在外更衣柜内，必需带入品需经主管批准；所穿衣服，先熏蒸消毒，再在生活区清洗后存放在外更衣柜中；入场物品需经两种以上消毒液消毒；在生活区外面处理蔬菜，只把洁净的蔬菜带入生活区内处理，制订严格的伙房和餐厅消毒程序。仓库只有外面有门，每次进的物品都需用甲醛熏蒸消毒一次。生活区与生产区只能通过消毒间进入，其他门口全部封闭。

② 生产区的消毒。鹅场内消毒的目的是最大限度地消灭本场病原微生物的存在，制订场区内卫生防疫消毒制度，并严格按要求去执行。同时要在大风、大雾、大雨过后对鹅舍和周围环境进行 1～2 次严格消毒。生产区内所有人员不准走土地面，以杜绝泥土中病原体的传播。

每天对生产区主干道、厕所消毒一次，可用火碱加生石灰水喷洒消毒；每天对鹅舍门口、操作间清扫消毒一次；每周对整个生产区进行两次消毒（图10-42）。定期清扫杂草上的灰尘，确保鹅舍周围15米内无杂物和过高的杂草；定期灭鼠，每月一次，育雏期间每月两次；确保生产区内没有污水集中之处，任何人不能私自进入污区；鹅场要严格划分净区与污区，这是鹅场管理的硬性措施。

图10-42 日常的场区消毒（上左、上右）和发生疫情时场区的消毒（下左、下右）

③ 生产区土壤的消毒。病原微生物常随着病人及患病畜禽的排泄物、分泌物、尸体和污水、垃圾等污物进入畜禽运动场的土壤而使土壤污染。不同种类的病原微生物在土壤中存活的时间有很大的差别。一般无芽孢的病原微生物存活时间较短，几小时到几个月不等；而有芽孢的病原微生物存活时间较长，如炭疽杆菌芽孢在土壤中可存活十几年（表10-3）。

表 10-3　几种微生物在土壤中的存活时间

病原微生物	在土壤中存活时间
结核分枝杆菌	5 个月，甚至 2 年之久
伤寒沙门菌	3 个月
化脓性球菌	2 个月
猪丹毒杆菌	166 天（土壤中尸体内）
巴氏杆菌	14 天（土壤表层）
布鲁氏菌	100 天

土壤中病原微生物除了来自外界的污染以外，土壤中本身就存在着能够较长时间生活的病原微生物，如肉毒梭状芽孢杆菌等。土壤中的厌氧芽孢杆菌以芽孢形态存在于土壤中，在动物厌气性创伤感染中起着很大的作用。土壤中的病原微生物可通过水源、饲料等途径而感染畜禽。因此，土壤的消毒，特别是对被病原微生物污染的土壤进行消毒是十分必要的。

在消灭土壤中的病原微生物时，生物和物理因素起着重要的作用。疏松土壤，可增强土壤中微生物间的拮抗作用，使其充分接受阳光中紫外线的照射。另外，种植冬小麦、黑麦、三叶草、大黄等植物也可杀灭土壤中的病原微生物，使土壤净化。

在实际工作中，除利用上述自然净化作用外，也可运用化学消毒法进行土壤消毒，以迅速消灭土壤中的病原微生物。化学消毒时，常用的消毒剂有漂白粉或 5%～10%漂白粉澄清液、4%甲醛溶液、2%～4%氢氧化钠热溶液等。土壤的消毒根据被污染的情况不同，处理方式也不同。平常的预防消毒应经常清扫，保持场地清洁卫生，定期用一般性的消毒药喷洒即可；若发生了疫情，应首先对被污染的土壤表面进行机械清扫，将清扫的表土、粪便、垃圾等集中深埋或生物热发酵或焚烧，然后用消毒液进行喷洒，每平方米用消毒液 1000 毫升。如果是细菌芽孢污染的地面，在用 1%漂白粉溶液或其他对芽孢有效的消毒药喷洒后，可将地面深翻 30 厘米左右，撒上漂白粉，并与土混合，按每平方米面积 0.5～2.5 千克，然后加水湿润、原地压平。

（3）鹅舍消毒

① 空舍消毒。好的清洁工作可以清除场内 80%的病原微生物，这将有助于消毒剂更好地杀灭余下的病原菌。应用合理的清理程序能

有效地清洁畜禽舍及相关环境，提高消毒效果。

第一步：清洁

清理。移走动物并清除地面和裂缝中的垫料，然后将杀虫剂直接喷洒于舍内各处。彻底清理更衣室、卫生隔离栅栏和其它与禽舍相关场所；彻底清理饲料输送装置、料槽、饲料贮器和运输器以及称重设备。将废弃的垫料移至畜禽场外，如需存放在场内，则应尽快严密地盖好以防被昆虫利用并转移至邻近畜禽舍。取出屋顶电扇以便更好地清理其插座和转轴。在墙上安装的风扇则可直接清理，但应能有效地清除污物。清理供热装置的内部，以免当鹅舍再次升温时，蒸干的污物碎片被吹入干净的房舍。

清洗和擦拭。将鹅舍内无法清洁的设备拆卸至临时场地进行清洗，并确保其清洗后的排放物远离禽舍。清洗工作服和靴子；对不能用水直接来清洁的设备，可以用浸湿的抹布擦拭。

清除。清除在清理过程并干燥后鹅舍中所残留粪便和其它有机物（图 10-43）。

图 10-43 清理鹅舍的粪便、垃圾和污染物质

冲洗。水泥地用清洁剂溶液浸泡 3 小时以上，再用高压水枪冲洗。应特别注意冲洗不同材料的连接点和墙与屋顶的接缝，使消毒液能有效地深入其内部。饲喂系统和饮水系统也同样用泡沫清洁剂浸泡 30 分钟后再冲洗。在应用高压水枪时，出水量应足以迅速冲掉这些泡沫及污物，但注意不要把污物溅到清洁过的表面上。泡沫清洁剂能更好地黏附在天花板、风扇转轴和墙壁的表面，浸泡约 30 分钟后，

用水冲下。由上往下，用可四周转动的喷头冲洗屋顶和转轴，用平直的喷头冲洗墙壁（图 10-44）。

图 10-44　用高压水枪冲洗

检查。检查所有清洁过的房屋和设备，看是否有污物残留（清洗和消毒错漏过的设备）；重新安装好鹅舍内的清洗消毒设备；关闭房舍，给需要处理的物体（如进气口）表面加盖好可移动的防护层。

第二步：消毒

消毒药喷洒。鹅舍冲洗干燥后，用 5%～8%的火碱溶液喷洒地面、墙壁、屋顶、笼具、饲槽等 2～3 次，用清水洗刷饲槽和饮水器。其它不易用水冲洗和火碱消毒的设备可以用其它消毒液涂擦（图 10-45）。

图 10-45　冲洗待干燥后用 5%～8% 的火碱溶液喷洒

移出设备的消毒。鹅舍内移出的设备用具放到指定地点，先清洗再消毒。如果能够放入消毒池内浸泡的，最好放在3%～5%的火碱溶液或3%～5%的福尔马林溶液中浸泡3～5小时；不能放入池内的，可以使用3%～5%的火碱溶液彻底全面喷洒。消毒2～3小时后，用清水清洗，放在阳光下暴晒备用。

饮水系统的消毒。对于封闭的饮水系统而言，可通过松开部分的连接点来确认其内部的污物。污物可粗略地分为有机物（如细菌、藻类或霉菌）和无机物（如盐类或钙化物）。可用碱性化合物或过氧化氢去除前者或用酸性化合物去除后者，但这些化合物都具有腐蚀性。确认主管道及其分支管道均被冲洗干净。

开放的圆形和杯形饮水系统用清洁液浸泡2～6小时，将钙化物溶解后再冲洗干净，如果钙质过多，则须刷洗。将带乳头的管道灌满消毒药，浸泡一定时间后冲洗干净并检查是否残留有消毒药；而开放的部分则可在浸泡消毒液后冲洗干净。

熏蒸消毒。能够密闭的鹅禽舍，特别是雏鹅舍，将移出的设备和需要的设备用具移入舍内，密闭熏蒸后待用。在室温为18～20℃，相对湿度为70%～90%时，处理剂量为每立方米空间福尔马林28毫升、高锰酸钾14克（污染严重的鹅舍可用42毫升福尔马林和21克高锰酸钾），密闭熏蒸48小时（图10-46）。地面饲养时，进鹅前可以在地面撒一层新鲜的生石灰，对地面进行消毒，也有利于地面干燥（图10-47）。

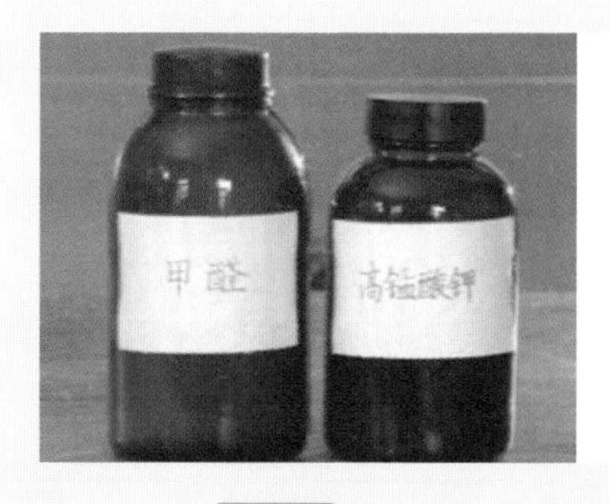

图10-46　熏蒸消毒（左图：熏蒸需要的药物；右图：熏蒸）

图 10-47 地面撒布新鲜生石灰

② 带鹅消毒。即在鹅舍有鹅时，用消毒药物对鹅舍进行消毒（图 10-48）。带鹅消毒可以对鹅舍进行彻底的全面消毒，降低舍内空气中的粉尘、氨气。平常每周 2～3 次，发生疫病期间每天 1 次，可以大大减轻疫病的发生。选用高效、低毒、广谱、无刺激性的消毒药（如 0.3%过氧乙酸或 0.05%～0.1%百毒杀等）。方法如下。

一是喷雾法或喷洒法。消毒器械一般选用高压动力喷雾器或背负式手摇喷雾器，将喷头高举空中，喷嘴向上以画圆方式先内后外逐步喷洒，使药液如雾一样缓慢下落。要喷到墙壁、屋顶、地面，以均匀湿润和鹅体表稍湿为宜，不得直喷鹅体。喷出的雾粒直径应控制在 80～120 微米之间，不要小于 50 微米。雾粒粒径过大易造成喷雾不均匀和鹅舍太潮湿，且在空中下降速度太快，与空气中的病原微生物、尘埃接触不充分，起不到消毒的作用；雾粒粒径太小则易被鹅吸入肺泡，引起肺水肿，甚至引发呼吸道病。同时喷雾必须与通风换气措施配合起来。

喷雾量应根据鹅舍的构造、地面状况、气象条件适当增减，一般按 50～80 毫升/米^3（100～240 毫升/米^2，以地面、墙壁、天花板均匀湿润和禽体表微湿为宜）计算。最好每 3～4 周更换一种消毒药。冬季寒冷喷雾时应将舍内温度比平时提高 3～4℃，不要把鹅体喷得太湿，也可使用温水稀释；夏季带鹅消毒有利于降温和减少热应激死亡。也可以使用过氧乙酸，每立方米空间用 30 毫升的纯过氧乙酸配成 0.3%的溶液喷洒，选用大雾滴的喷头，喷洒鹅舍各部位、设备、鹅群。一般每周带鹅消毒 1～2 次，发生疫病期间每天带鹅消毒 1 次。进雏第一周，鹅舍和育雏器每天轻轻喷雾消毒 1～2 次，以后每周 1～2 次，育成期每周消毒 1 次，成年禽可 15～20 天消毒 1 次，发生疫情时可每天消毒 1 次。

图 10-48 带鹅消毒

二是熏蒸法。对化学药物进行加热使其产生气体，达到消毒的目的。常用的药物有食醋或过氧乙酸。每立方米空间使用 5～10 毫升的食醋，加 1～2 倍的水稀释后加热蒸发；30%～40%的过氧乙酸，每立方米用 1～3 克，稀释成 3%～5%溶液，加热熏蒸。室内相对湿度要在 60%～80%，若达不到此数值，可采用喷热水的办法增加湿度，密闭门窗，熏蒸 1～2 小时，打开门窗通风。

③ 鹅舍中设备用具消毒。饲喂、饮水用具每周洗刷消毒一次，炎热季节应增加次数，饲喂雏鹅的开食盘或饲槽，正反两面都要清洗消毒。可移动的食槽和饮水器放入水中清洗，刮除食槽上的饲料结块，放在阳光下曝晒。固定的食槽和饮水器，应彻底清洗刮净、干燥，用常用的阳离子清洁剂或两性清洁剂消毒，也可用高锰酸钾、过氧乙酸和漂白粉液等消毒，如可使用 5%漂白粉溶液喷洒消毒。拌饲料的用具及工作服，每天用紫外线照射一次，照射时间 20～30 分钟；其它用具如医疗器械，必须先冲洗后再煮沸消毒。

(4) 工作人员手的消毒　工作人员工作前要洗手消毒。消毒后 30 分钟内不要用清水洗手（图 10-49）。

图 10-49　手的清洗消毒

（5）饮水消毒　鹅饮水应清洁无毒、无病原菌，符合人的饮用水标准，生产中使用干净的自来水或深井水。但进入禽舍后，由于露在空气中，舍内空气、粉尘、饲料中的细菌可对饮用水造成污染。病鹅可通过饮水系统将病原体传给健康者，从而引发呼吸系统、消化系统疾病。如果在饮水中加入适量的消毒药物则可以杀死水中带的病原体。

临床上常见的饮水消毒剂多为氯制剂、碘制剂和复合季铵盐类等，但季铵化合物只适用于 14 周龄以下禽饮用水的消毒，不能用于产蛋禽。消毒药可以直接加入蓄水池或水箱中，用药量应以最远端饮水器或水槽中的有效浓度达到该类消毒药的最适饮水浓度为宜。家禽喝的是经过消毒的水而不是消毒药水，任意加大水中消毒药物的浓度或长期使用，除可引起急性中毒外，还可杀死或抑制肠道内的正常菌群影响饲料的消化吸收，对家禽健康造成危害，另外影响疫苗防疫效果。饮水消毒应该是预防性的，而不是治疗性的，因此消毒剂饮水要谨慎行事。在饮水免疫的前后 3 天，千万不要在饮水中加入消毒剂。

（6）水塘消毒　采用鹅舍-运动场-水塘饲养方式的鹅场，水塘也容易被污染，所以也要定期进行消毒。将生石灰配成 10%～20%的石灰乳溶液泼洒水体，按每亩水面 1 米水深计，剂量为 20～30 千克；漂白粉按每亩水面 1 米水深计，剂量为 1～1.5 千克；双链季铵盐络合碘可参考产品说明使用。对于较大水域，主要是在鹅群活动范围内的污染较大，如果全面泼洒消毒药则成本较高，实际操作也存在一定难度，可考虑在鹅群活动范围内及周边投药消毒，也可在水塘进水处设置臭氧发生器，进水时开动臭氧发生器产生臭氧进行消毒。

（7）垫料消毒 使用碎草、稻壳或锯屑作垫料时，须在进雏前3天用消毒液（如博灭特2000倍液、10%百毒杀400倍液、新洁尔灭1000倍液、强力消毒王500倍液、过氧乙酸2000倍液）进行掺拌消毒。这不仅可以杀灭病原微生物，而且还能补充育雏器内的湿度，以维持育雏需要的湿度。垫料消毒的方法是取两根木椽子，相距一定距离，将农用塑料薄膜铺在上面，在薄膜上铺放垫料，掺拌消毒液，然后将其摊开（厚约3厘米）。采用这种方法，不仅可维持湿度，而且是一种物理性的防治球虫病措施，同时也便于育雏结束后，将垫料和粪便无遗漏地清除至舍外。

进雏后，每天对垫料还需喷雾消毒1次。湿度小时，可以使用消毒液喷雾。如果只用水喷雾增加湿度，起不到消毒的效果，并有危害。这是因为育雏器内的适宜温度和湿度，会导致细菌和霉菌急剧增加，进而引发呼吸道疾病。

清除的垫料和粪便应集中堆放，如无可疑传染病，可用生物自热消毒法。当确认某种传染病时，应将全部垫料和粪便深埋或焚烧。

四、鹅场的免疫接种

目前，传染性疾病仍是我国养禽业的主要威胁，而免疫接种仍是预防传染病的有效手段。免疫接种通常是使用疫苗和菌苗等生物制剂作为抗原接种于家禽体内，激发抗体产生特异性免疫力。

1. 疫苗

（1）疫苗的种类及特点 疫苗可分为活疫苗和死疫苗两大类。活疫苗多是弱毒苗，是由活的病毒或细菌致弱后形成的。当其接种后进入鹅体内可以繁殖或感染细胞，既能增加相应抗原量，又可加强抗原刺激作用，具有产生免疫快、免疫效力好、免疫接种方法多、用量小且使用方便等优点，还可用于紧急预防。死疫苗是用强毒株病原微生物灭活后制成的，安全性好、不散毒、不受母源抗体影响、易保存、产生的免疫力维持时间长，适用于多毒株或多菌株制成多价苗。但需免疫注射，成本高。常用的疫苗见第八章内容。

（2）疫苗的选择和使用 疫苗的选择和使用影响免疫效果，因此要选择优质疫苗并科学使用。购买的疫苗应是国家指定的有生产批文的兽药生物制品生产单位经检验证明免疫性好的疫苗。不同生产单位生产的疫苗，免疫效果可能会有差异，选购时要注意生产单位（图10-50）；要检查疫苗，有瓶签和说明书、不过期、瓶完好无损、瓶塞不松动、瓶内疫苗性状与说明书一致时才能购买，否则不能购买（图10-51）；运输前妥善包装，防止碰破流失。运输中避免高温和日晒，应在低温下冷链运送。量大时用冷藏车运送，量小时用装有冰块的冷藏盒运送（图10-52）；疫苗运达目的地后要尽快放入冰箱内保存，疫苗要摆放有序（图10-53）。活疫苗冷冻保存，灭活苗冷藏保存。疫苗要有专人负责，并登记造册，月底盘点。保证冰箱供电正常。对需要特殊稀释的疫苗，应用指定的稀释液（图10-54）；其它的疫苗一般可用生理盐水或蒸馏水稀释。

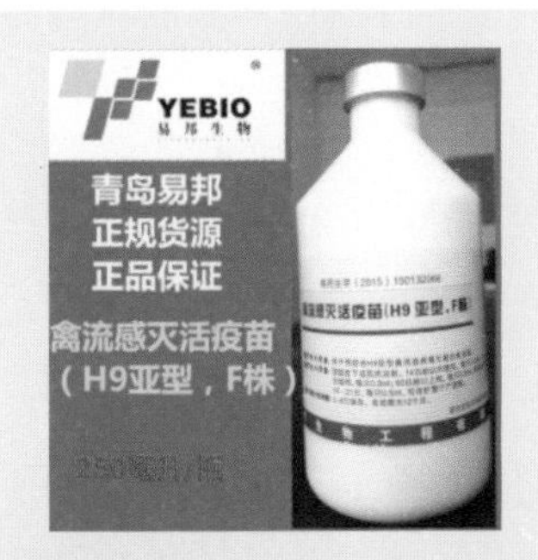

图10-50 青岛易邦的禽流感疫苗

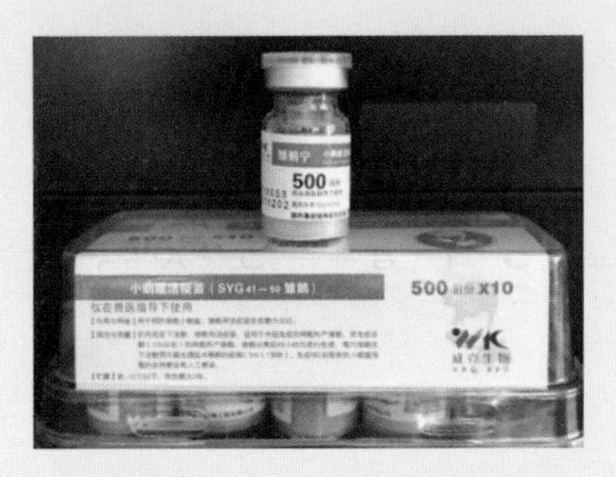

图10-51 附有说明且封闭良好的疫苗

图 10-52　疫苗包装和运输

图 10-53　疫苗的保存

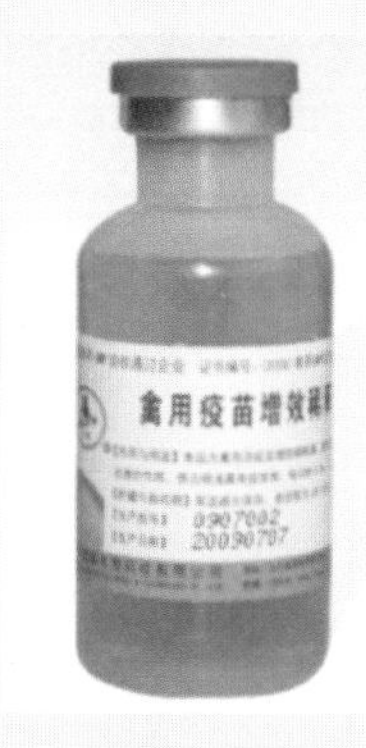

图 10-54　专用稀释液

【注意】疫苗使用前要检查名称、有效期、剂量，封口是否严密、是否破损和吸湿等。无真空和潮解的疫苗禁用。瓶塞有松动、瓶有破裂的以及药品的色泽和性状与说明不符的不得使用。稀释过程中一般应分级进行，对疫苗瓶一般应用稀释液冲洗 2～3 次，疫苗放入稀释器皿中要上下振摇，力求稀释均匀；稀释好的疫苗应尽快用完，尚未使用的疫苗也应放在冰箱或冰水桶中冷藏。

2. 免疫程序制订

鹅的免疫参考程序见表 10-4。

表 10-4　鹅的免疫参考程序

日龄	病名	疫苗	接种方法	剂量/毫升
1 日龄	小鹅瘟	抗小鹅瘟病毒血清或精制抗体	肌内或皮下注射	0.5
7 日龄	小鹅瘟	抗小鹅瘟病毒血清或精制抗体（或用小鹅瘟疫苗）	肌内或皮下注射	0.5(0.1)
14 日龄	鹅副黏病毒病	鹅副黏病毒蜂胶灭活疫苗	胸肌注射	0.3～0.5
20 日龄	禽流感	高致病性禽流感灭活疫苗	胸肌注射	0.5
25 日龄	鹅鸭瘟病	鸭瘟弱毒疫苗	肌内或皮下注射	0.5
30 日龄	禽霍乱、大肠杆菌病	禽霍乱与大肠杆菌病多价蜂胶灭活疫苗	胸肌注射	0.5
60～70 日龄	鹅副黏病毒病	鹅副黏病毒蜂胶灭活疫苗	胸肌注射	0.5
	禽流感	高致病性禽流感灭活疫苗	胸肌注射	0.5
150～160 日龄	鹅副黏病毒病	鹅副黏病毒蜂胶灭活疫苗	胸肌注射	0.5
	禽流感	高致病性禽流感灭活疫苗	胸肌注射	0.5
160 日龄	小鹅瘟	种鹅用小鹅瘟疫苗	胸肌注射	1
180 日龄	大肠杆菌病	鹅蛋子瘟蜂胶灭活疫苗	胸肌注射	1
	禽霍乱、大肠杆菌病	禽霍乱与大肠杆菌病多价蜂胶灭活疫苗	胸肌注射	1～2
190 日龄	鹅副黏病毒病	鹅副黏病毒蜂胶灭活疫苗	胸肌注射	0.5
275 日龄	禽流感	高致病性禽流感灭活疫苗	胸肌注射	0.5
290 日龄	小鹅瘟	种鹅用小鹅瘟疫苗	胸肌注射	1

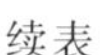

续表

日龄	病名	疫苗	接种方法	剂量/毫升
320 日龄	禽霍乱、大肠杆菌病	禽霍乱与大肠杆菌病多价蜂胶灭活疫苗	胸肌注射	1～2
360 日龄	大肠杆菌病	鹅蛋子瘟蜂胶灭活疫苗	胸肌注射	1

注：1. 对于有鹅新型病毒性肠炎的地区，1～3 日龄可以使用雏鹅新型病毒性肠炎病毒-小鹅瘟二联高免血清或高免抗体 1～1.5 毫升皮下注射。种鹅亦可于 160 日龄用雏鹅新型病毒性肠炎病毒-小鹅瘟二联弱毒疫苗肌内注射，280～290 日龄加强免疫一次，每只鹅 1 毫升。

2. 不同鹅品种开产日龄不同，因此，免疫时间应适当调整，应以开产的时间为准。

3. 商品仔鹅 90 日龄左右出栏，一般只进行 30 日龄前的免疫。

第七节　药物预防

细菌性疾病可用抗菌药物防控，而病毒性疾病主要靠免疫接种及提高机体免疫力来预防。所以，只有制订合理的免疫程序，并且进行合理药物保健，才能保证鹅群的健康。

一、定期免疫检查

每年进行 1～2 次血液检查，一方面可了解鹅体内主要疫病的抗体水平；另一方面可检测抗体水平消长规律，以正确确定首免日龄和重复免疫的时机。

二、确切免疫接种

免疫接种是增加机体特异性抗病力的重要手段。必须制订科学免疫程序、选择优质的疫苗、进行正确操作，才能保证确切的免疫效果。

三、药物保健

药物保健方案参考表 10-5。

表 10-5　药物保健方案

日龄	药物预防保健方案
1 日龄	小鹅瘟疫苗皮下注射 0.1 毫升/只或小鹅瘟高免卵黄抗体注射(祖代鹅免疫较好的可不免);进雏 1 周内用速溶多维或维生素 C +3%葡萄糖每日各饮水一次,补充幼雏体液能量、促进卵黄吸收、增强体质、提高机体免疫力;1～5 天,饲料中拌入肠速康(白头翁、黄连、黄柏、秦皮等),本品 1000 克拌料 400 千克,全天量集中一次拌料。预防减半。或 0.8%～1.2%白头翁散拌料混饲,防治雏禽白痢、禽霍乱、大肠杆菌病、伤寒等病,提高育雏成活率
7 日龄	鹅副黏病毒油乳剂灭活苗皮下注射 0.3～0.5 毫升/只;免疫前后用复方黄芪多糖饮水 3～5 天,提高机体免疫力;使用微生态制剂促进肠道有益菌增殖,免疫后隔日用肠毒康(盐酸环丙沙星、盐酸小檗碱、妥布霉素、林可霉素、喹烯酮),100 克兑水 200 千克,连饮 3 日,防治肠毒症及各种肠道感染,效果极佳
15 日龄	禽流感双价灭活苗皮下或肌注 0.3 毫升/只;免疫前后饮水中添加维生素 C 或速溶多维,缓解应激;饲料中添加土霉素(2 克/千克)或北里霉素等预防呼吸道病;或 0.5%康星Ⅱ号拌料混饲,连用 3～5 天,预防量减半。防治家禽病毒性、细菌性、支原体性呼吸道疾病以及上述病原体所致的呼吸道疾病混合感染;饲料中添加抗球虫药物预防球虫病
20 日龄	鹅的鸭瘟弱毒苗肌内注射 10～25 羽份/只;免疫后用复方黄芪多糖、丁胺卡那霉素饮水 3 天,抗菌消炎,提高机体免疫力;同时体内外驱虫(依维菌素或吡喹酮)
35 日龄	鹅副黏病毒油乳剂灭活苗皮下注射 0.5 毫升/只;免疫后用黄芪多糖+氟苯尼考每日各饮水一次,连用 3～5 天,有效防治各种病毒性、细菌性、支原体性疾病等的发生
42 日龄	鸭瘟弱毒苗肌内注射,15～20 羽份/只;饲料拌入清瘟败毒散和预防球虫药物,连用 5 天,防治中期各种病毒病、肠道病、球虫病的感染
49 日龄以后	49 日龄禽流感双价灭活苗皮下或肌注 0.5 毫升/只;以后每隔 1 个月,饮水中添加环丙沙星、罗红霉素等药物预防大肠杆菌病、支原体病或 0.5%康星Ⅱ号拌料混饲,连用 3～5 天,预防量减半;定期在饲料中拌入抗球虫药物预防球虫病

四、定期驱虫

鹅场有计划地定期驱虫是预防和控制鹅寄生虫病的一项有效措施，对于已发病的鹅具有治疗作用，对感染而未发病的鹅可以起预防作用，有利于促进鹅群正常生长发育和维持健康。

1. 驱虫分类

（1）治疗性驱虫 不仅可以消灭鹅体内和体表的寄生虫，解除危害，使得患病鹅早日康复，而且还可以消灭病原，对健康鹅也起着预防作用。如果同时采取一些对症治疗和加强护理的措施，效果将会更好。

（2）预防性驱虫 或叫计划性驱虫，当在鹅群中发现了寄生虫，但还没有出现明显的症状时，或引起严重损失之前，进行的定期驱虫。要根据当地的具体情况，确定驱虫的适当时机，并在生产实践中将它作为一种固定的措施加以执行。

在组织大规模定期驱虫工作时，应先做小群试验，在取得经验后，再全面展开，以防用药不当，引起中毒死亡。所选用的药物，应广谱（即对吸虫、绦虫、线虫等不同类型的寄生虫均可驱除）、高效、低毒、价钱便宜、使用方便等。同时，也应避免寄生虫产生抗药性。在同一地区，不能长期使用单一品种的药物，应经常更换驱虫药的种类或联合用药。

2. 加强粪便管理

鹅大多数寄生虫的虫卵、幼虫或卵囊是随其粪便排出体外的。因此，加强粪便管理、避免病原扩散，对控制寄生虫病的传播和流行非常重要。在寄生虫病流行区，应该将家禽粪便，尤其是驱虫后的粪便，集中起来、堆积发酵，当温度上升到 60～75℃时，经一周就可杀死粪便中的虫卵、幼虫、卵囊等。经处理的粪便还可作肥料用。

3. 消灭中间寄主及传播媒介

许多鹅寄生虫，包括吸虫、绦虫、棘头虫和部分线虫，在发育过程中都需要中间寄主和传播媒介的参与，用化学药品杀灭它们或造成不利于它们生存的环境，对控制寄生虫病的发生和流行具有重要的意义。

4. 加强饲养管理

加强饲养管理，搞好环境卫生，适当增加富含矿物质、维生素、蛋白质等营养成分的饲料和添加青绿饲料等，以提高鹅抵抗寄生虫感染的能力。还应采取措施尽可能地保护鹅不接触病原。寄生虫病主要危害幼龄鹅，因此，最好能将成年鹅和幼鹅分开饲养，以减少幼鹅的感染机会。另外，对外地引进的鹅要进行隔离检疫，确定无病时再和当地家禽合群，以避免当地本来没有的寄生虫病的流行。

第八节 发生疫情的紧急措施

疫情发生时，如果处理不当，很容易扩大流行和传播范围。

一、隔离

当鹅场发生传染病或疑似传染病的疫情时，应将病鹅和疑似病鹅立即隔离，指派专人饲养管理。在隔离的同时，要尽快诊断，以便采取有效的防治措施。经诊断，属于烈性传染病时，要报告当地政府和兽医防疫部门，必要时采取封锁措施。

二、消毒

在隔离的同时，要尽快采取严格消毒。消毒对象包括鹅场门口、鹅舍门口、鹅舍、道路及所有器具；垫草和粪便要彻底清扫，严格消毒；病死鹅要深埋或进行无害化处理。

三、紧急免疫接种

当鹅场发病已经威胁到其他鹅舍或鹅场时，为了迅速控制或扑灭疫病流行，一个重要的措施，就是对疫区受威胁的鹅群进行紧急接种。紧急接种可以用免疫血清，但现在主要使用疫苗。

四、紧急药物治疗

对病鹅和疑似病鹅要进行治疗，对假定健康鹅的预防性治疗也不能放松。治疗的关键是要在确诊的基础上尽早实施，这对控制疫病的蔓延和防止继发感染起着重要的作用。

第十一章 鹅场的疾病诊治技术

第一节 病毒性传染病

一、禽流感

禽流感（禽流行性感冒），是由A型流感病毒引起多种家禽和野禽感染的一种传染病。鹅、鸭、鸡等家禽以及野生禽类均可发生感染，尤以鸡和火鸡最为严重，常引起感染致病，甚至导致大批死亡，有的死亡率可高达100%。鹅亦能感染致病或死亡，产蛋鹅感染后，可引起卵子变性，产蛋率下降，产生卵黄性腹膜炎和输卵管炎。世界上许多国家和地区都曾发生过该病的流行，给养禽业造成巨大的经济损失，是严重危害禽类的一种流行性病毒性疾病。

（1）病原　病原为A型流感病毒，属正黏病毒科的流感病毒属。流感病毒具有多形性，病毒颗粒呈丝状或球状，直径80～120纳米。目前在全世界包括鹅在内的各种家禽和野生禽类中，已分离到上千株禽流感病毒，并已证明家养或舍饲禽类感染后，可表现为亚临床症状、轻度呼吸系统疾病和产蛋率下降，或是引起急性全身致死性疾病。

在自然条件下，流感病毒存在于禽类的鼻腔分泌物和粪便中，由于受到有机物的保护，病毒具有极强的抵抗力。据有关资料记载，粪便中病毒的传染性在4℃可保持30～35天之久，20℃可存活7天，在羽毛中存活18天，在干骨头或组织中存活数周，在冷冻的禽肉和骨髓中可存活 10 个月。在自然环境中特别是凉爽和潮湿的条件下可存活很长时间。常可以从水禽的体内和池塘中分离到流感病毒。禽流感病毒对乙醚、氯仿、丙酮等有机溶剂敏感，不耐热，常用的消毒药能将其灭活。

（2）流行病学　禽流感一年四季都有可能发生，以冬春季最常见。天气变化大、相对湿度高时发病率较高。各龄期的鹅都会感染，尤以 1～2 月龄的仔鹅最易感病。

禽流感病毒的致病力差异很大。在自然情况下，有些毒株的致病性较强，发病率和死亡率均较高，有些毒株仅引起轻度的呼吸道症状。

（3）临床症状　发病时鹅群中先有几只出现症状，1～2 天后波及全群，病程 3～15 天。患病雏鹅出现神经症状（图 11-1），废食，离群，羽毛松乱，呼吸困难，下痢，排绿色粪便；脚爪脱水；头冠部、颈部明显肿胀，眼眶湿润，流鼻液，眼睑、结膜充血、出血（又叫红眼病），舌头出血（图 11-2）。育成鹅和种鹅也会感染，但其危害性要小一些。患病鹅生长停滞、精神不振、嗜睡、肿头、眼眶湿润，眼睑充血或高度水肿向外突出，呈金鱼眼样子。病程长的仅表现出单侧或双侧眼睑结膜混浊，不能康复。濒死前多数鹅喙端、脚蹼颜色发绀，可见到脚部鳞片出血（图 11-3）。发病的种鹅产蛋率、受精率均急剧下降，畸形蛋增多。

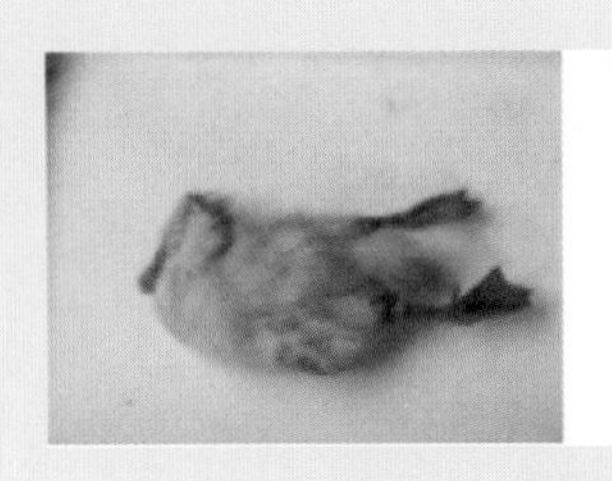
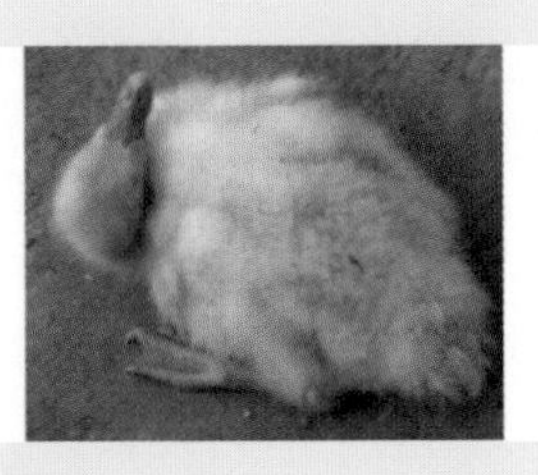

图 11-1　患病雏鹅出现神经症状

患病雏鹅死后头颈下勾，两腿向后伸直（左图）；患病雏鹅不能站立，头颈向后仰，跛行扭颈等（中图）；患病雏鹅头颈向后扭曲，脚蹼发绀干瘪（右图）

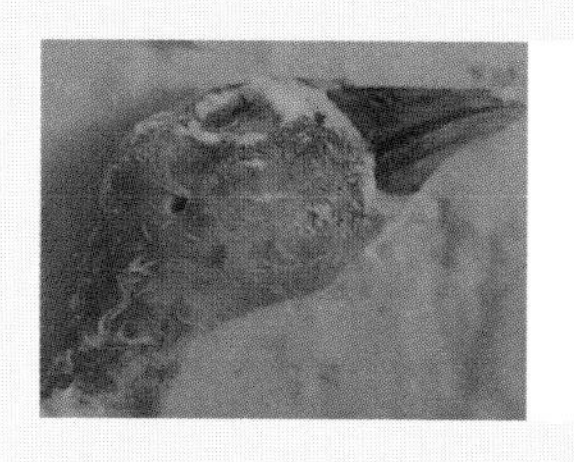

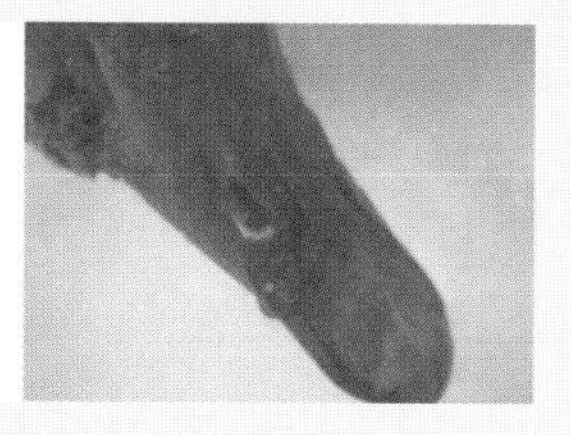

图 11-2　禽流感患病雏鹅表现

患病雏鹅死后头颈部肿胀，眼、脸出血（左图）；

患病雏鹅眼睛四周潮湿，沾染污物（中图）；患病雏鹅大量流鼻液（右图）

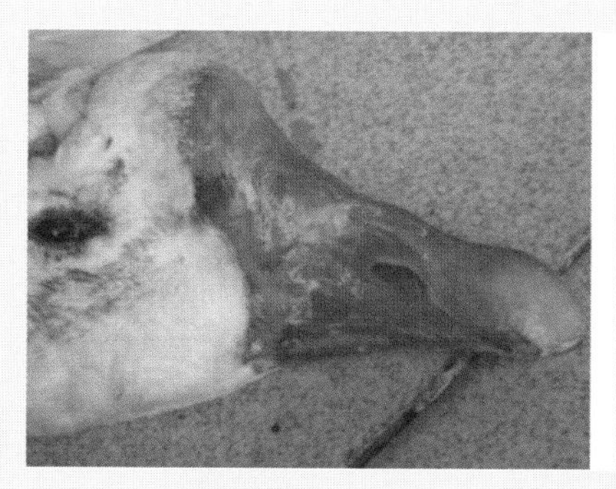

图 11-3　患病鹅喙发绀（左图）和病死鹅脚蹼脱水发绀（右图）

（4）病理变化　可见病死鹅鼻腔和眶下窦充有浆液性或黏液性分泌物。部分鹅头面肿大，头部皮下出血，呈胶冻样水肿；眼结膜和鼻腔黏膜出血；喉头气管充血、出血；全身皮下和脂肪出血；肝脏、脾脏、肺部肿大、淤血，有散在的坏死点；胆囊扩张、肿大；心肌、腺胃黏膜、小肠黏膜、直肠黏膜及泄殖腔黏膜常充血、出血，有些整个肠道黏膜弥漫性充血、出血。雏鹅法氏囊肿大、出血；胰腺肿大、出血、坏死；肾脏充血、出血；具有神经症状的病死鹅脑血管充血、坏死。成年母鹅卵子变性，卵膜充血、出血，有的卵泡呈葡萄状（图 11-4～图 11-9）。

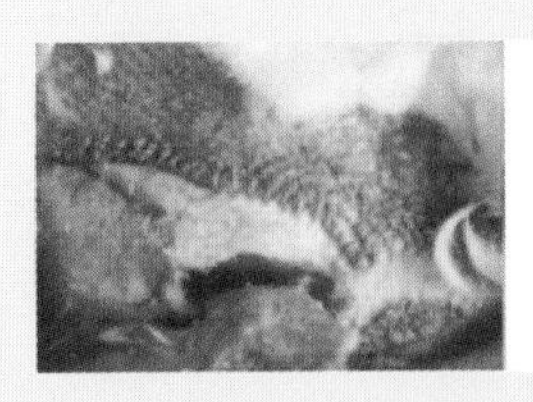 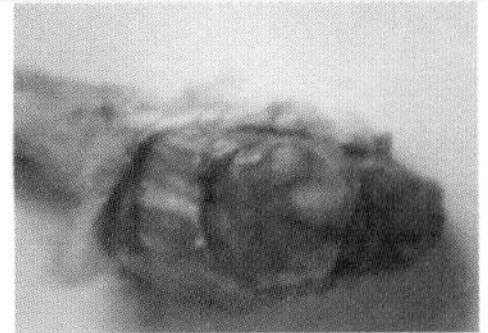 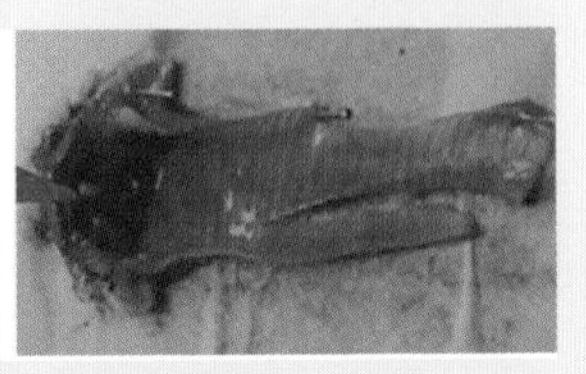

图 11-4 禽流感病鹅病变（一）

患病鹅皮肤毛孔充血、出血（左图）；患病鹅大脑组织充血、出血，有灰白色坏死灶（中图）；患病鹅喉头有大凝血块（右图）

 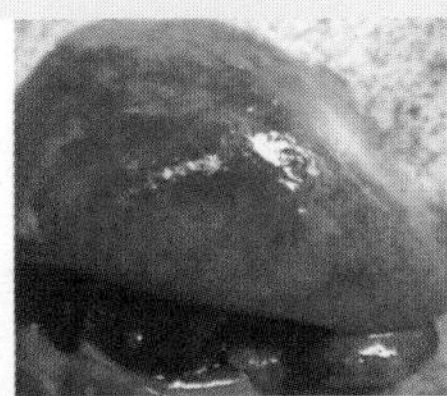 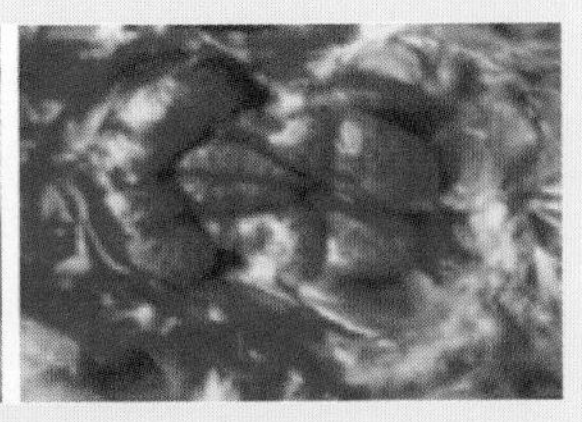

图 11-5 禽流感病鹅病变（二）

患病鹅脾脏肿大、淤血、出血，呈三角形（左图）；患病鹅肝脏肿大、淤血，有大小不一出血斑（中图）；患病鹅肾脏肿大、充血、出血（右图）

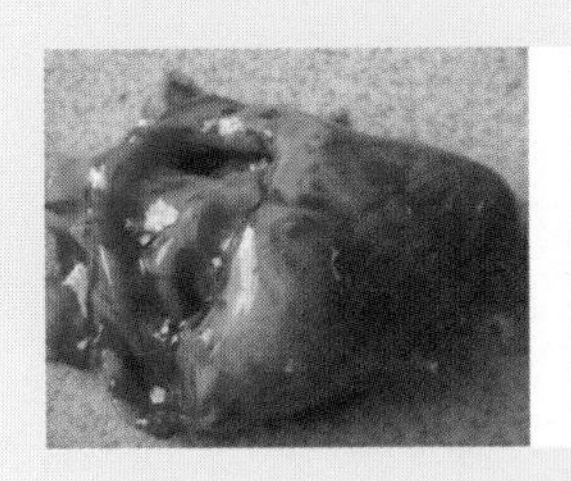 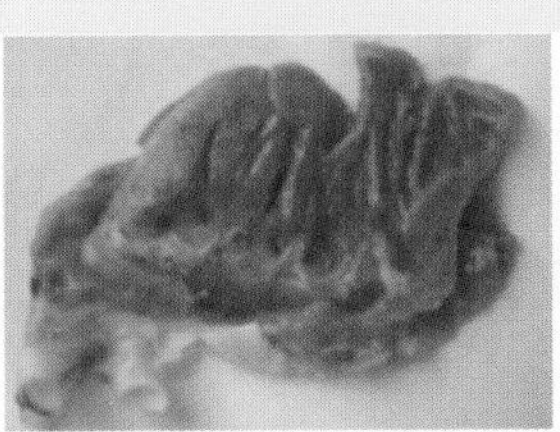 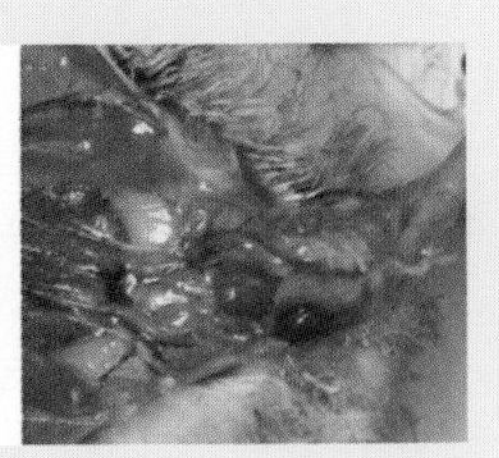

图 11-6 禽流感病鹅病变（三）

患病鹅心肌有灰白色坏死斑（左图）；患病鹅心肌内膜出血斑（中图）；患病雏鹅法氏囊肿大、出血（右图）

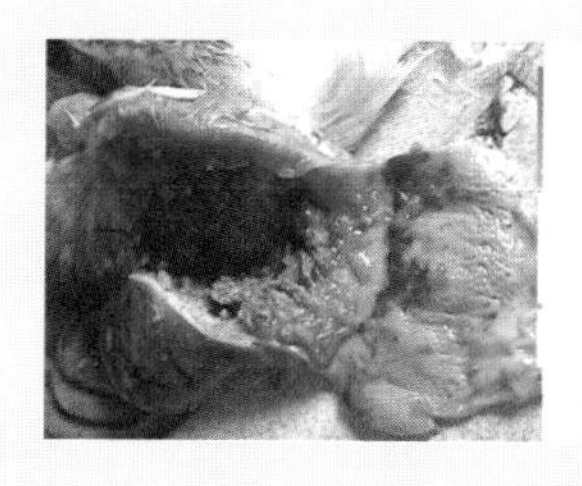
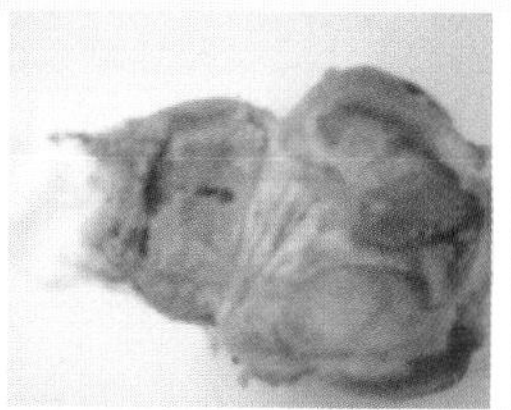
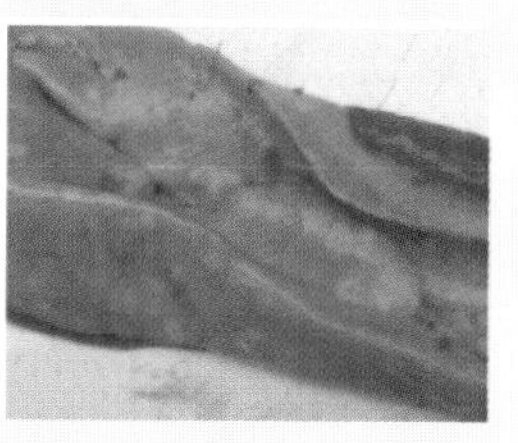

图 11-7 禽流感病鹅病变（四）

患病鹅腺胃与肌胃交界处有出血斑（左图）；患病鹅腺胃黏膜有陈旧性出血斑（中图）；患病鹅胰腺有弥漫性坏死灶（右图）

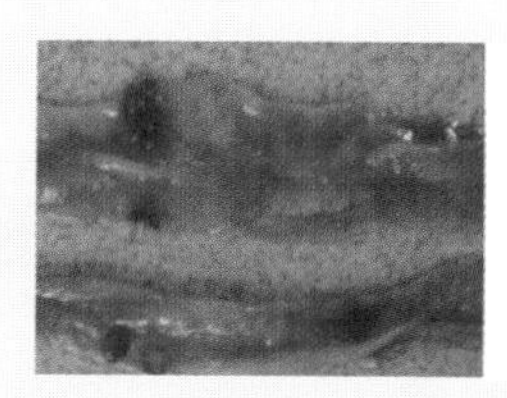

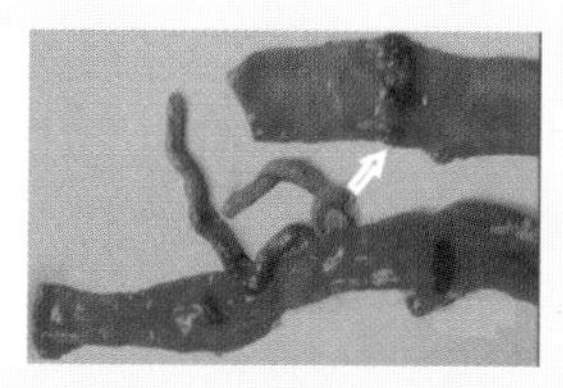

图 11-8 禽流感病鹅病变（五）

患病鹅肠道出血（左图）；患病鹅小肠淋巴滤泡增生、出血（中图）；患病鹅肠道有局灶性环状血块（右图）

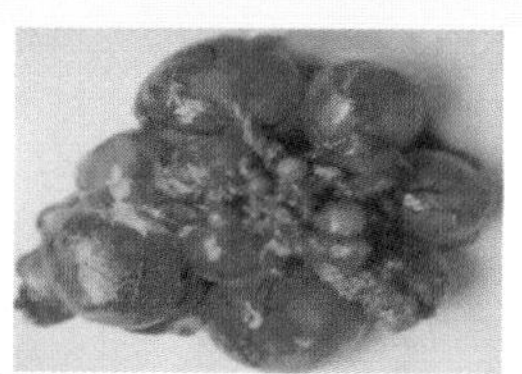
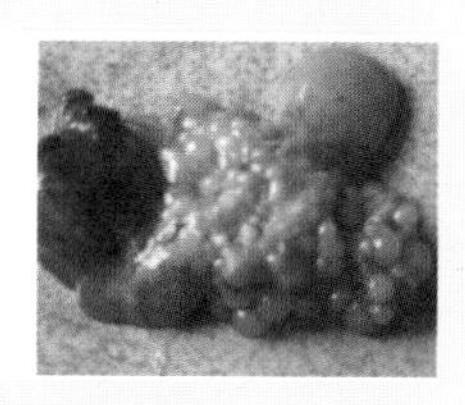

图 11-9 禽流感病鹅病变（六）

患病鹅肺部淤血、出血（左图）；患病鹅卵泡萎缩（中图）；卵泡膜充血、出血（右图）

（5）诊断　根据临床症状和病理变化初步诊断，确诊可进行病毒的分离鉴定（应按国家相关规定在生物安全三级实验室内进行）、琼脂扩散试验、血凝及血凝抑制试验、酶联免疫吸附试验和聚合酶链式反应等。注意与鹅副黏病毒病、鹅巴氏杆菌病相区别（表 11-1）。

表 11-1　鹅禽流感与鹅副黏病毒病、鹅巴氏杆菌病的鉴别

病名	特征
鹅副黏病毒病	鹅禽流感的特征是全身器官以出血为主;而鹅副黏病毒病的特征是以脾脏肿大,并有灰白色、大小不一的坏死灶,肠管黏膜有散在性或弥漫性大小不一、灰白色的纤维素性结痂病灶为主
鹅巴氏杆菌病	鹅巴氏杆菌病的病原体是禽多杀性巴氏杆菌,其主要病理变化的特征是肝脏有散在性或弥漫性斜尖大小、边缘整齐、灰白色并稍微突出于肝表面的坏死灶;而鹅禽流感的肝脏以出血为特征,无灰白色坏死灶

（6）防制

① 加强饲养管理。加强幼鹅的饲养管理，注意鹅舍通风，保持鹅舍干燥和适宜的温度、湿度以及鹅群饲养密度，以提高机体的抗病力。对于水面放养的鹅群，应注意防止和避免野生水禽污染水源而引起感染。

② 免疫接种。雏鹅 14～21 日龄时，用 H5N1 亚型禽流感灭活疫苗进行初免；间隔 3～4 周，再用 H5N1 亚型禽流感灭活疫苗进行一次加强免疫，以后根据免疫抗体检测结果，每隔 4～6 个月用 H5N1 亚型禽流感灭活疫苗免疫一次。商品肉鹅 7～10 日龄时，用 H5N1 亚型禽流感灭活疫苗进行一次免疫，第一次免疫后 3～4 周，再用 H5N1 亚型禽流感灭活疫苗进行一次加强免疫。散养鹅春、秋两季用 H5N1 亚型禽流感灭活疫苗各进行一次集中全面免疫，每月定期补免。

③ 治疗措施。

【方案 1】注射高免血清。肌内或皮下注射禽流感高免血清，小鹅每只 2 毫升、大鹅每只 4 毫升，发病初期的鹅效果显著，见效快。或注射高免蛋黄液，但见效稍慢。

【方案 2】250 毫克/升盐酸吗啉胍（病毒灵）或利巴韦林（病毒唑）混饮，连续用药 5～7 天。为防止继发感染，抗病毒药要与其它抗菌药同时使用，若能配合使用解热镇痛药和维生素、电解质效果更好。

【方案 3】中药凉茶廿四味加柴胡、黄芩、黄芪，煎水给鹅群饮用，对禽流感的预防和治疗有较好的效果。饮水前鹅群先停水 2 小时，再把中药液投于饮水器中供饮用 6 小时，每天一次，连用 3 天。

病情较长时要在药方中加党参、白术。

二、小鹅瘟

小鹅瘟是由细小病毒引起的雏鹅与雏番鸭的一种急性或亚急性高度致死性传染病。主要侵害20日龄以内的雏鹅，致死率高达90%以上，超过3周龄雏鹅仅少数发生，1月龄以上雏鹅基本不发生。特征为精神委顿，食欲废绝，严重腹泻和有时出现神经症状。病变特征主要为渗出性肠炎，小肠黏膜表层大片坏死脱落，与渗出物凝成假膜（伪膜）状，形成栓子阻塞肠腔。

（1）病原　病原为鹅细小病毒，属细小病毒科，细小病毒属。病毒为球形，无囊膜，直径为20～40纳米，是一种单链DNA病毒。病毒存在于病雏鹅的肠道及其内容物、心血、肝脾、肾和脑中。国内外分离到的毒株抗原性基本相同，而与哺乳动物的细小病毒没有抗原关系。该病毒对外界不良环境有较强抵抗力，在-20℃以下至少能存活两年。经65℃ 3小时滴度不受影响，在pH 3.0溶液中37℃条件下耐受1小时以上，对氯仿、乙醚和多种消毒剂不敏感，能抵抗胰酶的作用。普通消毒剂对病毒有杀灭作用。

（2）流行病学　该病仅发生于鹅与番鸭，其它禽类均无易感性。该病的发生及其危害程度与日龄密切相关，主要侵害4～20日龄的雏鹅，5～15日龄为高发日龄，发病率和死亡率均在90%以上。15日龄以上的雏鹅发病后，症状比较缓和，并可部分自愈；25日龄以上的雏鹅很少发病；成年鹅感染后不显任何症状。

病雏鹅及带毒成年禽是该病的传染源。在自然情况下，与病禽直接接触或采食被污染的饲料、饮水是该病传播的主要途径。该病毒还可附着于蛋壳上，通过蛋将病毒传给孵化器中的易感雏鹅，造成该病的垂直传播。当年留种鹅群的免疫状态对后代雏鹅的发病率和成活率有显著影响。如果种鹅都是经患病后痊愈或经无症状感染而获得了坚强免疫力的，其后代有较强的母源抗体保护，因此可抵抗天然或人工感染而不发生小鹅瘟。如果种鹅群由不同年龄的母鹅组成，而有些年龄段的母鹅未曾免疫，则其后代还会发生不同程度的疾病危害。

（3）临床症状　潜伏期为3～5天，分为最急性、急性和亚急性

3 型。最急性型多发生于 1 周龄内的雏鹅，往往不显现任何症状而突然死亡。急性型常发生于 15 日龄内的雏鹅。病鹅初期食欲减少，精神委顿，缩颈蹲伏，羽毛蓬松，离群独处，步行艰难。继而食欲废绝，严重下痢，排出混有气泡的黄白色或黄绿色水样稀便。鼻分泌液增多，摇头，口角有液体甩出，喙、蹼发绀。临死前出现神经症状，全身抽搐或发生瘫痪。病程 1～2 天。亚急性型发生于 15 日龄以上的雏鹅，以萎靡、不愿走动、厌食、拉稀和消瘦为主要症状。病程 3～7 天，少数能自愈，但生长不良（图 11-10、图 11-11）。

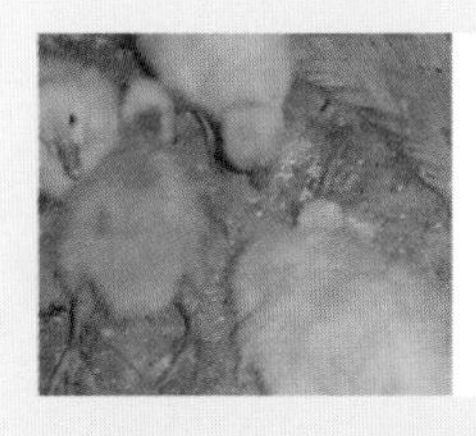
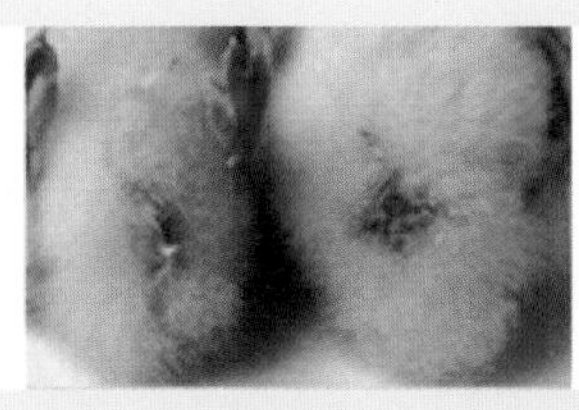

图 11-10　小鹅瘟病鹅的临床症状（一）

最急性型的患病雏鹅突然倒地死亡（左图）；患病鹅排白色稀便，糊肛（中图）；患病鹅肛门周围羽毛湿润，有稀便沾污（右图）

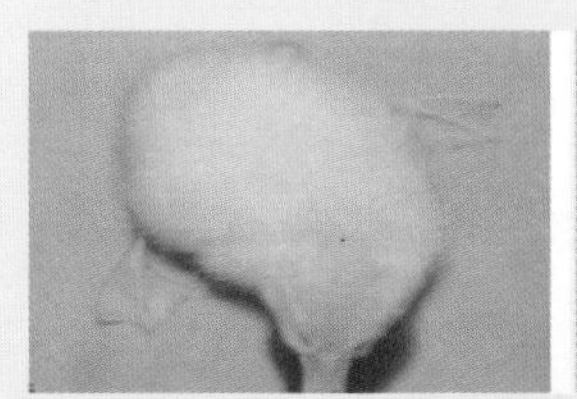

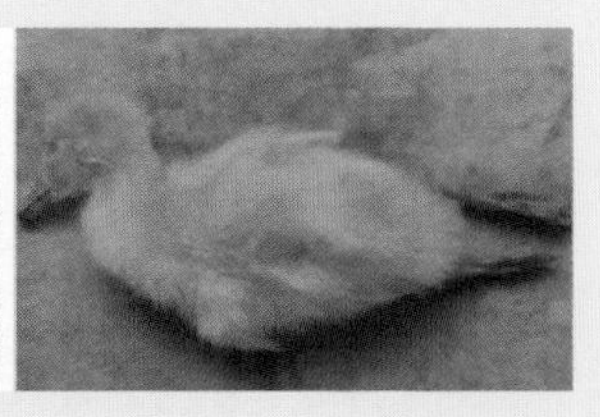

图 11-11　小鹅瘟病鹅的临床症状（二）

急性型病鹅不能站立，两腿麻痹，呈划船动作（左）；病鹅扭脖（中）；病鹅全身脱水（右）

（4）病理变化　主要病变在消化道，特别是小肠部分。死于最急性型的病雏，病变不明显，十二指肠黏膜肿胀、充血和出血，出现败血性症状，表现为急性卡他性肠炎。急性型雏鹅，特征性病变是小肠的中段、下段，尤其是回盲部的肠段极度膨大，质地硬实，形如香肠，肠腔内形成淡灰色或淡黄色的凝固物，其外表包围着一层厚的坏死肠黏膜和纤维形成的伪膜。部分病鹅小肠内虽无典型的凝固物，但肠黏膜充血和出血。肝、脾肿大、充血，偶有灰白色坏死点，胆囊也增大；脑膜血管充血和出血；肾肿大，输尿管扩张，充满白色尿酸沉淀物（图 11-12、图 11-13）。

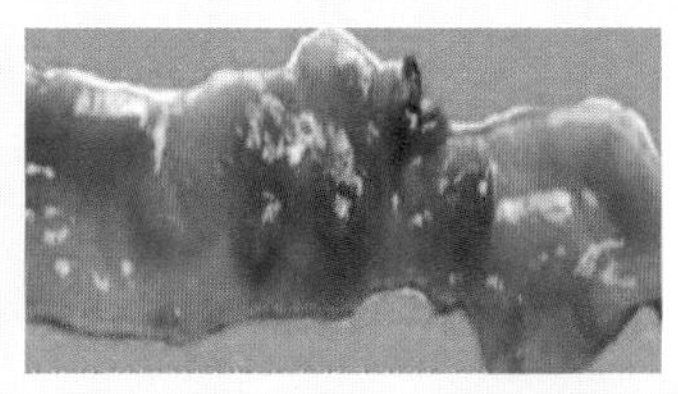

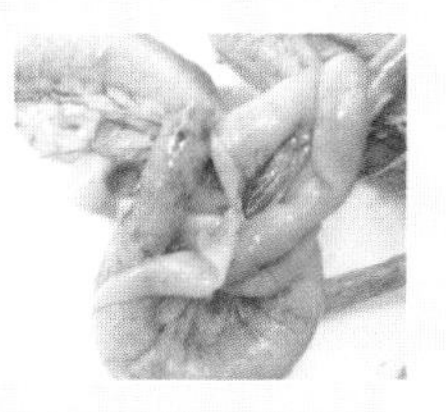

图 11-12　小鹅瘟病鹅的病理变化（一）

患病雏鹅肠道急性卡他性炎症（左图）；患病雏鹅肠道黏膜呈弥漫性充血、出血，肿胀（中图）；患病雏鹅肠腔内充满淡灰色或淡黄色的栓子状物（右图）

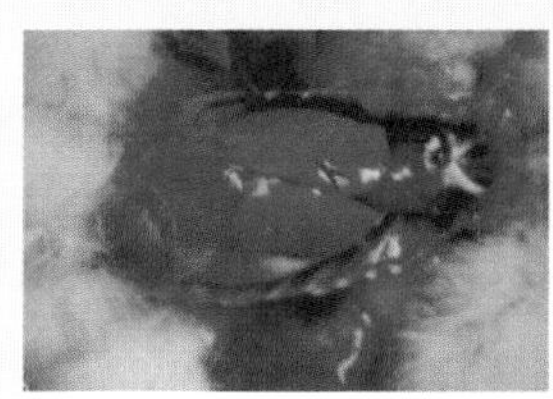

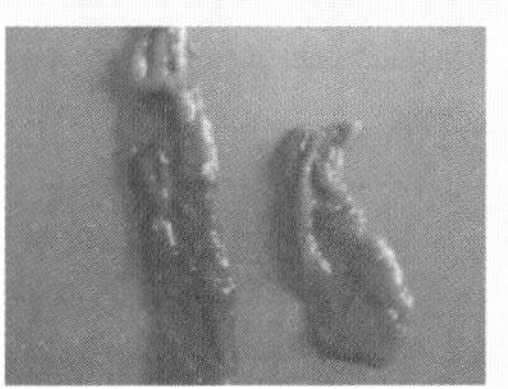
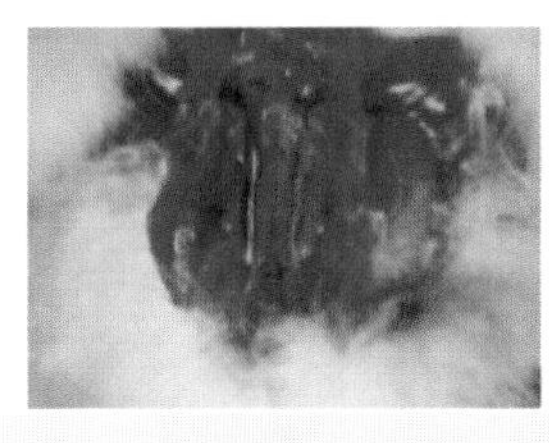
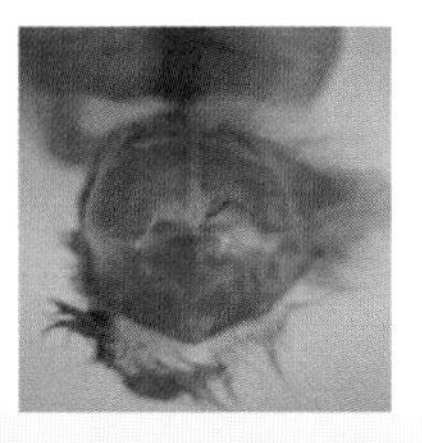

图 11-13　小鹅瘟病鹅的病理变化（二）

患病鹅肝脏肿大、表面光滑、质地变脆（上左图）；患病鹅胆囊显著扩张，充满暗绿色胆汁（上中图）；直肠增厚发红（上右图）；患病鹅肾稍肿大，呈深红色，质脆，输尿管扩张，充满白色尿酸沉淀物（下左图）；病鹅脑膜血管充血和出血（下右图）

（5）诊断　确诊需经病毒分离鉴定或血清保护试验。注意与鸭瘟、鹅流感、鹅副伤寒和鹅球虫病鉴别：鸭瘟特征性病变是在食管和泄殖腔出血和形成伪膜或溃疡，必要时以血清学试验相区别；鹅流感、鹅副伤寒可通过细菌学检查和敏感药物治疗实证来区别；鹅球虫病通过镜检肠内容物和粪便是否发现球虫卵囊相区别。

【小知识】血清保护试验也是鉴定病毒的特异性方法。取3～5只雏鹅作为试验组，先皮下注射标准毒株的免疫血清1.5毫升，然后皮下注射含毒尿囊液0.1毫升；对照组以生理盐水代替血清，其余同试验组。结果，试验组雏鹅全部保护（存活），对照组于2～5天内全部死亡。

（6）防制

① 加强饲养管理。做好孵化过程中的清洁消毒工作，孵坊中的一切用具、设备使用后必须清洗消毒。种蛋要用福尔马林熏蒸消毒。刚出壳的雏鹅防止与新购入的种蛋接触；做好育雏舍清洁卫生和消毒工作，维持适宜的环境条件。

② 免疫接种。母鹅在产蛋前1个月，每只注射1∶100稀释的（或见说明书）小鹅瘟疫苗1毫升，免疫期300天，每年免疫1次。注射后两周，母鹅所产的种蛋孵出的雏鹅具有免疫力。母鹅注射小鹅瘟疫苗后，无不良反应，也不影响产蛋；在该病流行地区，未经免疫种蛋所孵出的雏鹅，每只皮下注射0.5毫升抗小鹅瘟血清，保护率可达90%以上。

③ 发病后措施。一旦发生小鹅瘟，立即将未出现症状的雏鹅隔离出饲养场地，放在清洁无污染场地饲养，病死鹅尸体集中进行无害化处理，每天用0.2%过氧乙酸带鹅消毒1次，保持鹅舍清洁卫生，通风透气。治疗宜采取抗体疗法，同时配合抗病毒、抗感染等辅助疗法。

【方案1】雏鹅，皮下注射0.5～0.8毫升高效价抗血清，或1～1.6毫升卵黄抗体，在抗血清或卵黄抗体中可适当加入广谱抗生素。每只病雏鹅皮下注射高效价1毫升抗血清或2毫升卵黄抗体。患病仔鹅每500克体重注射1毫升抗血清或2毫升卵黄抗体，严重病例可再注射1次。在饮水中添加多种维生素。如果伴有呼吸道感染，可加入阿米卡星。

【方案2】赤桂五瘟散。板蓝根250克，金银花120克，连翘120

克，大蒜 18 克，黄连 20 克，黄柏 20 克，黄芩 18 克，水牛角 15 克，栀子 25 克，赤芍 30 克，鱼腥草 30 克，丹皮 25 克，官桂 20 克，赤石脂 20 克。预防时将上药研成药末，粉剂按 5%拌于饲料中喂服，或用 0.5%水溶液饮服；治疗时将上药切细煎水喂服，煎剂 1 毫升/只，重症腹腔注射 1～1.5 毫升。

三、鹅副黏病毒病

鹅副黏病毒病是由鹅副黏病毒引起鹅的一种以消化道症状和病变为特征的急性传染病，常引起大批死亡，尤其是雏鹅死亡率可达 95%以上，给养鹅业造成巨大的经济损失，是目前鹅病防治的重点。

（1）病原　病原是鹅副黏病毒科副黏病毒属的鹅副黏病毒。该病毒广泛存在于病鹅的肝脏、脾脏、肠管等器官内。在电子显微镜下观察，病毒颗粒大小不一，形态不正，表面有密集纤突结构，病毒内部由囊膜包裹着螺旋对称的核衣壳，病毒颗粒大小平均直径为 120 纳米。分离的毒株接种 10 日龄发育鸡胚，均能迅速繁殖，通常鸡胚在接种后 2～3 天内死亡。

（2）流行病学　该病对各种年龄的鹅都具有较强的易感性，日龄越小，发病率、死亡率越高，雏鹅发病后常引起死亡。各个品种鹅均可感染发病，鸡亦有较强的易感性。发生该病的鹅群，其附近尚未接种疫苗的鸡也可感染发病死亡。种鹅感染后，产蛋率下降。该病无季节性，一年四季均可发生，常引起地方性流行。

（3）临床症状　该病的潜伏期一般为 3～5 天，日龄越小，潜伏期越短。病鹅精神委顿、缩头垂翅、食欲不振或废绝、口渴、饮水量增加，排稀白色或黄绿色或绿色稀便，行走无力，不愿下水，或浮在水面，随水漂游，喜卧，成年病鹅有时将头顾于翅下，严重者常见口腔流出水样液体。部分病鹅出现神经症状（图 11-14），少数雏鹅发病后有甩头、咳嗽等呼吸道症状及眼部病症（图 11-15）。雏鹅常在发病后 2～3 天内死亡，青年鹅、成年鹅病程稍长，一般为 3～5 天。

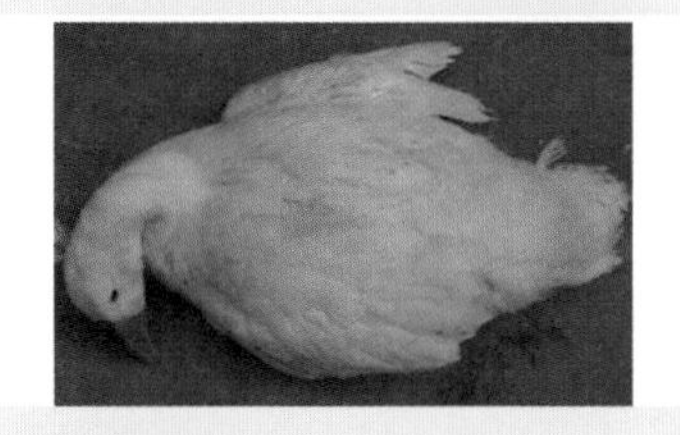

图 11-14 患病鹅出现神经症状

扭颈（左图）；转圈（中图）；仰头（右图）

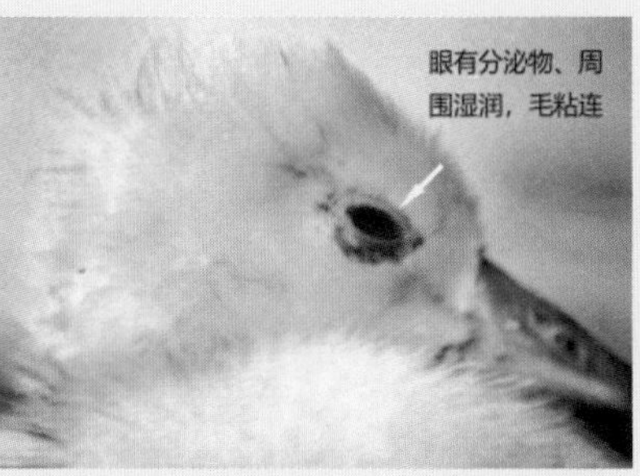

图 11-15 鹅副黏病毒病的症状

患病鹅精神委顿，头颈顾腹（左图）；患病鹅眼有分泌物，眼睛周围湿润，绒毛粘连（右图）

（4）病理变化　病死鹅机体脱水，眼球下陷，脚蹼常干燥。肝脏轻度肿大、淤血，少数有散在的坏死灶，胆囊充盈，脾脏轻度肿大，有芝麻大的坏死灶。成年病死鹅肌胃内较空虚，肌胃角质呈棕黑色或淡墨绿色，肌胃角质膜易脱落，角质膜下常有出血斑或溃疡灶，肠道黏膜有不同程度的出血，空肠和回肠黏膜常见散在性的青豆大小的淡黄色隆起的结痂，剥离后呈现出血面和溃疡灶，偶尔波及直肠黏膜；腺胃黏膜充血、出血；盲肠扁桃体肿大出血，少数病例盲肠黏膜出血，有少量隆起的小瘢块。偶见少数病例食管黏膜有少量芝麻大白色假膜。具有神经症状的病死鹅，脑血管充血（图 11-16～图 11-18）。

图 11-16 鹅副黏病毒病的病理变化（一）

部分患病鹅腺胃黏膜充血、出血（左图）；患病鹅肌胃角质膜易脱落，角质膜下常有出血斑或溃疡灶（中图）；肠黏膜出血（右图）

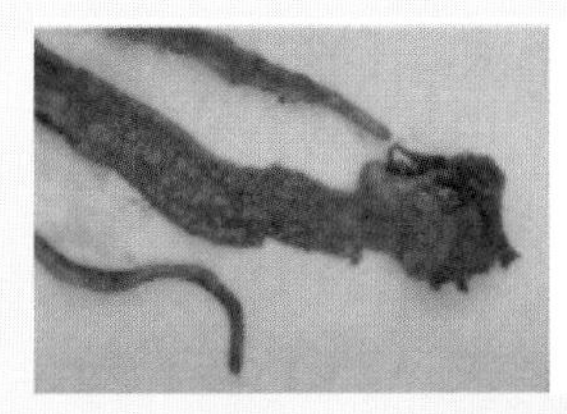
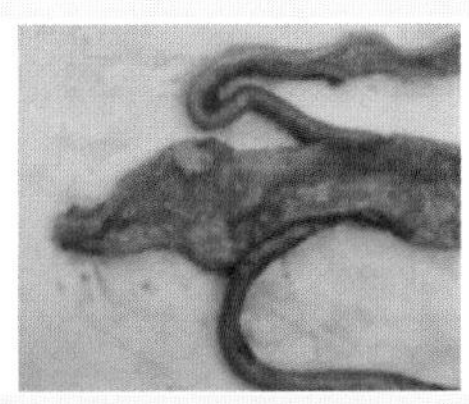
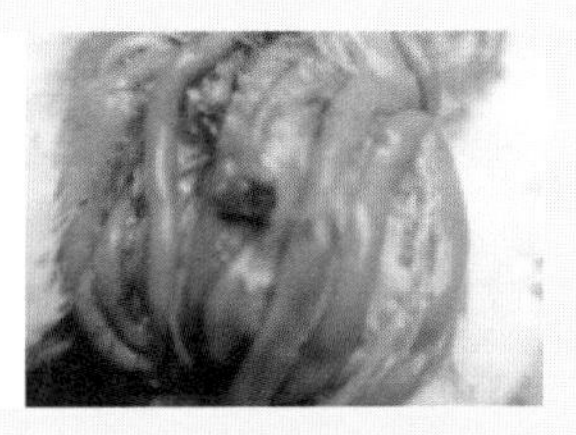

图 11-17 鹅副黏病毒病的病理变化（二）

患病鹅直肠和泄殖腔黏膜有弥漫性大小不一的结痂病灶（左图）；患病鹅结肠、盲肠、直肠黏膜有大小不一的溃疡灶，表面覆盖着纤维素形成的结痂（中图）；肠道黏膜有大小不等出血斑和溃疡灶（右图）

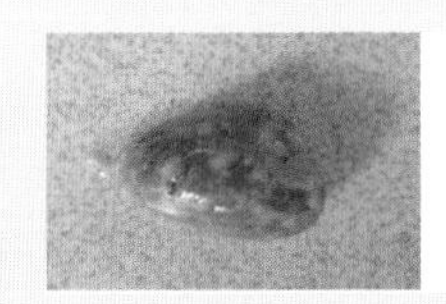

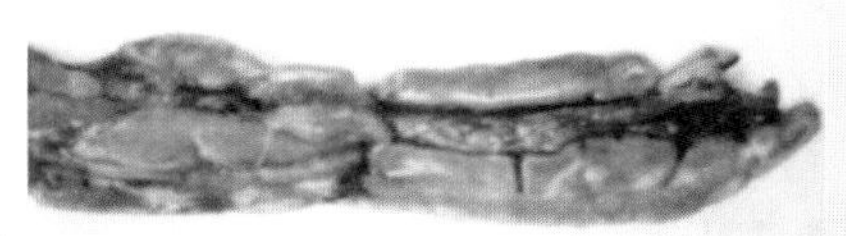

图 11-18 鹅副黏病毒病的病理变化（三）

患病鹅脾脏肿大，表面及组织有大小不一的灰白色坏死灶（左图、中图）；患病鹅胰腺肿大，有大小不一的灰白色坏死灶（右图）

（5）诊断　可用鸡胚病毒分离，以及血凝试验和血凝抑制试验、中和试验、保护试验等血清学方法进行鉴定而确诊。注意与鸭瘟、鹅流感、鹅巴氏杆菌病相区别（表 11-2）。

表 11-2　鹅副黏病毒病与鸭瘟、鹅流感、鹅巴氏杆菌病的区别

病名	鸭瘟	鹅流感	鹅巴氏杆菌病
特征	鸭瘟病毒感染的患鹅在下眼睑、食管和泄殖腔黏膜有出血溃疡和假膜特征性病变，而鹅副黏病毒病无此病变。两种病毒均能在鸭胚和鸡胚上繁殖，并引起胚胎死亡，鸭瘟病毒致死的胚胎绒毛尿囊液无血凝性，而鹅副黏病毒致死的胚胎绒毛尿囊液能凝集鸡红细胞并被特异性抗血清所抑制，不被抗鸭瘟病毒血清抑制	鹅副黏病毒感染的患鹅脾脏肿大，有灰白色、大小不一的坏死灶，同时肠道黏膜有散在性或弥漫性大小不一、淡黄色或灰白色的纤维素性结痂病灶；而鹅流感是以全身器官出血为特征。两种病毒均具有凝集红细胞的特性，但鹅副黏病毒血凝性能被特异性抗血清所抑制，而不被禽流感抗血清所抑制，鹅流感血凝性正好相反	鹅巴氏杆菌病是由禽多杀性巴氏杆菌所致，多发生于青年、成年鹅。广谱抗生素和磺胺类药对鹅巴氏杆菌病有防治作用，而对鹅副黏病毒病无任何作用。鹅巴氏杆菌感染的患鹅肝脏有散在性或弥漫性针头大小坏死病灶，肝脏触片用亚甲蓝染色镜检可见两极染色的卵圆形小杆菌，肝脏接种鲜血培养基可见露珠状小菌落，涂片革兰氏染色镜检为阴性卵圆形小杆菌；而鹅副黏病毒感染患鹅的肝脏无坏死病灶，肝脏触片亚甲蓝染色阴性，肝脏接种鲜血培养基阴性，肝脏接种鸡胚能引起鸡胚死亡且绒毛尿囊液能凝集鸡红细胞并被特异性抗血清抑制

（6）防制　对于该病目前尚无特殊的药物治疗。

① 免疫接种。应用经鉴定的基因Ⅳ型毒株制备的、含高抗原量的灭活苗，有较高的保护率。种鹅免疫：在留种时用副黏病毒病油乳剂灭活苗进行一次免疫，产蛋前 15 天左右进行第二次免疫，再过 3 个月左右进行第三次免疫，每鹅每次肌内注射 0.5 毫升。雏鹅免疫：在 10 日龄以内或 15～20 日龄进行首免，每雏鹅皮下注射 0.3～0.5 毫升鹅疫油乳剂灭活苗。首免后 2 个月左右进行第二次免疫，每只肌内注射 0.5 毫升。也可用鹅疫灭活苗，或鹅副黏病毒病和鹅疫二联灭活苗进行免疫。抗血清（或卵黄抗体），在患病鹅群中使用，有一定效果。

② 调整饲料组成成分。患病期间减少全价饲料用量，增加青绿饲料（嫩牧草），让鹅群自由采食，暂停投喂带壳谷类饲料。

③ 做好环境清洁卫生工作。做好鹅场及鹅舍的隔离、卫生工作，禽舍和场地用 1∶300 稀释的双链季铵盐络合碘液喷洒消毒，每天 1 次，连续 7 天。

④ 发病后措施。首先隔离病鹅，并对场地严格消毒，使用双链

季铵盐-碘（鼎碘）按1∶800浓度进行消毒，每天1次，连用5天。

【方案1】 副黏病毒高免蛋黄液3毫升/只和10%西咪替丁注射液0.4毫升/只，分点胸肌注射，每天1次，连用2天。或高免血清，病鹅每只皮下注射0.8～1毫升。

【方案2】 500千克体重鹅群，利巴韦林20克、头孢氨苄10克、硫酸新霉素6克，加水100千克混饮，隔8小时后再以维生素C 25克、葡萄糖2千克，加水100千克溶解，让鹅自由饮用，每天1次，连用3天。

四、鹅鸭瘟

鹅的鸭瘟（鸭病毒性肠炎，俗称“大头瘟”）是由鸭瘟病毒引起的一种高死亡率、急性败血性传染病。该病的主要特征是头颈肿大、高热、流泪、下痢、粪便呈灰绿色，两腿麻痹无力。

（1）病原　病原为鸭瘟病毒，属于疱疹病毒，存在于病鹅的各个内脏器官、血液、分泌物和排泄物中，一般认为肝、脾脏和脑的病毒含量最高。一般对热、干燥和普通消毒药都很敏感。病毒在56℃ 10分钟就被杀死，在50℃时需要90～120分钟才能使病毒灭活，而在室温条件下（22℃），其传染力能够维持30天，在氯化钙干燥的条件下，能维持9天。但病毒对低温的抵抗力较强，在－20℃经347天仍能使鹅发病。

（2）流行病学　该病一年四季均可发生，通常以春夏之际和秋天购销旺季时流行最严重。鸭群流动频繁，也易于疫病传播流行。任何品种和性别的鹅，对鸭瘟都有较高的易感性。在自然流行中，公鹅抵抗力较母鹅强；成年鹅尤其是产蛋母鹅，发病和死亡较严重；而一月龄以下的雏鹅，发病较少。感染发病的多是种鹅，少数是3～4月龄的肉用仔鹅，雏鹅亦少见发病。

传染源主要是病鹅（病愈不久的鹅可带毒3个月）和潜伏期的感染鸭鹅。主要通过消化道感染，但也可通过呼吸道、交配和眼结膜感染，口服、滴鼻、泄殖腔接种、静脉注射、腹腔注射和肌内注射等人工感染途径，均可使易感鹅发病。健康鹅与病鹅同群放牧能发生感染，病鹅排泄物污染的饲料、水源、用具和运输工具，以及鹅舍周围的环境，都有可能造成鹅群疫病的传播。某些野生水禽如野鸭和飞鸟，能感染和携带病毒，成为该病传染源或传染媒介，此外某些吸血昆虫也有可能传播该病。

（3）临床症状　潜伏期一般为3～5天，发病初期，患鹅食欲减少或停食，渴欲增加，体温升高达43℃以上，不愿下水，行动困难甚至伏地不愿移动。强行驱赶时，步态不稳或两翅扑地勉强挣扎而行，走不了几步，即行倒地，以致完全不能站立。典型症状是怕光，流泪，眼睑水肿，眼睛流出浆性、脓性分泌物，眼结膜充血、出血（图11-19）。部分病鹅头颈部肿胀，鼻腔流出浆液性或黏液性分泌物，呼吸困难、叫声嘶哑，下痢，排出灰白色或绿色稀便，肛门周围的羽毛沾污并结块，泄殖腔黏膜充血、出血、水肿，严重者黏膜外翻，可见黏膜表面覆盖一层不易剥离的黄绿色假膜。患病公鹅阴茎不能收回。种鹅多表现产蛋下降、流泪、腹泻、跛行等症状。急性病程一般为2～5天，慢的可以拖延一周以上，少数不死的转为慢性，仅有极少数病鹅可以耐过，一般都表现消瘦，生长发育不良。

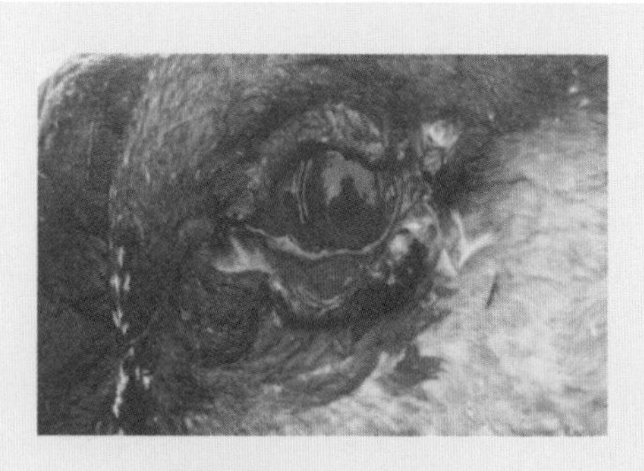

图11-19　眼结膜充血出血

（4）病理变化　患典型鸭瘟的病死鹅皮下组织发生不同程度的炎性水肿，在头颈部肿大的病例，皮下组织有淡黄色胶冻样浸润。口腔黏膜主要是舌根、咽部和上腭部黏膜表面常有淡黄色假膜覆盖，剥离后露出鲜红色外形不规则的出血浅溃疡。食管黏膜的病变具有特征性，外观有纵行排列的灰黄色假膜覆盖或散在的出血点，假膜易刮落，刮落后留有大小不等的出血浅溃疡。有时腺胃与食管膨大部的交界处或与肌胃的交界处常见有灰黄色坏死带或出血带，腺胃黏膜与肌胃角质下层充血或出血。整个肠道发生急性卡他性炎症，以小肠和直肠最严重，肠集合淋巴滤泡肿大或坏死。泄殖腔黏膜的病变也具有特征性，黏膜表面有出血斑点和覆盖着一层不易剥离的黄绿色坏死结痂或溃疡。法氏囊黏膜充血、出血，后期常见有黄白色凝固的渗出物。心内外膜有出血斑点，心血凝固不良，气管黏膜充血，有时可见肺充血或出血、水肿。肝脏早期有出血斑点，后期出现大小不等的灰黄色坏死灶，常见坏死灶中间有小点出血。胰腺肿大，有出血点。胆囊充盈，有时可见黏膜出现小溃疡。脾脏一般不肿大，颜色变深，常见有出血点和灰黄色的坏死点。产蛋母鹅的卵巢亦有明显病变，卵泡充血、出血或整个卵泡变成暗红色（图 11-20～图 11-22）。

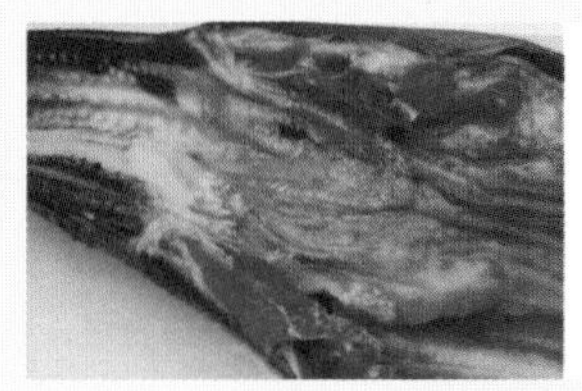

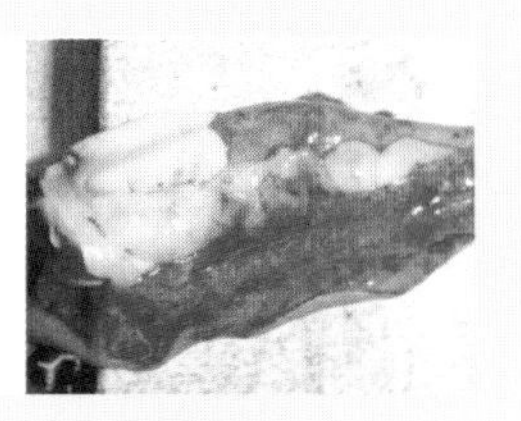

图 11-20　鸭瘟患病鹅的病理变化（一）
患病鹅食管和口腔黏膜上的假膜（左图）；患病鹅食管膨大部与腺胃有灰黄色坏死带或黄色假膜（中图）；肠道弥漫性出血（右图）

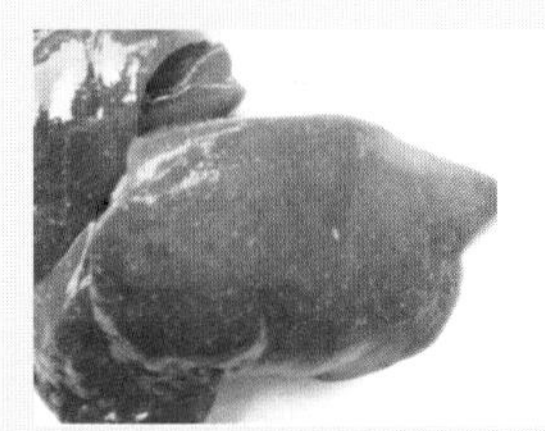

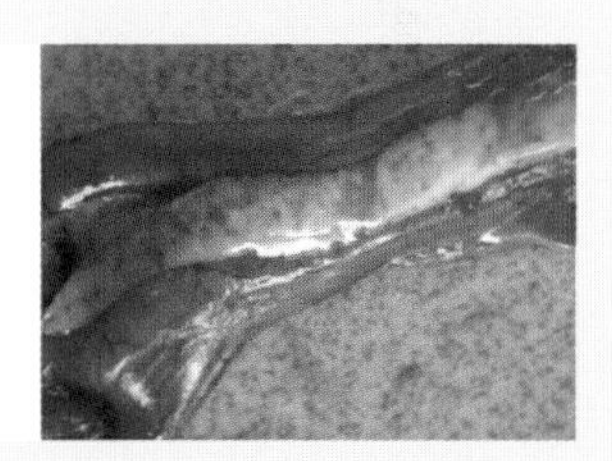

图 11-21　鸭瘟患病鹅的病理变化（二）
患病鹅肝脏肿大，有大量针尖状坏死灶（左图）；
病鹅脾脏有灰黄色的坏死灶（中图）；病鹅胰腺肿大，有出血点（右图）

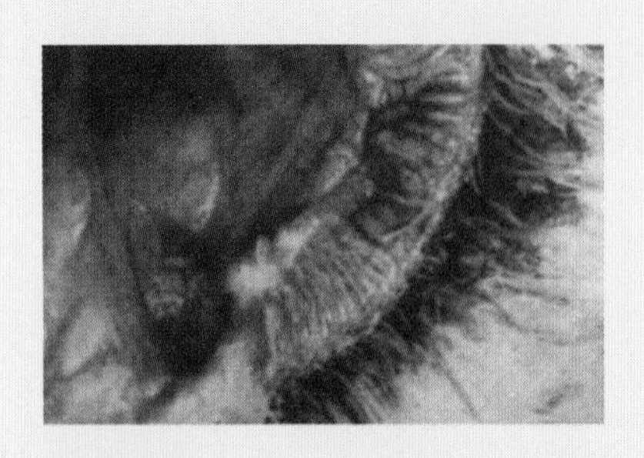

图 11-22 患病鹅泄殖腔黏膜有坏死结痂

（5）诊断

① 病毒分离。无菌操作取病死鹅的肝脏、脾脏组织，剪碎研磨后加无菌生理盐水，制成 1∶5 混悬液，加青霉素 1000 国际单位/毫升，作用 1 小时，经每分钟 3000 转离心后取上清液，以绒毛尿囊膜途径接种 10 日龄鸡胚和 11 日龄鸭胚各 10 枚，每枚 0.2 毫升，同时设无菌生理盐水和空白对照组，37℃培养。接种病料的鸡胚发育正常，鸭胚 4～6 小时全部死亡，胚体充血、出血。

② 中和试验。取 20 枚 11 日龄的鸭胚分成两组，每组 10 枚，将分离的病毒作 1∶50 稀释。第 1 组用抗鸭瘟血清与等量的待检病毒液充分混匀，作用 1 小时，再接种第 1 组鸭胚；第 2 组不加抗鸭瘟血清，直接接种鸭胚，37℃下培养观察。第 1 组 5 天后全部存活，第 2 组 5 天后全部死亡。

③ 动物试验。取 10 日龄非免疫雏鸭 12 只，分成 2 组。第 1 组每只肌内注射抗鸭瘟血清 1.5 毫升，第 2 组不注射抗鸭瘟血清，24 小时后 2 组同时用尿囊液肌内注射，每只 0.2 毫升。注射抗鸭瘟血清的雏鸭 5 天后全部生长正常，未注射抗鸭瘟血清的一组 5 天后全部死亡，死后剖检可见口腔、食管内有黄色分泌物，黏膜上有伪膜，剥离伪膜有溃疡；肝脏肿大，有出血斑点等鸭瘟病变。

（6）防制

① 注意隔离、卫生和消毒。采用全进全出的饲养制度。不从疫区引种，需要引进种蛋或种雏时，要严格进行检疫和消毒处理，经隔

离饲养 10～15 天证明无病后方可并群饲养。鹅群不可在可能感染疫病的地方放牧（如上游有病鸭，下游就不能放牧）。饮水每升要加入 50～100 毫克百毒杀等消毒。被污染的放牧水体也要按每亩（667 平方米）20～30 千克生石灰进行消毒。

② 科学饲养管理。加强饲养管理，注意环境卫生。鹅舍要每天打扫干净，粪水等集中密闭堆埋发酵。鹅舍、运动场、用具、贩运车辆和笼子等每周或每天应用 10%～20%石灰乳或 5%漂白粉或 1∶300～1∶400 抗毒威等消毒；在日粮中注意添加多维素和矿物质，以增强机体的抗病力。

③ 免疫接种。接种疫苗时要严格按瓶签上标明的剂量接种，不使用非正规厂家生产的疫苗。疫苗使用时要用生理盐水或蒸馏水稀释，鹅在 20～30 日龄肌内或皮下注射鸭瘟疫苗，每只 0.5 毫升。发现病鹅立即对鹅群紧急预防注射鸭瘟疫苗。

④ 发病后的措施。发现病鹅应停止放牧，隔离饲养，以防止病毒传播扩散。

【方案 1】紧急预防注射鸭瘟疫苗，最好做到注射 1 只鹅换 1 个针头，每只 3～4 羽份。

【方案 2】立即使用鸭瘟高免血清，鹅 3 毫升/羽，一次皮下或肌内注射。

【方案 3】清瘟败毒散，按 1.2%比例混饲或按家禽每千克体重每日 0.8 克喂给，连用 3～5 天。

五、新型病毒性肠炎

新型病毒性肠炎是由新型腺病毒即 A 型腺病毒引起的一种急性传染病，主要侵害 40 日龄以内的雏鹅，致死率高达 90%以上。

（1）病原　病原为新型腺病毒即 A 型腺病毒，呈球形或略呈椭圆形，无囊膜，直径 70～90 纳米，且病毒衣壳结构清晰。对乙醚、氯仿、脱氧胆酸、胰蛋白酶、2%的酚和 5%的乙酸等脂溶剂具有抵抗力，可耐受 pH 3～9，在 1∶1000 浓度甲醛中可被灭活，可被 DNA 抑制剂 5-碘脱氧尿嘧啶和 5-溴脱氧尿嘧啶所抑制。

（2）流行病学　雏鹅新型病毒性肠炎主要发生于 3～40 日龄的雏

鹅，发病率10%～50%不等，致死率可达90%以上。其死亡高峰为10～18日龄，病程为2～3天，有的长达5天以上。

（3）临床症状　病鹅精神沉郁或打瞌睡，病情传播迅速。患病雏鹅腿麻痹，不愿走动，食欲减退或废绝。叫声嘶哑，羽毛蓬松，泄殖腔的周围常常沾满粪便。排出的粪便呈水样，其间夹杂黄绿色或灰白色黏液物质，个别因肠道出血严重，排出淡红色粪便。行走摇晃，间歇性倒地，抽搐，两脚朝天划动，最后因严重脱水衰竭死亡，多呈角弓反张状态。患病雏鹅恢复后，常常表现为生长发育迟缓，给养鹅业造成的经济损失是十分严重的。成年鹅感染后无临床症状。

（4）病理变化　剖检死亡病鹅除了见肠道有明显的病理变化外，其它脏器无肉眼可见的病理变化。急性死亡只能见到直肠、盲肠充血、肿大及轻微出血；亚急性死亡则除了肠道有较多的黏液外，泄殖腔膨胀、充满白色稀薄的内容物，明显的病变表现为小肠外观膨大，比正常大1～2倍，内为包裹有淡黄色假膜的凝固性栓子。有栓塞物处的肠壁薄而透明，无栓子的肠壁则严重出血。

程安春等报道，亚急性病死鹅的病理变化：①十二指肠上皮细胞完全脱落，固有膜充满大量的红细胞，有的固有膜水肿，内有大量的淋巴细胞浸润。肠腺细胞空泡变性，坏死，结构散乱。有的十二指肠为典型的纤维素性坏死性肠炎，肠绒毛绝大部分脱落，分离面平整，肠中有大量纤维素、炎性细胞、细菌等，严重的病例固有膜也坏死、脱落；肠腔中充满大量脱落、坏死的上皮细胞、纤维素等。②回肠的绒毛顶端上皮坏死、脱落，胰腺细胞肿胀、空泡变性、结构散乱，有的轮廓消失，有的有大量结缔组织增生，严重的回肠也为典型的纤维素性坏死性肠炎。③肝脏局部充血，轻度的颗粒变性，部分脂肪变性。④其它脏器则无明显的病理变化。

（5）诊断

血清学中和试验：用该病毒免疫兔子制备高免血清，血清琼扩效价大于等于1∶32时可用于血清中和试验。于鸭胚原代成纤维细胞上能够中和1000LD_{50}的已知病毒即可确诊。中和试验也可用易感雏鹅进行。

雏鹅血清保护试验：1～3日龄易感雏鹅20只，随机分成两组，每组10只，1组和2组每只口服1万倍LD_{50}的雏鹅病毒性肠炎病毒，经12小时，第1组每只皮下注射高免血清1毫升作实验组，第2组每只皮下注射0.5毫升生理盐水作为对照。实验组全部存活而对照组全部死亡即可确诊。

注意与小鹅瘟、球虫病相区别。雏鹅球虫病于小肠形成的栓子极其容易与该病混淆，但在光学显微镜下，可以从雏鹅球虫病的肠内容物涂片上发现大量的球虫卵囊，且使用抗球虫药物效果良好。雏鹅新型病毒性肠炎的临床症状、病理变化甚至组织学变化与小鹅瘟非常相似，难以区别，需要通过病毒学及血清学等实验室手段进行区别诊断。

(6) 防制　该病目前尚无有效的治疗药物，重在预防。

① 注重隔离卫生。关键是不从疫区引进种鹅和雏鹅，在有该病发生、流行地区，必须采用疫苗进行免疫和高免血清进行防治。平时一定要坚持做好清洁、卫生、消毒、隔离工作。

② 疫苗免疫。种鹅免疫：在种鹅开产前1个月采用雏鹅新型病毒性肠炎-小鹅瘟二联弱毒疫苗进行2次免疫，在5～6个月内可使其种蛋孵出的雏鹅获得母源抗体保护，不发生雏鹅新型病毒性肠炎和小鹅瘟，这是目前预防该病最有效的方法。雏鹅免疫：对1日龄雏鹅，采用雏鹅新型病毒性肠炎弱毒疫苗口服免疫，第3天即可产生部分免疫，第5天即可产生100%免疫。

③ 高免血清。对1日龄雏鹅，采用雏鹅新型病毒性肠炎高免血清或雏鹅新型病毒性肠炎-小鹅瘟二联高免血清，每只皮下注射0.5毫升，即可有效控制该病发生。

④ 发病后措施。对发病的雏鹅，尽快采用雏鹅新型病毒性肠炎高免血清或雏鹅新型病毒性肠炎-小鹅瘟二联高免血清，每只皮下注射1.0～1.5毫升，治愈率可达60%～80%。在采用血清防治的同时，可适当选用维生素E、维生素C进行辅助防治，能有效地防治并发症的发生，有利于安全生产。

六、鹅出血性坏死性肝炎

雏鹅出血性坏死性肝炎是由鹅呼肠孤病毒引起雏鹅的一种传染病，

患病雏鹅以出血性坏死性肝炎为主要特征。从2001年王永坤在我国雏鹅中分离鉴定出鹅呼肠孤病毒，其已在我国多个省份流行，造成危害。

（1）病原　鹅出血性坏死性肝炎病原为鹅呼肠孤病毒。该病毒为RNA病毒，无囊膜，呈二十面体对称，双层衣壳，结构呈球形。有两种病毒颗粒，一种为完整病毒颗粒，另一种为无核酸仅有衣壳的不完整病毒颗粒，大小直径为75～86纳米，衣壳直径为25～36纳米，内核直径为50纳米左右。在细胞质内复制。对热有抵抗力，能耐受60℃ 8～10小时，56℃ 22～24小时，37℃ 15～16周，22℃ 48～51周，4℃ 3年以上，－20℃ 4年以上，－63℃ 10年以上。对乙醚和胰酶不敏感，对氯仿不敏感或轻度敏感，对pH 3.0有抵抗力。

（2）流行病学　鹅出血性坏死性肝炎发生于1周龄至10周龄的雏鹅和仔鹅。最早发生于10日龄左右雏鹅，最晚发生于10周龄仔鹅，多发生于2～4周龄雏鹅。发病率和死亡率与日龄有密切的关系，差异很大。发病率为10%～70%，日龄越小，发病率越高。死亡率为2%～60%，3周龄以内雏鹅感染后死亡率最高，而7～10周龄仔鹅感染后，死亡率低。一般多表现为运动失调、跛行等症状。该病潜伏期与鹅易感日龄有关，易感日龄雏鹅人工感染一般潜伏期为5～7天。病毒可水平传播和垂直传播。

（3）临床症状　生长受阻是该病特征。患鹅有急性、亚急性和慢性，但与日龄有密切的关系。患病雏鹅多呈急性，精神委顿，食欲大减或废绝，羽毛杂乱无光泽、体弱、消瘦，行动缓慢或跛行，腹泻。一侧或两侧跗关节或跖关节肿胀。患病仔鹅或部分雏鹅呈亚急性或慢性。患鹅精神不佳，食欲减少，运动困难，不愿站立，行走时呈跛行，跗关节和跖关节肿胀，腹泻，消瘦。鹅胚孵化至25天之后出现死亡可能与该病有关（图11-23）。

（4）病理变化　患病雏鹅肝脏有散在性或弥漫性大小不一的紫红色或鲜红色出血斑和淡黄色或灰黄色坏死斑，小如针头大，大如绿豆大。脾脏稍肿大，质地较硬，并有大小不一的坏死灶（图11-24）。胰腺肿大、出血，并有散在性坏死灶。肾脏肿大，充血、出血，有弥漫性针头大的灰白色坏死灶。心内膜有出血点。肠道黏膜和肌胃肌层有鲜红出血斑（图11-25）。胆囊肿大，充满胆汁。脑壳严重充血，脑

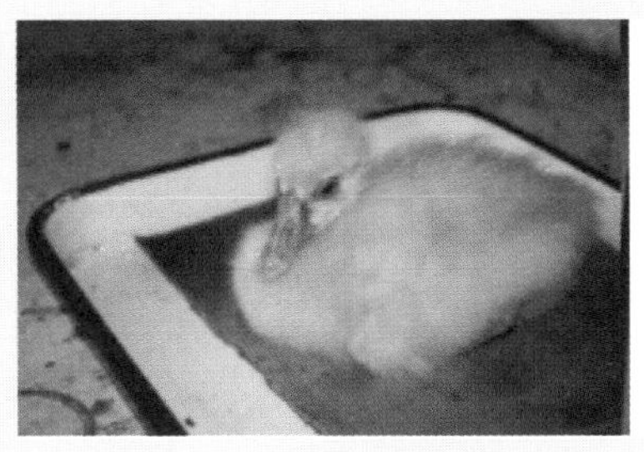
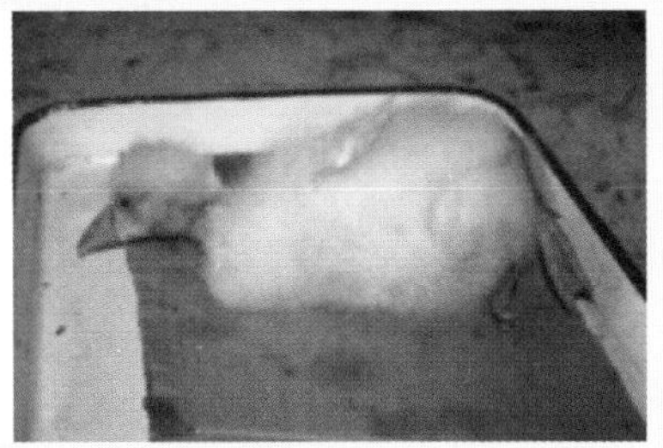

图 11-23 鹅出血性坏死性肝炎临床症状

患病雏鹅精神萎靡，不能站立（左图）；患病雏鹅无力，头颈着地，双腿向后曲（右图）

组织充血。肺充血。肿胀的关节腔内有纤维蛋白渗出液。鹅胚肝脏肿大，有坏死灶（图 11-26）。慢性病例，内脏器官的病变大大减轻或没有病变，肿胀关节腔有机化的纤维素性渗出物。

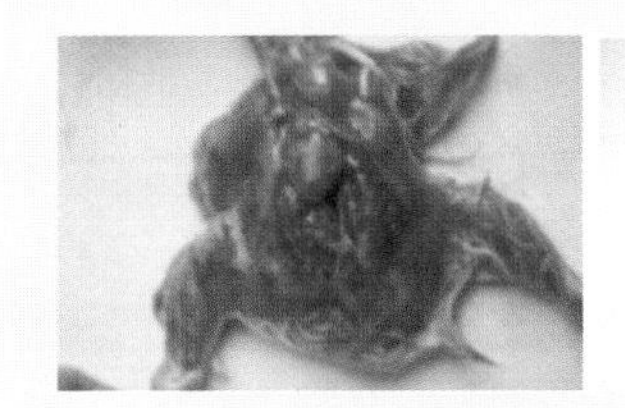
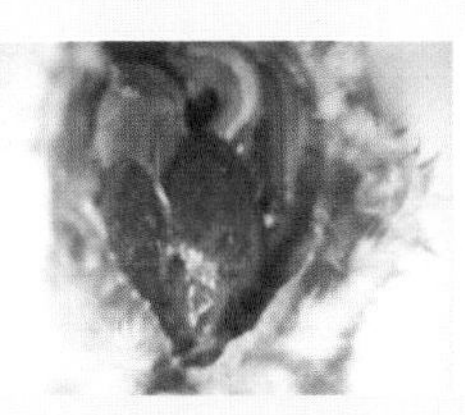

图 11-24 鹅出血性坏死性肝炎病变（一）

肝脏有弥漫性大小不一的紫红色出血斑（左图）；肝脏有弥漫性大小不一的鲜红色出血斑和散在性淡黄色坏死灶（中图）；脾脏稍肿大，有大小不一的坏死灶（右图）

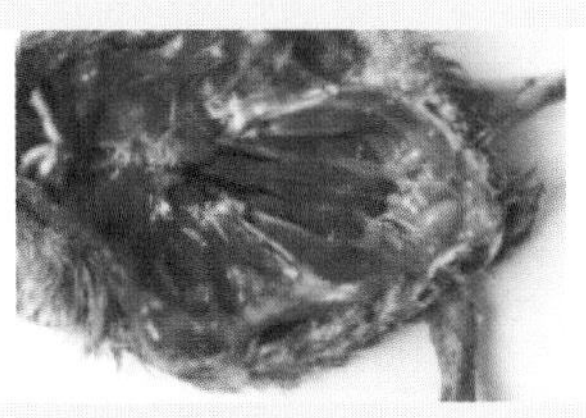
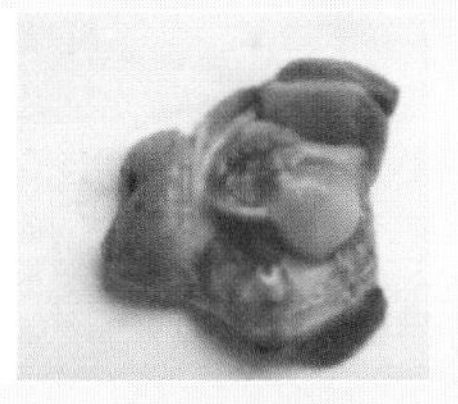

图 11-25 鹅出血性坏死性肝炎病变（二）

患病鹅胰腺肿大，有散在坏死灶（左图）；肾脏肿大，充血、出血，有弥漫性针头大小的灰白色坏死灶（中图）；肌胃角质层下肌层有鲜红色出血斑（右图）

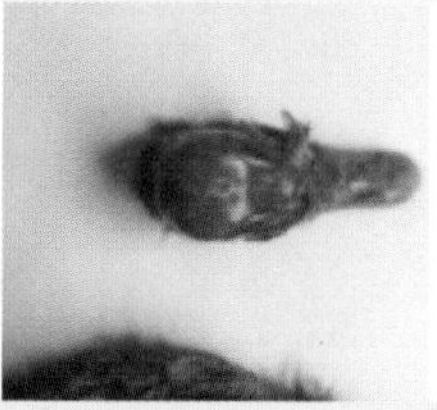
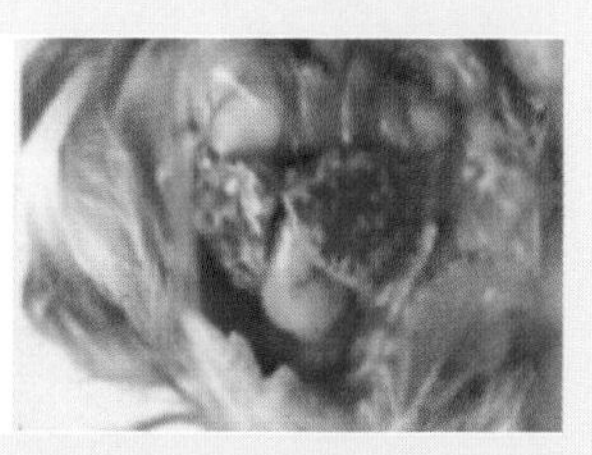

图 11-26 鹅出血性坏死性肝炎病变（三）

肌胃角质层下肌层有鲜红色出血斑（左图）；患病雏鹅脑壳充血、出血（中图）；鹅胚肝脏肿大，有弥漫性大小不一的黄色和红色相间的坏死灶（右图）

（5）诊断　病毒分离和鉴定（血清中和试验、琼脂扩散试验、ELISA 等方法鉴定病毒）可以确诊。注意与小鹅瘟、鹅禽流感、鹅副黏病毒病和鹅鸭疫里默氏杆菌感染区别。

（6）防制

① 病鹅应隔离饲养，注意搞好卫生，消除应激因素并做好消毒工作等。

② 免疫接种。种鹅应在产蛋前 15 天左右应用油乳剂灭活苗进行免疫，免疫后 15 天可产生较高抗体，一方面可消除垂直传播的危险，另一方面使其子代具有较高滴度的母源抗体，可免受早期感染。雏鹅防疫，种鹅免疫的雏鹅，在 10 日龄左右用油乳剂灭活苗或灭活苗进行免疫。未免疫种鹅的雏鹅，在 7 日龄以内用油乳剂灭活苗或灭活苗进行免疫。

③ 紧急防疫，应用高免血清进行紧急注射，同时也可注射油乳剂灭活苗或数天后注射灭活苗。

④ 发病后措施。对出现临床症状的患病雏鹅可用高免血清进行治疗。给患病鹅只的饲料中添加维生素 C 和维生素 K_3，能降低损失。

第二节 细菌性传染病

一、鹅大肠杆菌病

禽大肠杆菌病是指由致病性大肠杆菌引起家禽的多病型的疾病总称。该病的特征是病型众多，临床上常见的病型有大肠杆菌性胚胎病与脐炎、败血症、母禽生殖器官病等，症状特征各有不同，剖检病禽常可见到纤维素性肝周炎、心包炎、气囊炎、腹膜炎及眼炎、脑炎、关节炎、肠炎、脐炎、生殖器官炎症和肉芽肿等病理变化。

（1）病原　病原是某些致病血清型的大肠杆菌，常见的有 QK_{89}、QK_{1}、$O_{7}K_{1}$、$O_{141}K_{85}$、Q_{39} 等血清型。本菌在自然界分布甚广，在污染的土壤、垫草、禽舍内等处均可发现此病原菌，从病鹅的变性卵子、腹腔渗出物中以及发病鹅群的公鹅外生殖器官病灶中都可以分离出该病原菌。本菌对外界环境抵抗力不强，一般常用的消毒药可以杀灭本菌。

（2）流行病学　该病的发生与不良的饲养管理有密切关系，天气寒冷、气温骤变、青绿饲料不足、维生素 A 缺乏、鹅群过度拥挤、闷热、长途运输等因素，均能促进该病的发生和传播。主要经消化道感染，雏鹅发病常与种蛋污染有关。成年母鹅群感染发病时，一般是产蛋初期零星发生，至产蛋高峰期发病最多，产蛋停止后该病也停止发生。流行期间常造成多数病鹅死亡。公鹅感染后，虽很少出现死亡，但可通过配种而传播该病。

（3）临床症状

① 急性败血型。各种年龄的鹅都可发生，但以 7～45 日龄的鹅较易感。病鹅精神沉郁，羽毛松乱，怕冷，常挤成一堆，不断尖叫，体温升高 1～2℃。粪便稀薄而恶臭，混有血丝、血块和气泡，肛周沾满粪便，食欲废绝，渴欲增加，呼吸困难，最后衰竭窒息而死亡，死亡率较高。

② 母鹅大肠杆菌性生殖器官病。在产蛋后不久，部分产蛋母鹅

表现精神不振，食欲减退，不愿走动，喜卧，常在水面漂浮或离群独处，气喘，站立不稳，头向下弯曲，嘴触地，腹部膨大。排黄白色稀便，肛门周围沾有污秽发臭的排泄物，其中混有蛋清、凝固的蛋白质或卵黄小块。病鹅眼球下陷，喙、蹼干燥，消瘦，呈现脱水症状，最后因衰竭而死亡。即使有少数鹅能自然康复，也不能恢复产蛋（图11-27）。

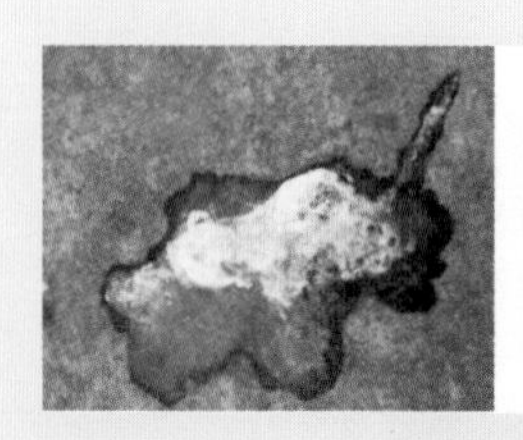
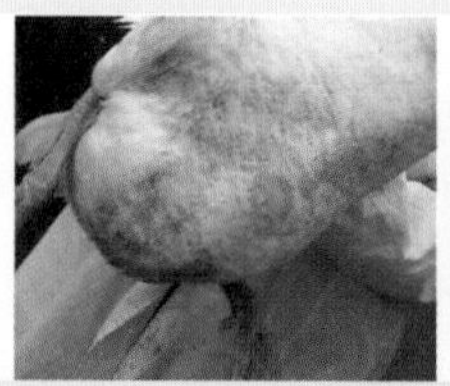
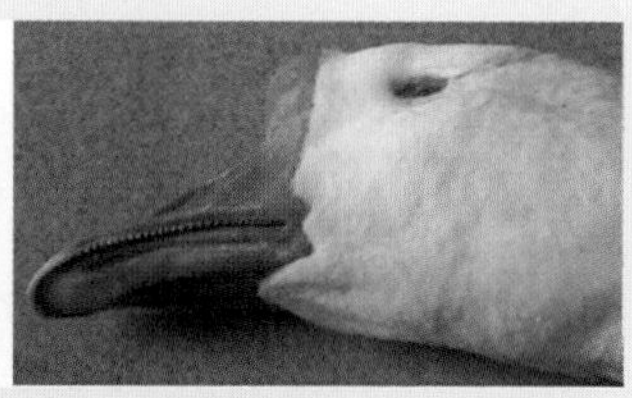

图 11-27　母鹅大肠杆菌性生殖器官病临床症状

患病鹅排出的黄白色稀便（左图）；患病母鹅腹部膨大（中图）；患病鹅眼球下陷，喙、蹼干燥发绀，消瘦，呈现脱水症状，最后因衰竭而死亡（右图）

③ 公鹅大肠杆菌性生殖器官病。主要表现阴茎红肿、溃疡或结节。病情严重的，阴茎表面布满绿豆粒大小的坏死灶，剥去痂块即露出溃疡灶，阴茎无法收回，丧失交配能力。

（4）病理变化　败血型病例主要表现为纤维素性心包炎、气囊炎、肝周炎。成年母鹅的特征性病变为卵黄性腹膜炎，腹腔内有少量淡黄色腥臭浑浊的液体，常混有损坏的卵黄，各内脏表面覆盖有淡黄色凝固的纤维素性渗出物，肠系膜互相粘连，肠浆膜上有小出血点。公鹅的病变仅局限于外生殖器，阴茎红肿，上有坏死灶和结痂（图11-28、图 11-29）。

（5）诊断　细菌分离鉴定或平板凝集或试管凝集试验。注意与小鹅瘟（小鹅瘟肠道形成纤维素性坏死性肠炎和脱落形成特殊的栓子，细菌学检查看不到病原体）、巴氏杆菌病和禽流感鉴别诊断。

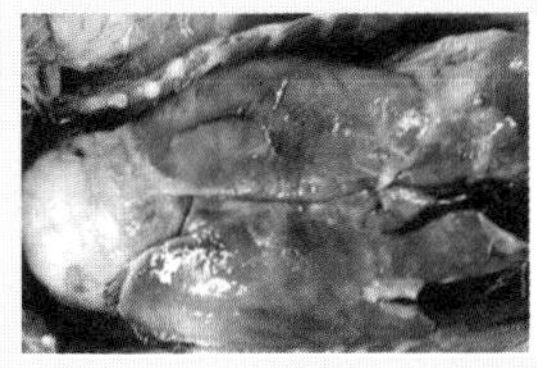
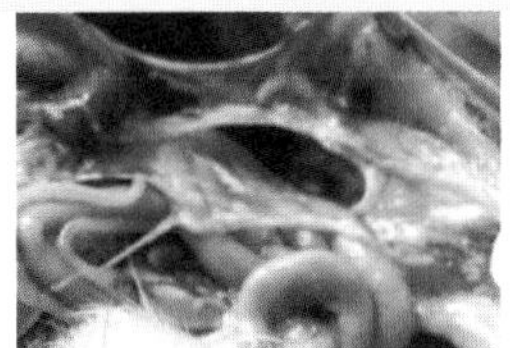
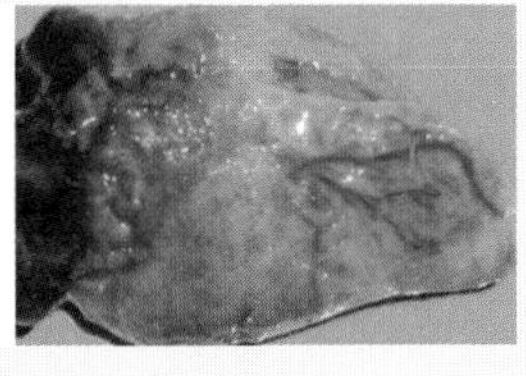

图 11-28　鹅大肠杆菌病病变（一）

患病鹅肝脏棕黑，严重纤维素性肝周炎、心包炎（左图）；
腹气囊壁增厚（中图）；病鹅的纤维素性心包炎（右图）

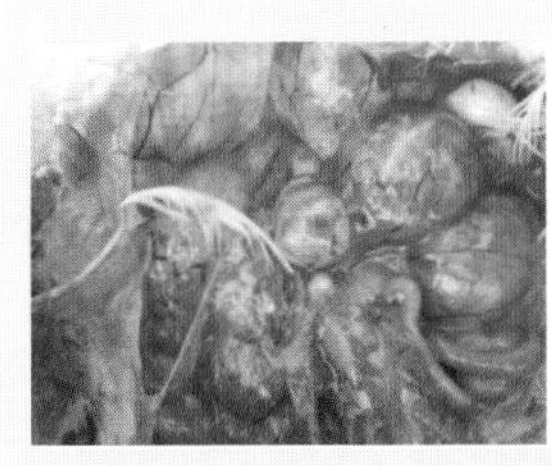
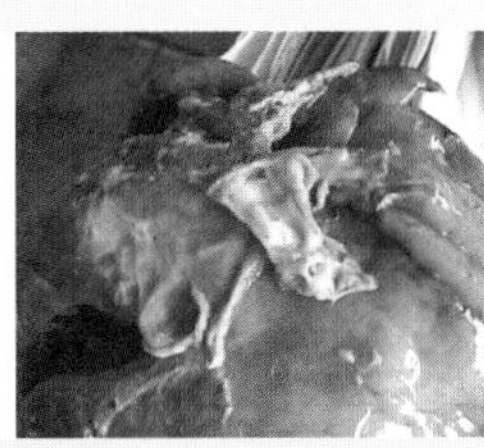
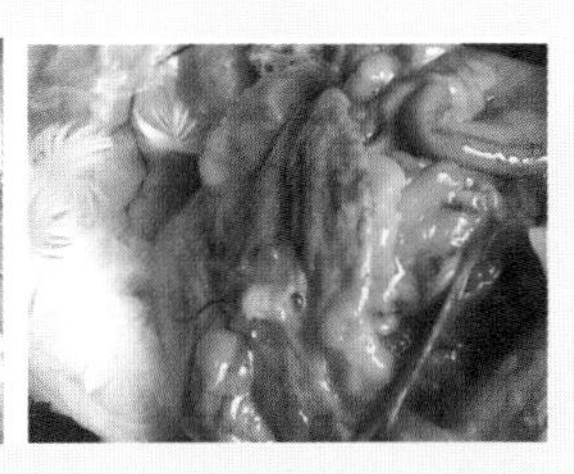

图 11-29　鹅大肠杆菌病病变（二）

患病鹅的卵黄变性，卵泡破裂（左图）；患病鹅内脏表面覆盖有淡黄色凝固的纤维素性渗出物，肠系膜互相粘连，肠浆膜上有小出血点（中图）；患病鹅卵黄性腹膜炎，腹腔内有少量淡黄色腥臭浑浊的液体，常混有损坏的卵黄（右图）

（6）防制

① 加强管理。降低饲养密度，注意控制温湿度和通风，减少空气中细菌污染，禽舍和用具经常清洗消毒，种鹅场应加强种蛋收集、存放和整个孵化过程的卫生消毒管理，搞好常见多发病的预防工作，减少各种应激因素，避免诱导大肠杆菌病的发生与流行。

② 药物预防。大肠杆菌对多种抗生素如卡那霉素、新霉素、磺胺类药物等都敏感，但大肠杆菌极易产生耐药性。药物预防对雏禽具有一定意义，一般可在雏禽出壳后开食时，在饮水中投 0.03%～0.04%庆大霉素等。可选择敏感药物在发病日龄前 1～2 天进行预防性投药。

③ 免疫接种。在该病流行的地区，可采用鹅蛋子瘟氢氧化铝灭活菌苗预防接种，在开产前 1 个月，每只成年公母鹅每次胸肌注射 1 毫升，每年 1 次。

④ 发病后措施。早期投药可控制早期感染的病鹅，促使痊愈，同时可防止新发病例的出现。但在大肠杆菌病发病后期，若出现了气囊炎、肝周炎、卵黄性腹膜炎等较为严重的病理变化，使用抗生素疗效往往不显著甚至没有效果。大肠杆菌的耐药性非常强，因此，应根据药敏试验结果，选用敏感药物进行预防和治疗。

【方案 1】 氨苄青霉素（氨苄西林），按 0.2 克/升饮水或按 5～10 毫克/千克拌料内服，每日 1 次，连用 3 天。

【方案 2】 丁胺卡那霉素（或氟苯尼考），每 100 千克水 8～10 克，混饮 4～5 天。

【方案 3】 多西环素，10～20 毫克/千克体重，内服，每日 1 次，连用 3～5 天。

【方案 4】 复方新诺明，30～50 毫克/千克体重，内服，每日 2 次，连用 3～5 天。

【方案 5】 硫酸庆大霉素（或硫酸卡那霉素），3～5 毫升/千克体重，肌内注射，每日 2 次，连用 3～5 天。

【方案 6】 10%磺胺嘧啶钠注射液，1～2 毫升/千克体重，肌内注射，每日 2 次，连用 3～5 天。或磺胺嘧啶，0.2%拌饲（0.1%～0.2%饮水），连用 3 天。

【方案 7】 甲砜霉素，0.01%～0.02%拌饲（或红霉素 50～100 克/吨拌饲，或泰乐菌素 0.2%～0.5%拌饲，或泰妙菌素 125～250 克/吨拌料），连用 3～5 天。

二、禽出血性败血症

禽出血性败血症又称禽巴氏杆菌病或禽霍乱，是由多杀性巴氏杆菌引起鸡、鸭、鹅等家禽发生的，具有高度发病率和死亡率的一种急性败血性传染病。病理特征为全身浆膜和黏膜有广泛的出血斑点，肝脏有大量坏死病灶。慢性型主要表现为关节炎。

（1）病原　该病的病原为多杀性巴氏杆菌。本菌分为 A、B、D

和E四种荚膜血清型，对家禽致病的主要是A型（禽型），D型少见。菌体呈卵圆形或短杆状，单个、成对排列，偶尔也排列成链状。本菌对青霉素、链霉素、土霉素及磺胺类药物等都具有敏感性；本菌对一般消毒药的抵抗力不强，如5%石灰乳、1%～2%漂白粉水溶液或3%～5%煤酚皂溶液在数分钟内很快杀灭。病菌在干燥空气中2～3天死亡，在血液、分泌物及排泄物中能生存6～10天；在死鹅体内，可生存1～3个月之久；高温下立即死亡。

（2）流行病学　鹅、鸭、鸡最为易感，而且多呈急性经过。鹅群发病多呈流行性，病鹅和带菌鹅及其它病禽是该病的传染源。病鹅的排泄物和分泌物中，带有大量病菌，污染了饲料、饮水、用具和场地等，会导致健康鹅染病。饲养管理不良、长途运输、天气突变和阴雨潮湿等因素都能促进该病的发生和流行。

（3）临床症状　潜伏期2小时至5天。按病程长短一般可分为最急性型、急性型和慢性型3型。最急性型常见于该病暴发的最初阶段，无明显症状，常在吃食时或吃食后突然倒地，迅速死亡。有时见母鹅死在产蛋窝内。急性型出现“摇头瘟”，晚间一切正常，吃得很饱，次日口鼻中流出白色黏液，并常有下痢，排出黄色、灰白色或淡绿色的稀便（图11-30），有时混有血丝或血块，味恶臭，发病1～3天死亡。慢性型，多发生在该病的流行后期，病鹅日趋消瘦、贫血，腿关节肿胀和化脓、跛行，最后消瘦衰竭而死。少数病鹅即使康复，也生长迟缓。

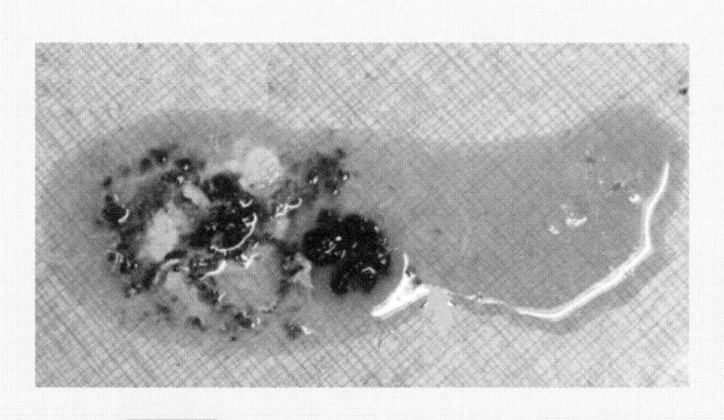

图11-30 患病鹅排出的黄白色或黄绿色稀便

（4）病理变化　最急性型病变不明显。急性型，皮肤（尤其是腹部）发绀；心外膜和心冠脂肪有出血点；肝肿大、质脆，表面有灰白

图 11-31　鹅巴氏杆菌病病变（一）

患病鹅肝脏肿大、质脆，表面密布针尖状灰白色坏死灶（左图）；患病鹅脾脏肿大，常有散在或密集灰白色坏死区（中图）；患病鹅心外膜、心冠脂肪有出血点（右图）

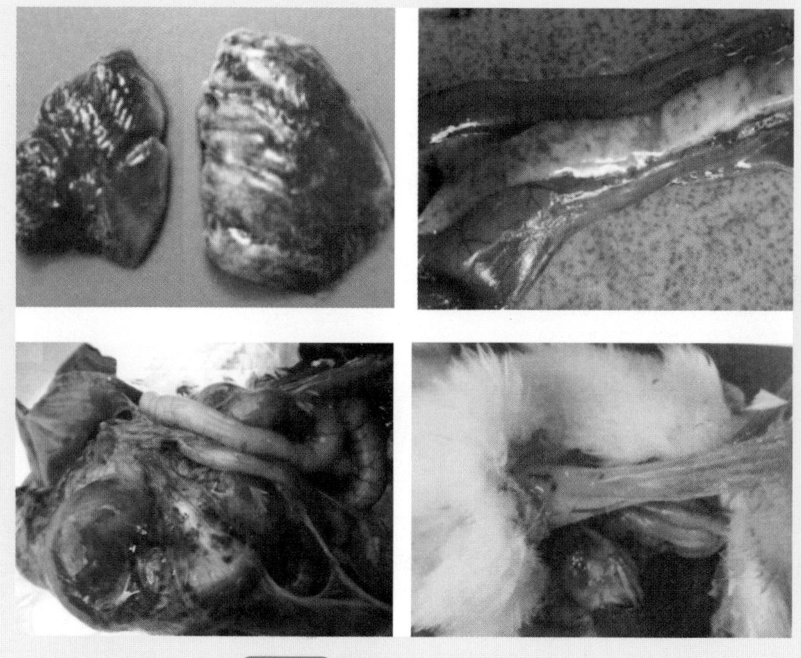

图 11-32　鹅巴氏杆菌病病变（二）

患病鹅肺脏充血、出血（上左图）；患病鹅胰腺肿大，有出血点（上右图）；患病鹅腺胃、肌胃及全身浆膜有出血斑（下左图）；直肠黏膜严重出血（下右图）

色针尖大小的坏死点等特征性病变。胆囊多数肿大。十二指肠和大肠黏膜充血和出血最严重，并有卡他性炎症。肺充血和出血。脾脏肿大，有散在或密集的灰白色坏死灶。胰腺肿胀，有出血点。腺胃、肌胃及全身浆膜有出血斑。慢性型常见鼻腔和鼻窦内有多量黏性分泌物，关节肿大变形，个别可见卵巢充血（图 11-31、图 11-32）。

（5）诊断　涂片染色镜检和细菌分离培养及鉴定。注意与鹅鸭瘟、副伤寒、大肠杆菌病相区别（表 11-3）。

表 11-3　鹅巴氏杆菌病与鹅鸭瘟、副伤寒、大肠杆菌病的区别

病名	鹅鸭瘟	副伤寒	大肠杆菌病
特征	鸭瘟除有一般的出血性素质外，还有其特征性病变，肝脏的坏死灶大小不一，边缘不整齐，中间有红色出血点或周围有出血环。食管和泄殖腔黏膜有坏死和溃疡	患副伤寒死亡的小鹅肝脏也常有边缘不整齐的坏死灶，呈灰黄白色，多见于肝被膜下，肝脏稍肿，肝表面色泽不匀，呈红色或古铜色。脾脏也有明显肿大，有针头大坏死点，呈斑驳花纹状。最特征性的病变是盲肠肿大 1～2 倍，呈斑驳状，肠内有干酪样团块物质	大肠杆菌病的死鹅主要病变在心包膜、心外膜、肝和气囊表面有纤维素性渗出物，呈淡黄绿色，凝乳样或网状，厚度不等。肝肿大、质脆，表面有针头大小、边缘不整齐的灰白色坏死灶，比巴氏杆菌病的肝脏坏死灶稍大

（6）防制

① 加强禽群饲养管理。平时严格执行禽场兽医卫生防疫措施是防制该病的关键措施。因为该病的发生经常是由于一些不良的外界因素刺激，降低禽体的抵抗力而引起的。如禽群拥挤、圈舍潮湿、营养缺乏、寄生虫感染或其它应激因素都是该病的诱因。所以必须加强饲养管理，以栋舍为单位采取全进全出的饲养制度，并注意严格执行隔离卫生和消毒制度，从无病禽场引种。

② 药物预防。定期在饲料中加入抗菌药。在饲料中添加杆菌肽锌，具有较好的预防作用。

③ 免疫接种。一般从未发生该病的鹅场不进行疫苗接种。对常发地区或鹅场，药物治疗效果日渐降低，该病很难得到有效的控制，可考虑应用疫苗进行预防，但疫苗免疫期短，防治效果不十分理想。在有条件的地方可在本场分离细菌，经鉴定合格后，制作自家灭活

苗，定期对鹅群进行注射。经实践证明通过1～2年的免疫，该病可得到有效控制。现国内有较好的禽霍乱蜂胶灭活疫苗，安全可靠，可在0℃下保存2年，易于注射，不影响产蛋，无毒副作用，可有效防制该病。

④ 发病后措施。磺胺类药物、红霉素、庆大霉素、环丙沙星、恩诺沙星均有较好的疗效。

【方案1】抗微生物药物治疗。盐酸土霉素，50～100毫克/千克体重，内服，每日2次，连用1周；大群治疗时可按0.05%～0.1%的比例拌入饲料中喂禽，连用1周。或硫酸链霉素，5万～10万国际单位，肌内注射，每日2～3次，连用3～4天；或复方新诺明，100毫克/千克体重，内服，每日2次，或按0.4%的比例拌入饲料中喂给，连用3～5天；或0.5%痢菌净，1毫升，肌内注射，每日1～2次，实施1～2天；或磺胺二甲基嘧啶，按0.5%～1%的比例配入饲料中，连用3～4天；或增效磺胺嘧啶，每只0.5克，内服，每日1次。

【方案2】中药治疗。特效霍乱灵散，每100千克饲料1千克，连续给药3～5天。预防量减半。或穿心莲（干品）90%、鸡内金（干品）8%、甘草（干品）2%，共烤干，粉碎成末，装瓶备用。小鹅每只每次1～2克，成年鹅每只每次2～3克，直接灌服或拌入饲料中喂食，每日2次，连用2～3天。

三、鹅鸭疫里默氏杆菌病

鹅鸭疫里默氏杆菌病（鹅浆膜炎）是由鸭疫里默氏杆菌引起的一种接触性传染病，多发于2～7周龄的雏鸭和雏鹅，呈急性和慢性败血症。近几年，在雏鹅群中也开始流行。患病鹅以纤维素性心包炎、肝周炎、气囊炎、输卵管炎、关节炎、脑膜炎等为特征性病变。

（1）病原　鸭疫里默氏杆菌为革兰氏阴性、无鞭毛、不运动、不形成芽孢的小杆菌。

（2）流行病学　1～8周龄的鸭、鹅均易感，尤其以2～3周龄的雏鸭、仔鹅最为易感，该病在感染群中感染率和发病率都很高，有时可达90%甚至以上，死亡率为5%～80%不等。该病呈明显的季节性，一年四季均可发生，但冬春季节发病率相对较高。该病主要经呼吸道或皮肤伤口感染。育雏密度过高、垫料潮湿污秽和反复使用、通风不良、饲养环境卫生条件不佳易造成该病的发生，育雏地面粗糙易导致雏禽脚掌擦伤而感染；饲养管理粗放，饲料中蛋白质水平、维生素或某些微量元素含量过低也易造成该病的发生和流行。此外，其他疫病的发生亦经常与该病并发或继发，如大肠杆菌病、鸭瘟、禽流感、水禽副黏病毒病、禽霍乱、小鹅瘟等。

（3）临床症状　鹅感染该菌后多表现为亚急性或慢性型症状，少数呈急性型，极少为最急性型。亚急性型和慢性型多发生于日龄较大的雏鸭、仔鹅，病程长达一周左右，表现为精神沉郁，食欲不振，伏地不起或不愿走动。常伴有神经症状，如摇头摆尾、前仰后合、头颈震颤。遇到其他应激时，不断鸣叫，颈部扭曲，发育严重受阻，最后衰竭而亡。该病的死亡率与饲养管理水平和应激因素密切相关。慢性型表现窦腔炎和面部红肿（图 11-33）。

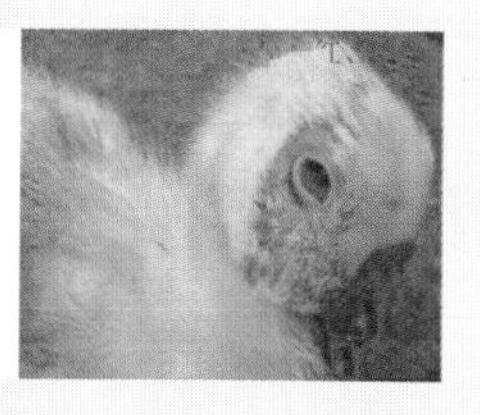

图 11-33　鹅鸭疫里默氏杆菌病的临床症状

病鹅伏地不起或不愿走动（左图）；病鹅的窦腔炎，下颌窦肿胀（中图）；面部红肿，眼结膜潮红、水肿（右图）

（4）病理变化　鹅浆膜炎剖检病变为全身广泛性纤维素性炎症。心包内可见淡黄色液体或纤维素样渗出物，心包膜与心外膜粘连。肝脏肿大，表面常覆有一层灰白色或灰黄色纤维素性渗出物，易剥离，肝脏呈土黄色或红褐色。脾脏肿大淤血，外观呈大理石状；肾脏充血肿大，实质较脆，手触易碎。气囊混浊，壁增厚，覆有大量的纤维素样或干酪样渗出物，以颈胸气囊最为明显。胸腺、法氏囊明显萎缩，同时可见胸腺出血。肺脏充血、出血，表面覆盖一层黄白色纤维素性渗出物。个别病例出现输卵管炎，输卵管膨大，管腔内积有黄色纤维素样物质。表现出神经症状的病鹅可见脑膜炎，脑膜充血、出血；慢性或亚急性病例可见跖关节、跗关节一侧或两侧肿大，关节腔积液，手触有波动感，剖开可见大量液体流出（图 11-34、图 11-35）。

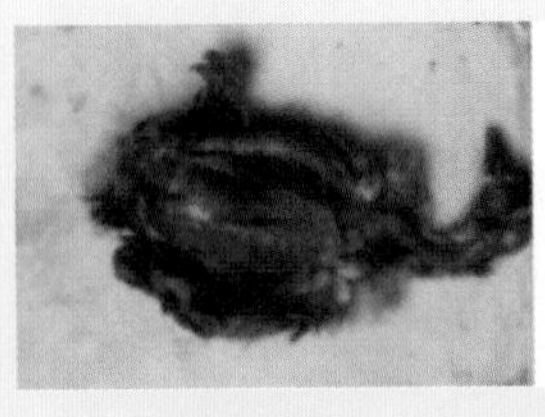
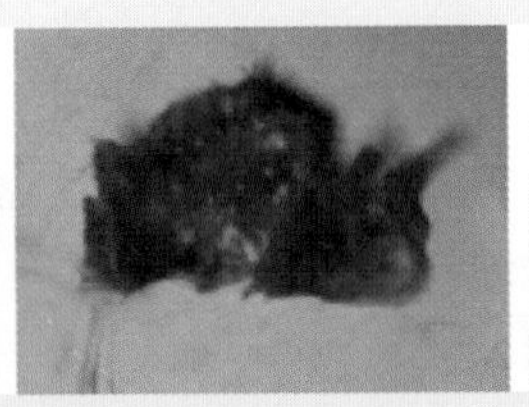
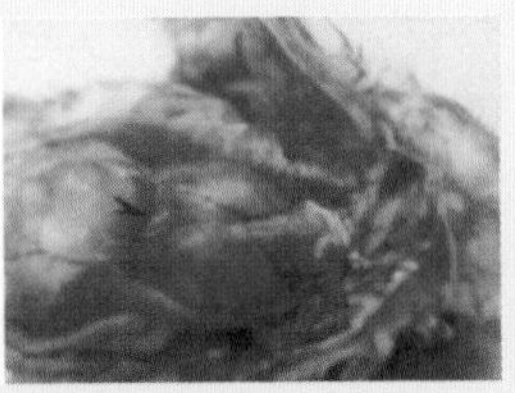

图 11-34　鹅浆膜炎病变（一）

患病雏鹅消瘦，皮下充血、出血，胶样浸润（左图）；患病雏鹅的胸壁有黄白色干酪样物附着（中图）；患病鹅肝脏肿大，质脆，呈鲜红色（右图）

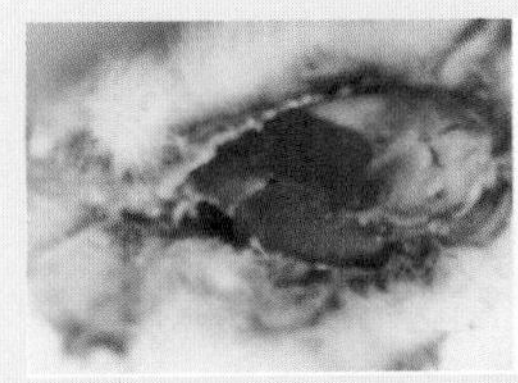

图 11-35　鹅浆膜炎病变（二）

患病雏鹅肝包膜增厚，有一层灰白色纤维素膜，心包膜增厚（左图）。心包膜增厚，位置不同其厚度也不同（中图）。患病鹅颈胸气囊浑浊，覆有大量的渗出物。胸腺、法氏囊明显萎缩，同时可见胸腺出血。肺脏充血、出血（右图）

（5）诊断　根据发病情况、临床症状、病理变化初步诊断，通过组织涂片镜检、细菌分离和鉴定等实验室检查可以确诊。注意与大肠杆菌病（心包炎特征性病变）和巴氏杆菌病（发病日龄不同）的鉴别诊断。

（6）防制　由于该病的发生和流行与环境卫生条件和天气变化有密切关系，因此，要注意改善饲养管理条件和禽舍及运动场环境卫生，减少各种应激因素。

① 预防接种。10 日龄左右首免，过 2～3 周二免。

② 药物治疗。阿莫西林 0.025%混水，大群饮用，连饮 3 天。或 2.0%氟苯尼考溶液按 2 毫克/千克体重，肌内注射，连用 3 天。同时用电解多维饮水，连饮 7 天。另外，阿米卡星、氨苄青霉素等也有治疗效果。

四、禽副伤寒

禽副伤寒是由除鸡白痢和鸡伤寒沙门菌以外的其他沙门菌引起鹅的一种急性或慢性传染病。主要发生在幼禽并引起大批死亡，成年家禽往往是慢性或隐性感染，成为带菌者。这一类细菌危害甚大，常引起人类食物中毒。该病在世界分布广泛，几乎所有的国家都有该病存在。

（1）病原　病原是沙门菌属的细菌，种类很多，目前从禽体和蛋品中分离到的沙门菌已达 130 多种。沙门菌为革兰氏阴性小杆菌，菌体长为 1～3 微米，宽为 0.4～0.6 微米。具有鞭毛（鸡白痢和鸡伤寒沙门菌除外），无芽孢，能运动。为兼性厌氧菌，能在多种培养基上生长。引起禽副伤寒的沙门菌常见的有 6～7 种，最主要的是鼠伤寒沙门菌（约占 50%），其他如肠炎沙门菌、鸭沙门菌、汤卜逊沙门菌等，也有较多的报道。病原菌的种类常因地区和家禽种类的不同而有差别。

沙门菌的抵抗力不是很强，对热和多数常用消毒剂都很敏感，一般的消毒药能很快杀灭，在 60℃ 10 分钟即行死亡。而病原菌在土壤、粪便和水中生存时间较长，土壤中的鼠伤寒沙门菌至少可以生存 280 天，粪便中的鼠伤寒沙门菌能够存活 28 周，池塘中的鼠伤寒沙门菌能存活 19 天，在饮用水中也能生存数周至 3 个月之久。

（2）流行病学　该病的发生常为散发性或地方性流行，不同种类的家禽（鹅、鸡、鸭、鸽、鹌鹑）和野禽（野鸡、野鸭等）及哺乳动物均可发生感染，并能互相传染，也可以传染给人类，禽副伤寒是一种重要的人畜共患病。幼龄鹅对副伤寒非常易感，尤其 3 周龄以下易发生败血症而死亡，成年鹅感染后多成为带菌者。鼠类和苍蝇等也是携带该菌的传播者。临床上发病的鹅和带菌鹅以及污染该菌的畜禽副产品是该病的主要传播媒介。禽副伤寒既可通过消化道等途径水平传播，也可通过卵而垂直传播。

（3）临床症状　该病的发病率和死亡率取决于雏鹅群感染的程度和饲养环境。雏鹅感染副伤寒大多由带菌种蛋引起。2 周龄以内雏鹅感染后，常呈败血症经过，往往不显任何症状突然死亡。多数病例表现嗜睡、呆钝、畏寒、垂头闭眼、两翅下垂、羽毛松乱、颤抖、厌食、饮水增加、眼和鼻腔流出清水样分泌物、腹泻、肛门常有稀粪、体质衰弱、动作迟钝不协调、步态不稳、共济失调、角弓反张，最后抽搐死亡。少数慢性病例可能出现呼吸道症状，表现呼吸困难、张口呼吸。亦有病例出现关节肿胀。3 周龄以上的鹅很少出现急性病例，常成为慢性带菌者，如继发其他疾病，可使病情加重，加速死亡。成年鹅一般无临床体征或间有腹泻症状，往往成为带菌者（图 11-36）。

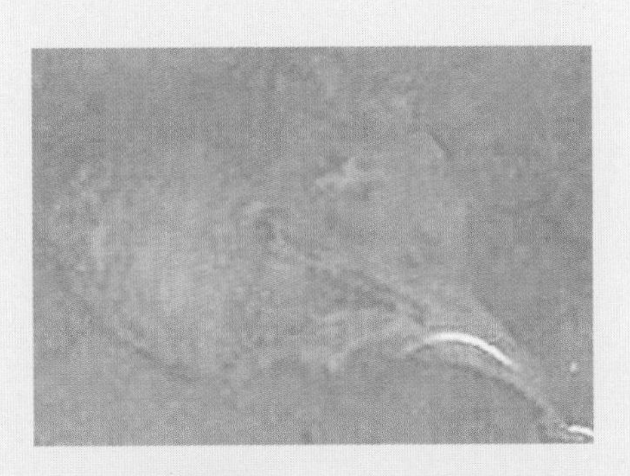

图 11-36　排出绿色水样粪便

（4）病理变化　初生幼雏的主要病变是卵黄吸收不良和脐炎，俗称“大肚脐”，卵黄黏稠、色深，肝脏轻度肿大。日龄稍大的雏禽常见肝脏肿大，呈古铜色，表面有散在的灰白色坏死点。有的病例气囊混浊，常附有淡黄色纤维素的团块，亦有表现心包炎、心肌有坏死结节的病例。脾脏肿大、色暗淡，呈斑驳状，肾脏色淡，肾小管内有尿酸盐沉着，输尿管稍扩展，管内亦有尿酸盐，最特征的病变是盲肠肿胀，呈斑驳状。盲肠内有干酪样物质形成的栓子，肠道黏膜轻度出血，部分节段出现变性或坏死。少数病例腿部关节炎性肿胀（图 11-37）。

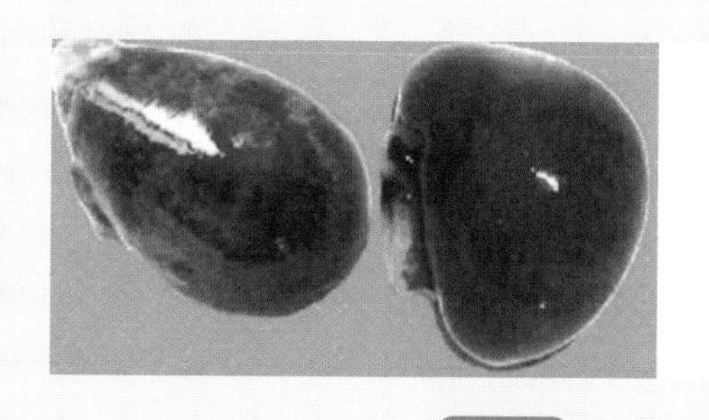
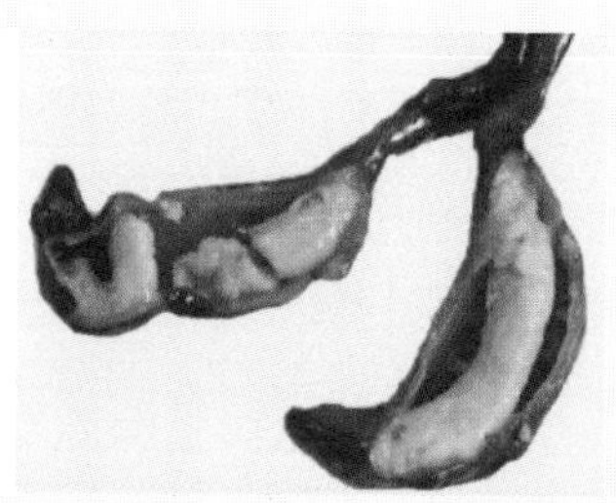

图 11-37 禽副伤寒病变

脾脏肿大、色暗淡，呈斑驳状（左图）；盲肠内干酪样物质形成的栓子（右图）

（5）诊断　取发病禽心血、肝、脾、肺和十二指肠为病料进行接种培养。首先用营养肉汤做增菌培养，可加入亚硒酸盐、磺绿（或0.05%磺胺噻唑钠）抑制其他杂菌生长，培养 8～20 小时后，再接种固体培养基培养 24 小时观察结果。若发现革兰氏阴性、无芽孢、无荚膜、能运动的小杆菌，便可确诊。

（6）防制

① 预防措施。加强鹅群的环境卫生和消毒工作，地面的粪便要经常清除，防止污染饲料和饮水。雏禽和成年禽分开饲养，防止直接或间接的接触。种蛋外壳切勿沾污粪便，孵化前应进行必要的消毒；使用药物预防（见治疗部分）。

② 发病后措施。首先淘汰鹅群中病情特别严重且腹部膨大者，集中深埋，使用药物治疗。

【方案 1】 0.5%磺胺嘧啶或磺胺甲基嘧啶，饲料中添加，连续饲喂 4～5 天。或饮水中加入 0.1%～0.2%，供病禽取食或自行饮服。

【方案 2】 硫酸卡那霉素，10～30 毫克/千克体重，肌内注射或内服。

【方案 3】 氟苯尼考（或丁胺卡那霉素），按 100 千克水 8～10 克，混饮，连用 5～7 天。

【方案 4】 四环素，2 万～5 万国际单位/千克体重，口服或肌内注射，每日 2 次。

【方案 5】 磺胺嘧啶，饲料中加入 0.4%～0.5%（或饮水中加入 0.1%～0.2%），供病禽取食或自行饮服。或磺胺-6-甲氧嘧啶，0.05～0.2 克/只，连用 14 天。

【方案 6】 多西环素，100 毫克/千克，拌料饲喂 5～7 天。

五、鹅流行性感冒

鹅流行性感冒是由鹅流行性感冒志贺杆菌引起的，发生在大群饲养场中的一种急性、败血性传染病。由于该病常发生在半月龄后的雏鹅，所以也称小鹅流行性感冒（简称小鹅流感）。雏鹅的死亡率一般为 50%～60%，有时高达 90%～100%。

（1）病原　鹅流行性感冒志贺杆菌，此菌只对鹅尤其是对雏鹅的致病力最强，对鸡、鸭都不致病。

（2）流行病学　春秋两季常发，可能是由于病原菌污染了饲料和饮水而引起发病。

（3）临床症状　初期可见病鹅鼻腔不断流清涕，有时还有眼泪，呼吸急促，并时有鼾声，甚至张口呼吸。由于分泌物对鼻孔的刺激和机械性阻塞，为尽力排出鼻腔黏液，常强力摇头，头向后弯，把鼻腔黏液甩出去。因此，在病鹅身躯前部羽毛上粘有鼻黏液。整个鹅群都粘有鼻黏液，因而体毛潮湿。鹅发病后即缩颈闭目，体温升高，食欲逐渐减少，后期头脚发抖，两脚不能站立。死前出现下痢，病程 2～4 天。

（4）病理变化　鼻腔有黏液，气管、肺、气囊都有纤维素性渗出物。脾肿大突出，表面有粟粒状灰白色斑点。有些病例出现浆液性纤维素性心包炎，心内膜及心外膜出血，肝有脂肪性病变。

（5）诊断　涂片镜检、细菌分离培养、生化试验。注意与鹅巴氏杆菌病和小鹅瘟相区别（表 11-4）。

表 11-4　小鹅流行性感冒与鹅巴氏杆菌病和小鹅瘟的区别

鹅巴氏杆菌病	巴氏杆菌病肝脏有坏死，该病没有；细菌学检查，巴氏杆菌病可以检出两极浓染的杆菌，该病检出类似于球状的短杆菌
小鹅瘟	小鹅瘟主要危害雏鹅，成年鹅不发病。肠道形成纤维素性坏死性肠炎和脱落形成特殊的栓子，细菌学检查看不到病原体

（6）防制

① 预防措施。平时应加强对鹅群的饲养管理，饲养密度要适当，特别对1月龄以内的雏鹅，更要注意防寒保暖，保持鹅舍干燥和场地、垫草的清洁卫生。

② 发病后措施。使用药物治疗。

【方案1】青霉素。每只雏鹅胸肌注射2万～3万单位，每天2次，连用2～3天。

【方案2】磺胺噻唑钠。每千克体重每次0.2克，8小时1次，连用3天，肌注、静注均可，或按0.2%～0.5%的比例拌于饲料中喂给。

【方案3】磺胺嘧啶。第一次口服1/2片（0.25克），以后每隔4小时服1/4片。

六、禽葡萄球菌病

禽葡萄球菌病是由金黄色葡萄球菌引起的一种急性或慢性传染病。临床上有多种病型：腱鞘炎、创伤感染、败血症、脐炎、心内膜炎等。

（1）病原　病原通常是金黄色葡萄球菌，该菌对外界环境抵抗力较强，80℃ 30分钟才能杀死，常用消毒药需20～30分钟才能将其杀死。

（2）流行病学　各种年龄的鹅均可感染，幼禽的长毛期最易感。是否感染与体表或黏膜有无创伤、机体抵抗力的强弱及病原菌的污染程度有关。传染途径主要是经伤口感染，也可通过口腔和皮肤感染，也可污染种蛋，使胚胎感染。该病常呈散发式流行，一年四季均可发生，但以雨季、空气潮湿的季节多发。饲养密度过大、环境不卫生、饲养管理不良等常成为发病的诱因。

（3）临床症状　败血症型患病鹅精神委顿，食管膨大部积食，食欲减退或不食，下痢，粪便呈灰绿色，鹅胸、翅、腿部皮下有出血斑点，足、翅关节发炎、肿胀，病鹅跛行。有时在胸部或龙骨上出现浆液性滑膜炎，一般病后2～5天死亡；关节炎型常见于胫、跗关节肿胀，热痛，跛行（图11-38），卧地不起，有时胸部龙骨上发生浆液性滑膜炎，最后逐渐消瘦死亡。脐炎型腹部膨大，脐部发炎，有臭味，流出黄灰色液体。

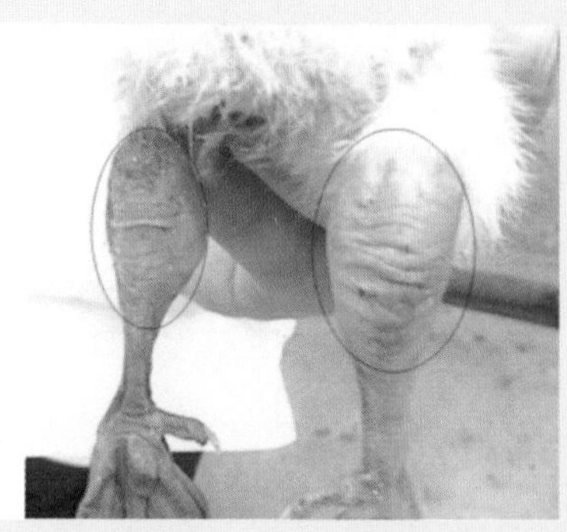

图 11-38 患病鹅跗关节（左图）、胫关节（右图）肿胀热痛

（4）病理变化　败血症型的病变可见全身肌肉、皮肤、黏膜、浆膜水肿、充血、出血；肾脏肿大，输尿管充满尿酸盐。关节内有浆液性或浆液纤维素性渗出物，时间稍长变成干酪样（图 11-39）；龙骨部及翅下、四肢关节周围的皮下呈浆液性浸润或皮肤坏死，甚至化脓、破溃；实质器官不同程度地肿胀、充血；肠有卡他性炎症。关节炎型为关节肿胀，关节囊中有脓性、干酪样渗出物；关节软骨糜烂，易脱落，关节周围的纤维素性渗出物机化；肌肉萎缩。脐炎型则见卵黄囊肿大，卵黄绿色或褐色；腹膜炎，脐口局部皮下胶样浸润。

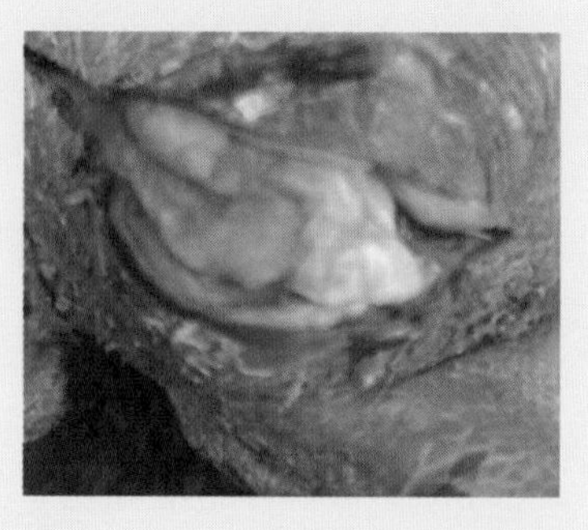

图 11-39 关节内有浆液性或浆液纤维素性渗出物

（5）诊断　以无菌操作法取干酪样物，肝、脾组织接种于普通琼脂平板及血琼脂平板，经37℃培养24小时。普通琼脂平板上形成圆形、湿润、稍隆起、光滑、边缘整齐、不透明的菌落，继续培养后菌落变成橙色；血琼脂平板上形成白色、圆形、周围有溶血环的菌落。取上述菌落涂片染色镜检，见到典型的葡萄串状革兰氏阳性球菌，即可确诊。

（6）防制

① 加强日常饲养管理。采取全进全出制度，加强日常鹅舍内的卫生清扫与消毒工作，保持圈舍干燥；注意防止种鸭鹅吃霉变的饲料；保持适宜的饲养密度；保持地面或网架的清洁，不能积有粪便。每日可用百毒杀、火碱等对全场、鹅舍进行彻底消毒。对饲养场地上的尖锐物进行及时清理，防止对种鸭鹅脚部的磨伤、擦伤、刺伤等。

② 全群预防。采集病料分离出病原菌，做药敏试验后，选择最敏感药物进行预防与治疗。用阿米卡星混于饲料饲喂有防治效果，用量按饲料量的0.05%连续喂服3天。每月在饲料中加药1次进行预防。

③ 发病后的措施。药物治疗，并及时将恢复后的鹅隔离。

【方案1】青霉素，雏鹅1万单位，青年鹅3万～5万单位，肌内注射，4小时1次，连用3天。

【方案2】磺胺-5-甲氧嘧啶（消炎磺）或磺胺间甲嘧啶（制菌磺），按0.04%～0.05%混饲，或按0.1%～0.2%浓度饮水。

【方案3】环丙沙星，按0.05%～0.1%浓度饮水，连饮7～10天。

七、鹅曲霉菌病

鹅曲霉菌病是鹅的一种常见的真菌病。主要侵害雏鹅，多呈急性，发病率较高，造成大批死亡。成年鹅多为个别散发。曲霉菌能产生毒素，使动物痉挛、麻痹、组织坏死和致死。

（1）病原　主要是烟曲霉菌。其他如黄曲霉菌、黑曲霉菌等，都有不同程度的致病力。曲霉菌的气生菌丝一端膨大形成顶囊，上有放射状排列小梗产生的分生孢子形如葵花状。曲霉菌的孢子抵抗力很强，煮沸后5分钟才能杀死，常用的消毒剂有5%甲醛、石炭酸、过氧乙酸和含氯消毒剂。

（2）流行病学　曲霉菌和它所产生的孢子，在鹅舍地面、空气、垫料及谷物中广泛存在。各种禽类易感，以幼禽的易感性最高，常为急性和群发性，成年禽为慢性和散发。环境条件不良，如鹅舍低矮潮湿、空气污浊、高温高湿、通气不良、鹅群拥挤以及营养不良、卫生状况不好等，更易造成该病的发生和流行。

（3）临床症状　病鹅主要表现为食欲减少或停食，精神委顿，眼半闭，缩颈垂头，呼吸困难，喘气，呼气时抬头伸颈，有时甚至张口呼吸，并可听到“咕咕”沙哑的声音，但不咳嗽。少数病鹅鼻、口腔内有黏液性分泌物，鼻孔阻塞，故常见“甩鼻”；表现口渴，后期下痢，最后倒地，头向上向后弯曲，昏睡不起，以致死亡。雏鹅发病多呈急性，在发病后2～3日内死亡，很少延长到5日以上。慢性者多见于大鹅（图11-40）。

图11-40　曲霉菌病的临床症状

患病雏鹅曲霉菌性肺炎表现的气喘、张口呼吸症状（左图）；
患病雏鹅霉菌性脑炎表现的神经症状（右图）

（4）病理变化　病死鹅的主要特征性病变在肺部和气囊。肉眼明显可见肺、气囊中有一种针头大小乃至米粒大小的浅黄色或灰白色颗粒状结节。肺组织质地变硬，失去弹性切面可见大小不等的黄白色病灶。气囊壁增厚混浊，可见到成团的霉菌斑，坚韧而有弹性，不易压碎。患病青年鹅喉头及气管黏膜充血、出血。感染严重的引起曲霉性脑炎，颅骨充血、出血，右脑有霉菌性灶和淡黄色坏死灶（图 11-41）。

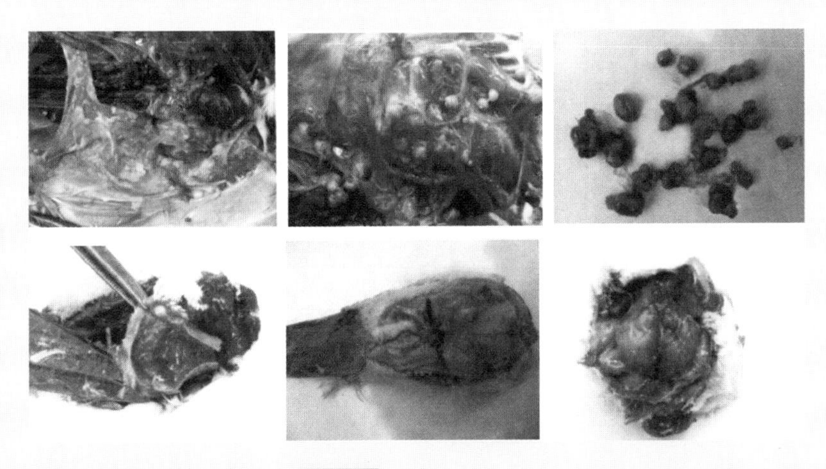

图 11-41 曲霉菌病的病变

患病雏鹅气囊壁增厚，表面有淡黄色纤维素渗出（上左图）；患病雏鹅肺及气囊有多量大小不等的淡黄色结节（上中图）；从患病雏鹅肺及气囊取下的绿豆至黄豆大小的淡黄色干酪样霉菌结节（上右图）；患病青年鹅喉头及气管黏膜充血、出血（下左图）；患曲霉性脑炎的青年鹅颅骨充血、出血（下中图）；患霉菌性脑炎的青年鹅右脑有霉菌性灶和淡黄色坏死灶（下右图）

（5）诊断　根据临床症状和病理变化初步诊断，确诊需进行实验室检查。

① 镜检。无菌操作取少量的肝、脾组织涂片，革兰氏染色，镜检，未检出细菌；或无菌操作取少量的肝、脾组织接种在营养肉汤培养基中，置 37℃温箱中培养 24 小时和 48 小时后，革兰氏染色，镜检，均未检出细菌；可直接镜检。取肺中黄白色结节于载玻片上，剪碎，加 2 滴 20%KOH 溶液，混匀，盖上盖玻片，在酒精灯上微微加热至透明后镜检，可见典型的曲霉菌：大量霉菌孢子，并见有多个菌丝形成的菌丝网，分隔的菌丝排列成放射状。

② 分离培养。无菌操作取肺中黄白色结节接种于沙保氏琼脂平板上，37℃培养，每天观察，36 小时后长出中心带有烟绿色、稍凸起、

周边呈散射纤毛样无色结构菌落，背面为奶油色，直径约7毫米，镜检可见典型霉菌样结构：分生孢子头呈典型致密的柱状排列，顶囊似倒立烧瓶样；菌丝分隔，孢子圆形或近圆形，绿色或淡绿色。

（6）防制

① 预防措施。改善饲养管理，搞好鹅舍卫生，注意防霉是预防该病的主要措施。雏鹅入舍前，育雏舍使用福尔马林熏蒸消毒，入舍后定期消毒。不使用发霉的垫草，严禁饲喂发霉饲料。垫草要经常更换、翻晒，尤其在梅雨季节，要特别注意防止垫草和饲料霉变。注意鹅舍的通风换气，保持舍内干燥卫生。

② 发病后措施。及时隔离病雏，清除污染霉菌的饲料与垫料，清扫禽舍，喷洒1∶2000的硫酸铜溶液，换上不发霉的垫料。严重病例扑杀淘汰，轻症者可用1∶2000或1∶3000的硫酸铜溶液饮水，连用3～4天，可以减少新病例的发生，有效地控制该病的继续蔓延。可使用下列处方治疗。

【方案1】制霉菌素，成年禽15～20毫克，雏禽3～5毫克，混于饲料喂服3～5天，有一定疗效。或制霉菌素1万～2万单位，内服，每日2次，连用3～5天。也可按每只病禽1万～2万单位的剂量，将药溶于水中，让其饮用，连用3～5天。雏禽用量为0.5万单位。

【方案2】碘化钾5～10克，蒸馏水1000毫升。将碘化钾溶于水中，每只禽每次内服1毫升，每日2～3次，连用3天；或配成0.05%～0.1%的碘化钾水溶液，让其自由饮用。

【方案3】0.19%紫药水0.2毫升，肌内注射，每日2次，早期应用效果明显。病初也可用0.05%紫药水与2%～5%的糖水让病禽自饮，连用3～5天。

【方案4】1/3000～1/2000硫酸铜溶液，连饮3～5天，停3天后再饮3～5天。

【方案5】鱼腥草、蒲公英各60克，筋骨草、桔梗各1.5克，山海螺30克。煎汁供病禽饮用，连用1～2周。

八、鹅口疮

鹅口疮（禽念珠菌病，或消化道真菌病）主要是由白色念珠菌所致家禽上消化道的一种霉菌病，主要发生在鹅、鸡和火鸡。其特征为口腔、喉头、食管等上消化道黏膜形成伪膜和溃疡。

（1）病原　病原是白色念珠菌，在自然条件下广泛存在，在健康的畜禽及人的口腔、上呼吸道等处寄生。该菌为类酵母菌，在病变组织及普通培养基中皆产生芽生孢子及假菌丝。出芽细胞呈卵圆形，革兰氏染色阳性，兼性厌氧菌。

（2）流行病学　该病主要发生在幼龄的鸡、鸭、鹅、火鸡和鸽等禽类。幼龄的发病率和死亡率都比成龄的高。病禽粪便中含有多量病菌，可污染饲料、垫料、用具等，通过消化道传染，黏膜损伤有利于病菌侵入。也可通过蛋壳传染。鹅舍内过分拥挤、闷热不通风、不清洁等，饲料配合不当，维生素缺乏以及天气湿热等，导致鹅抵抗力降低，促使该病发生和流行。

（3）临床症状　病鹅生长缓慢，食欲减少，精神委顿，羽毛松乱，口腔内、舌面可见溃疡坏死，吞咽困难。

（4）病理变化　食管膨大部黏膜增厚，表面为灰白色、圆形隆起的溃疡，黏膜表面常有伪膜性斑块和易剥离的坏死物。口腔黏膜上病变呈黄色、豆渣样。气囊浑浊，表面有干酪样物附着（图 11-42）。

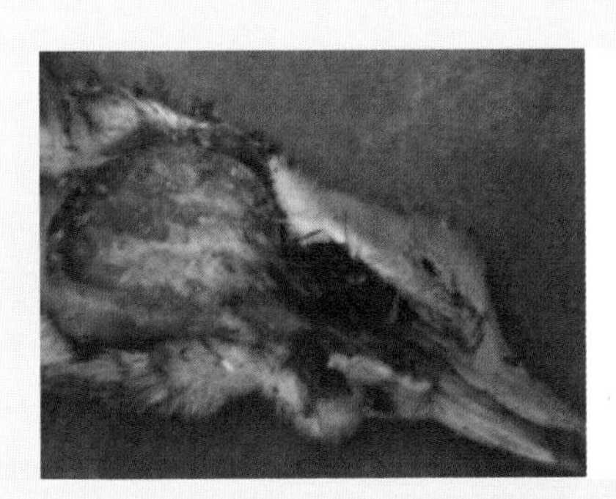

图 11-42　鹅口疮病变

患病幼鹅食管膨大部黏膜增厚，形成灰白色伪膜（左图）；
患病幼鹅气囊浑浊，表面有干酪样物附着（右图）

（5）诊断　确诊必须依靠病原分离与鉴定等实验室诊断。采取病死鹅食管黏膜剥落的渗出物，抹片，镜检，观察有大量的酵母状的孢子体和菌丝（因许多健康鹅也常有白色念珠菌寄生，故在进行微生物检查时，只有发现大量菌落时方可断定患有该病）。

（6）防制

① 预防措施。加强饲养管理，做好鹅舍内及周围环境的卫生工作，防止维生素缺乏症的发生。科学合理地使用抗菌药物，避免因过多、盲目地使用而导致消化道正常菌群的紊乱。在此病的流行季节，可饮用1∶2000硫酸铜溶液。

② 发病后措施。及时隔离病鹅，进行全面消毒。

【方案1】大群治疗时，可在每千克饲料中加入制霉菌素50～100毫克，连用2～3周。

【方案2】个别鹅只发病，可剥离病鹅口腔上的假膜，在溃疡部涂上碘甘油，向食管中灌入2毫升硼酸溶液消毒，并在饮水中加入0.05%的硫酸铜，连用7天。

九、鹅衣原体病

衣原体病又称鸟疫，是由鹦鹉热衣原体引起家禽的一种接触性传染病。在自然情况下，野鸟特别是鹦鹉的感染率较高，所以也称为鹦鹉热。该病在世界各地均有发生，在欧洲曾发生鸭、鸡和火鸡的流行暴发，引起巨大的经济损失。

（1）病原　衣原体的形态呈球形，直径为0.3～1.5微米，不能运动，只能在易感动物体内或细胞培养基上生长繁殖。病原体对周围环境的抵抗力不强，一般消毒药物均能迅速将它杀死。

（2）流行病学　不同品种的家禽和野禽都能感染该病，一般幼禽最易感。传染方式主要通过空气传播，病禽的排泄物中含有大量病原体，干燥以后随风飘扬，易感家禽吸入含有病原体的尘土，引起传染。该病的另一个传染途径是从皮肤伤口侵入禽体，螨类和虱类等吸血虫可能是该病的传播媒介。

（3）临床症状　急性型的发病较为严重。病鹅步态不稳、发生震颤、食欲废绝、腹泻、排绿色水样稀便，眼和鼻孔流出浆液性或脓性分泌物，眼睛周围羽毛上有分泌物干燥凝结成的痂块，随着疾病的发展，病鹅明显消瘦，肌肉萎缩。

（4）病理变化　临床上显现流眼泪和鼻液的病鹅，剖检时可发现气囊增厚、结膜炎、鼻炎、眶下窦炎以及偶见全眼球炎和眼球萎缩等变化。发生胸肌萎缩和全身性多发性浆膜炎的病鹅，常见胸腔、腹腔和心包腔中有浆液性或纤维素性渗出物，肝脏和脾脏肿大，以及肝周炎。肝脏和脾脏偶见有灰色或黄色的小坏死灶。

（5）诊断　用病禽的肝、脾表面，气囊、心包和心外膜触片，空气干燥或火焰固定后，吉姆萨染色镜检，衣原体原生小体呈红色或紫红色，网状体呈蓝绿色。只有包涵体中的原生小体具有诊断意义。

（6）防制

① 预防措施。加强幼禽的饲养管理，搞好环境卫生，控制一切可能的传染来源，坚持消毒制度。幼禽要饲养在接触不到病禽粪便、垫料及脱落羽毛的地方。

② 发病后措施。发病后隔离病禽，病死禽要焚烧或深埋；及时清理粪便和清扫地面，每天要用0.2%的过氧乙酸带禽消毒一次；注意禽舍通风换气。药物治疗。

【方案1】土霉素30～80克/100千克，混料，连喂1～3周。

【方案2】金霉素30～40毫克/千克体重，一次量，内服，每天2～3次，连用3～5天。

【方案3】每千克饲料中添加四环素200～400毫克，充分混合，连续饲喂1～3周。或3～5毫克/千克体重，一次投服，每日2次。

【方案4】红霉素50～150毫克/升，混饮，连用5～7天。

【方案5】氟苯尼考，50毫克/千克，内服，每天1次，连用3～5天。

十、禽支原体病

禽支原体病是由一种原核微生物禽支原体引起的禽类传染性疾病，支原体的自然宿主包括鸡、火鸡、鸭、鹅等家禽和雉鸡、鹧鸪、鹤、海鸥、天鹅、孔雀等野禽在内所有禽类。对禽类产生危害的主要有禽败血支原体、滑液支原体和火鸡支原体，对禽类造成感染的主要为禽败血支原体病种，通常称为慢性呼吸道病。

（1）病原　病原为禽支原体，其呈细小的圆形或卵圆形，大小为0.25～0.5微米。该病原体抵抗力不强，一般常用消毒剂均能将其杀灭。该病原体在18～20℃条件下可存活一周，高温下其很快失活；低温下，其存活时间很长。

（2）流行病学　该病各年龄鹅均易感，尤以幼鹅发病严重。该病一年四季均可发生，但以冬末春初发病最为严重。该病的主要传染源是正在发病或隐性感染的鹅或其他禽类。该病主要有水平传播和垂直传播两种传播方式。水平传播，病原体随病鹅或隐性感染鹅的呼吸道分泌物喷出，健康鹅经呼吸道感染该病。被污染的饲料和饮水也可传播该病。垂直传播，感染病原体的病鹅，特别是母鹅的卵巢、输卵管及公鹅的精液中含有支原体，其可通过交配传播。感染该病的母鹅可产出带病原体的种蛋，造成种蛋孵化率降低。孵出的雏鹅带有病原体，成为传染源。不同场地或鹅舍间主要通过人员、设备、苍蝇等媒介机械传播该病，或通过带入病鹅（禽）及隐性感染鹅（禽）引起接触性传播。

饲养密度过大、卫生条件差、舍内通风不良、氨气和二氧化碳浓度过高、舍内保温差或气温骤降、青绿饲料缺乏、精饲料维生素A含量不足时均可诱发该病。

（3）临床症状　单纯感染支原体的鹅多为隐性经过，轻微的呼吸道症状几乎不被察觉，仅在晚上熄灯后听见一些喷嚏声。病鹅因上呼吸道黏膜发炎而出现浆液性或黏液性或浆液-黏液性鼻液，严重时炎性分泌物堵塞鼻孔。随病情发展，病鹅鼻窦发炎，有炎性渗出物，并且鼻孔后的皮肤向外侧肿胀，病鹅呼吸困难，张口呼吸、喘气（图11-43）。炎症蔓延至下呼吸道时引起气管炎，病鹅喘气声、气管啰音更为明显。前期有的病鹅鼻腔和眶下窦积有大量浓稠浆液或黏液，清除堵塞鼻孔的污物后，轻压眶下窦外胀起的皮肤，从鼻孔中流出大量浓稠液体。后期，眶下窦内渗出物因水分被吸收而变为干酪样或豆腐渣样。眶下窦内的固体物很难吸收，若不手术摘除，可导致化脓破溃。有的病鹅发生眼炎，眼睑极度肿胀，积有干酪样渗出物，严重者眼前房积脓，眼睛失明。病鹅食欲不振或不能采食；产蛋鹅产蛋量下降，淘汰率增加。肉鹅饲养期延长，饲料报酬率低。肉鹅发生气囊炎，使胴体等级降低。

图 11-43 病鹅张口喘气

（4）病理变化 鼻和眶下窦有轻度炎症，前期，内有大量浆液或黏液，后期，眶下窦内有干酪样固体物。气管和喉头有黏液状物。严重者，炎症波及肺和气囊。早期气囊膜浑浊、增厚，呈灰白色，不透明，常有黄色的液体；时间长者，则有干酪样物附着（图 11-44）。眼部变化，严重者切开结膜可挤出黄色的干酪样凝块。

图 11-44 病鹅气囊混浊，附有黄白色干酪样物

（5）诊断　平板凝集试验、血凝抑制试验、酶联免疫吸附试验等血清学检验确诊。

（6）防制

① 预防措施。不从疫区购进鹅苗和鹅蛋。新购进的鹅苗须单独饲养，并隔离观察 21 天；饲养密度适当，育雏期注意保温和通风。春初保持舍温稳定，防止鹅只受寒；饲喂全价日粮。在饲喂青料的基础上，适当补充维生素，特别是维生素 A，以增强机体抵抗力；实行全进全出的饲养制度。避免不同日龄的鹅只混养；注意场地卫生，定期消毒；药物预防，定期在饲料中添加 0.065%～0.1%的土霉素，饲喂 5～7 天。

② 发病后措施。许多种类的抗生素对败血支原体感染具有一定疗效，其中包括林可霉素、螺旋霉素、壮观霉素、泰乐菌素、红霉素、金霉素、链霉素、土霉素等。使用抗生素类药物对该病治疗时，应注意早期投药，并注意环境卫生，改善饲养管理条件，以期获得较满意的疗效。在治疗过程中若有康复病例，停药后复发，应再继续用药 3～5 天，以避免复发。

【方案 1】隔离发病鹅，进行熏蒸消毒。鹅舍食用白醋 10～15 毫升/米^3 熏蒸，以杀灭呼吸道内的支原体，每天 1 次，连用 3 天；饮水中添加强力霉素，按 0.01%比例投饮或用泰乐菌素，按 0.05%投饮，二者最好交替应用，连用 3～5 天。

【方案 2】速百治（药品名，有效成分为壮观霉素），用 20%水溶液，给病禽颈部皮下注射，每次 3～5 毫升，每天 2 次，连用 7 天。对假定健康禽群用百病消饮水，每 2000 毫升饮水中加 10%百病消口服液 1 毫升，连用 3～5 天。

【方案 3】饲料中添加 0.13%～0.2%的土霉素，连续饲喂 5～7 天。

【方案 4】重病家禽采取上述方法处理后，可配合注射链霉素，用量为 50～200 毫克/只，早晚 1 次，连用 2 天。

第三节　寄生虫病

一、球虫病

球虫病是一种常见的家禽原虫病，鸡、鸭、鹅都能感染该病，对幼禽的危害特别严重，暴发时可发生大批死亡。

（1）病原及生活史　鹅球虫有 15 种，分别属于两个属，即艾美耳属和泰泽属。其中以艾美耳球虫致病力最强，它寄生在肾小管上皮，使肾组织遭到严重破坏。3 周龄至 3 月龄的幼鹅最易感，常呈急性经过，病程 2～3 天，死亡率较高。其余 14 种球虫均寄生于肠道，它们的致病力变化很大，有些球虫种类会引起严重发病；而另一些种类单独感染时无危害，但混合感染时就会严重致病。

（2）流行病学　鹅球虫病主要发生于 2～11 周龄的幼鹅，临床上所见的病鹅最小日龄为 6 日龄，最大的为 73 日龄，以 3 周龄以下的鹅多见。常引起急性暴发，呈地方性流行。发病率 90%～100%，死亡率为 10%～96%不等。通常是日龄小的发病严重、死亡率高。该病的发生与季节有一定的关系，鹅肠球虫病大多发生在 5～8 月份的温暖潮湿的多雨季节。不同日龄的鹅均可发生感染，日龄较大的以及成年鹅的感染，常呈慢性或良性经过，成为带虫者和传染源。

（3）临床症状　急性者在发病后 1～2 天死亡。多数病鹅开始甩头，并有食物从口中甩出，口吐白沫，头颈下垂，站立不稳。腹泻，粪便带血呈红褐色，泄殖腔松弛，周围羽毛被粪便污染。病程长者，食欲减退，继而废绝，精神委顿，缩颈、翅下垂，落群，粪便稀或有红色黏液，最后衰竭死亡（图 11-45）。

图 11-45　病鹅粪便

病鹅排的血便（左图）；带有红色黏液的稀便（右图）

（4）病理变化　患肾球虫病的病鹅，可见肾肿大，由正常的红褐色变为淡黄色或红色，有出血斑和针尖大小的灰白色病灶或条纹，于病灶中可检出大量的球虫卵囊。胀满的肾小管中含有将要排出的卵囊、崩解的宿主细胞和尿酸盐，使其体积比正常的增大5～10倍。肠球虫病可见小肠肿胀、肠黏膜增厚、出血和糜烂。肠腔内充满红褐色的黏稠物，小肠的中段和下段可见到黏膜上有白色结节或糠麸样的伪膜覆盖（图11-46、图11-47）。

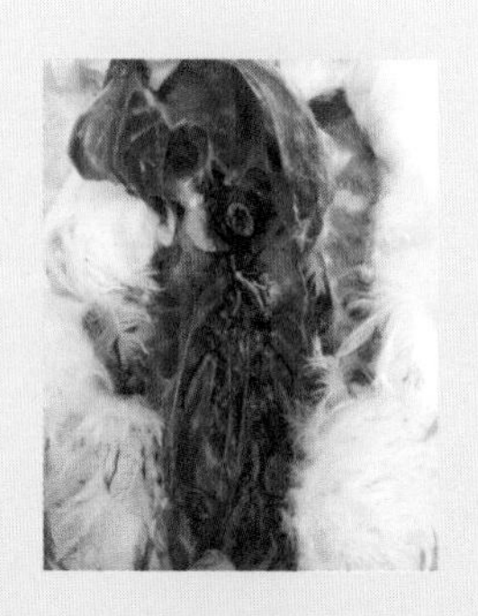

图11-46　患肾球虫病的病鹅肾脏肿胀，呈灰黑色

图11-47　肠球虫病的病变

肠球虫病可见十二指肠和小肠肿胀、肠黏膜增厚、出血和糜烂（左图）；肠腔内充满稀薄的红棕色液体（中图）；肠腔内充满了浓稠的似捣碎的红色乳豆腐状物（右图）

（5）诊断　取伪膜压片镜检，发现大量的球虫卵囊可确诊。

（6）防制

① 预防措施。鹅舍应保持清洁干燥，定期清除粪便，定期消毒。在小鹅未产生免疫力之前，应避开含有大量卵囊的潮湿地区。氯苯胍

按 30～60 毫克/千克，混入饲料中连续服用，可以预防该病暴发。氨丙啉、球虫净或球痢灵，均按 0.0125%浓度混入饲料，连续用药 30～45 天或交替用药可以预防球虫病的发生。

② 发病后措施

【方案 1】 氯苯胍按 60～120 毫克/千克混喂，连续服用 5～7 天。

【方案 2】 氨丙啉或球虫净或球痢灵 0.025%混料，使用 5～7 天。

【方案 3】 0.1%磺胺间甲氧嘧啶，混入饲料饲喂，连用 4～5 天，停 3 天，再用 4～5 天。或磺胺嘧啶，30～40 毫克/千克体重，1 次拌料喂服，连用 5～7 天。

【方案 4】 青霉素，10 万单位，1 次肌注，连用 2～3 天。

【方案 5】 莫能霉素，每千克饲料用 70～80 毫克，拌匀混饲，连用 5～7 天。

二、蛔虫病

鹅蛔虫病是由蛔虫寄生于鹅的小肠内引起的一种寄生虫病。幼鹅与成年鹅都可感染，但以幼鹅表现为明显，可导致幼鹅出现生长发育迟缓、腹泻、贫血等症状，严重的可引起死亡。

（1）病原及生活史　鹅的蛔虫病是由鸡蛔虫所引起，属禽蛔科禽蛔属。蛔虫是鹅体内最大的一种线虫，虫体为淡黄白色、豆芽梗样，表皮有横纹，头端较钝，有 3 个唇片，雌雄异体，雄虫长 26～70 毫米，雌虫长 65～110 毫米。蛔虫卵对寒冷的抵抗力很强，而对 50℃以上的高温、干燥、直射阳光敏感。对常用消毒药有很强的抵抗力。在荫蔽潮湿的地方，虫卵可存活较长时间。在土壤中，感染性虫卵可存活 6 个月以上。

鹅蛔虫为直接发育型寄生虫，不需要中间宿主。成虫主要生活在鹅的小肠内，交配后，雌虫产的卵，随粪便一起排到外界。刚排出的虫卵没有感染力，如果外界的湿度和温度适宜，虫卵开始发育，经 1～3 周发育为一期幼虫，一期幼虫在卵内蜕皮，发育为二期幼虫，此时的虫卵具有感染性，称为感染性虫卵，鹅吃到这种感染性虫卵后就会发生感染。二期幼虫在腺胃或肌胃内脱壳而出，进入小肠，在小肠内蜕皮一次，发育为三期幼虫，这过程约需 9 天。以后幼虫钻进肠壁黏膜中，再蜕皮一次，发育为四期幼虫，此期间，常引起肠黏膜出血。到 17 或 18 天时，四期幼虫重新回到小肠肠腔，蜕皮后变为五期幼虫，以后逐渐生长发育为成虫。从感染性虫卵侵入鹅体到发育成成虫，这一过程需要 35～60 天。

（2）流行病学　主要是雏鹅和幼鹅感染，而且可以引起危害。成年鹅感染的较少，而且多为隐性感染，但也有种鹅感染较严重的报道，感染强度达 10 条以上。环境卫生不佳，饲养管理不良，饲料中缺乏维生素 A、维生素 B 族等，可使鹅感染蛔虫的可能性增大。

（3）临床症状　鹅感染蛔虫后表现的症状与鹅的日龄、感染虫体的数量、本身营养状况有关。轻度感染或成年鹅感染后，一般症状不明显。雏鹅发生蛔虫病后，可表现出生长不良，发育迟缓，精神沉郁，行动迟缓，羽毛松乱，食欲减退或异常，腹泻，逐渐消瘦，贫血等症状。严重的可引起死亡。

（4）病理变化　小肠黏膜发炎、出血，肠壁上有颗粒状脓灶或结节。严重感染者可见大量虫体聚集，相互缠结，引起肠阻塞，甚至肠破裂或腹膜炎（图 11-48）。

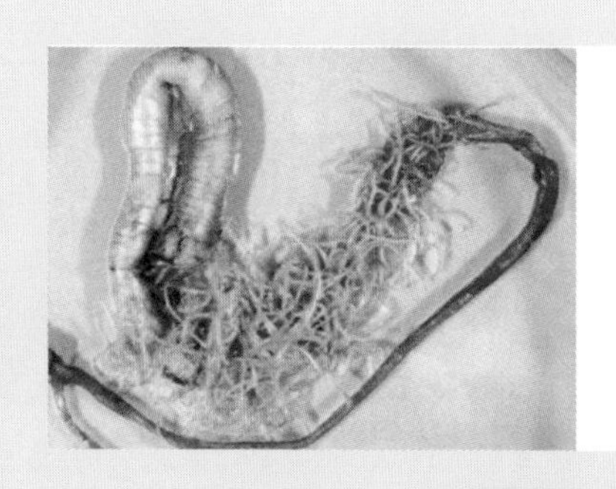
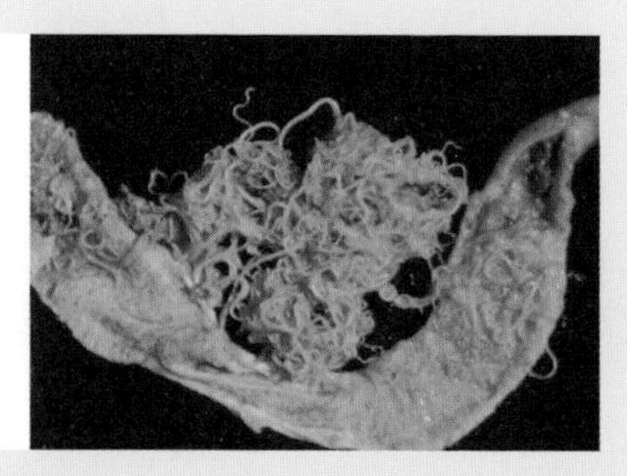

图 11-48　蛔虫病的病变

病鹅肠道内大量虫体聚集，相互纠缠，引起肠阻塞（左图）；
肠道出血，内有大量虫体（右图）

（5）诊断　采用饱和盐水浮集法漂浮粪便中的虫卵，载玻片蘸取后镜检，观察虫卵形态与数量可确诊。

（6）防制

① 预防措施。搞好日常环境卫生，及时清除粪便，堆积发酵，杀灭虫卵。定期预防性驱虫，每年2～3次。

② 发病后措施

【方案1】 丙硫咪唑（抗蠕敏），按每千克体重20毫克的剂量，一次投服。

【方案2】 左旋咪唑，20～30毫克/千克体重，一次口服。

【方案3】 驱蛔灵（枸橼酸哌嗪），250毫克/千克体重（或500～1000毫克/只），一次拌料内服。

【方案4】 驱虫净（噻咪唑），40～60毫克/千克体重（或80～250毫克/只），一次拌料内服。

【方案5】 甲苯咪唑，每吨饲料添加30克，混匀后连喂7天。

三、异刺线虫病

异刺线虫病是由异刺属的鸡异刺线虫寄生于鸡盲肠中引起的。火鸡、鸭、鹅也可感染，我国各地均有发生。病鹅表现下痢、精神沉郁、消瘦、贫血等。

（1）病原及生活史　异刺线虫又称盲肠虫。成虫寄生在鸡、火鸡和鹅等家禽的盲肠内。本虫除可使家禽致病外，其虫卵还能携带组织滴虫，使禽发生盲肠肝炎。雄虫长7～13毫米，尾部有两根不等长的交合刺。雌虫长8～15毫米，呈黄白色。虫卵较小，随粪便排出体外，环境条件适宜时，继续发育，经7～14天变成感染性虫卵。此时被鹅吞食后，幼虫在肠管内破壳而出，进入盲肠并钻进黏膜中，2～5天重新回到盲肠腔内继续发育，24天变成成虫。虫卵对外界环境因素的抵抗力很强，在阴暗潮湿处可保持活力10个月，能耐干燥16～18天，但在干燥和阳光直射下很快死亡。

（2）临床症状　患鹅表现为食欲不振或废绝，贫血，下痢，消瘦，发育停滞，产蛋率下降，严重时可引起死亡。此外，异刺线虫还会传播盲肠肝炎。

（3）病理变化　盲肠有异刺线虫寄生时，一般无明显症状和病变。严重时可能引起黏膜损伤而出血，其代谢产物可使机体中毒。大量寄生时，盲肠黏膜肿胀并形成结节，有时甚至发生溃疡。

（4）诊断　采集病鹅粪便，用饱和盐水法检查粪便中的虫卵可确诊。

（5）防制

① 预防措施。搞好日常环境卫生，及时清除粪便，堆积发酵，杀灭虫卵。定期预防性驱虫，每年2～3次。

② 发病后措施

【方案1】硫化二苯胺，对成虫效果较好，对未成熟的虫体无效。中雏使用剂量为0.3～0.5克/千克体重，成年鹅用量为0.5～1.0克/千克体重，拌料饲喂。

【方案2】四氯化碳，2～3月龄雏鹅1毫升，成年鹅1.5～2毫升，注入泄殖腔或胶囊剂内服。

【方案3】驱虫净（噻咪唑）40～60毫克/千克体重（或80～250毫克/只），一次拌料内服。

【方案4】左旋咪唑，按25～30毫克/千克体重，内服。或按0.05%比例混入饲料内喂给，连用7天。

【方案5】丙硫咪唑，按40毫克/千克体重，一次口服。

四、毛细线虫病

家禽毛细线虫病是由毛细线虫科的线虫所引起的蠕虫病总称。鹅毛细线虫病是毛细线虫属的线虫，寄生于鹅的小肠前半部（也见于盲肠）所引起。在少数情况下，还寄生于消化道的后半部。除此之外，寄生于鹅的盲肠、小肠或食管的线虫还有毛细线虫、环形毛细线虫和膨尾毛细线虫等。

（1）病原及生活史　病原体是鹅毛细线虫，雄虫体长9.2～15.2毫米，雌虫体长13.5～21.3毫米。雄虫具有一根圆柱形的交合刺，其长度为1.36～1.85毫米，宽大约为0.01毫米（在中部）。虫卵长为0.050～0.058毫米，宽为0.025～0.030毫米。成熟雌虫在寄生部位产卵，虫卵随禽粪便排到外界，直接型发育史的毛细线虫卵在外界环境中发育成感染性虫卵，其被禽类宿主吃入后，幼虫逸出，进入寄生部位黏膜内，约经1个月发育为成虫。间接型发育史的毛细线虫卵被中间宿主蚯蚓吃入后，在其体内发育为感染性幼虫，禽啄食了带有感染性幼虫的蚯蚓后，蚯蚓被消化，幼虫释出并移行到寄生部位黏膜内，经19～26天发育为成虫。

（2）流行病学　一般情况下，在该病流行地区每年各季都能在鹅体内发现鹅毛细线虫。在气温较高的季节里，虫体数量较多；在气温较低的季节里，患鹅体内虫体数量较少。未发育的虫卵比已发育的虫卵抵抗力强，在外界可以长期保持活力。在干燥的土壤中，不利于鹅毛细线虫卵的发育和生存。

（3）临床症状　由各个不同种病原体所引起的毛细线虫病的经过和症状基本一致。轻度感染时，不出现明显的症状，在1～3月龄的幼鹅中发病较严重。严重感染的病例，表现食欲不振或废绝，但大量饮水，精神萎靡，翅膀下垂，常离群独处，蜷缩在地面上或在鹅舍的角落里。消化紊乱后出现间歇性下痢，而后呈稳定性下痢。随着疾病的发展，下痢加剧，在排泄物中出现黏液。患鹅很快消瘦，生长停顿，发生贫血。由于虫体数量多，常引起机械性阻塞，分泌毒素而引起鹅慢性中毒。患鹅常由于极度消瘦，最后衰竭而死。

（4）病理变化　剖检可见小肠前段或十二指肠有细如毛发样的虫体，严重感染的病例可见大量虫体阻塞肠道，在虫体固定的地方，发现肠黏膜浮肿、充血、出血。由于营养不良，可见肝、肾缩小，尸体极度消瘦。在慢性病例中，可见肠浆膜周围结缔组织增生和肿胀，使整个肠管粘成团。

（5）诊断　用2次离心法进行检查。配制饱和食盐溶液，在其中添加硫酸镁（在1升溶液内加200克）。在盛有水的玻璃杯内，调和3～5克粪便，直到获得稀薄稠度为止。把获得的混合物经过金属筛或者纱布过滤到离心管内，离心1～2分钟。由于毛细线虫的虫卵比水重，因此，离心后易沉于管底。离心后将上清液弃掉，加入硫酸镁的食盐溶液。搅匀后再离心1～2分钟，毛细线虫的虫卵便浮于溶液的表面。然后用金属环从液面取出液膜，放在载玻片上进行镜检。

（6）防制

① 预防措施。搞好日常环境卫生，及时清除粪便，堆积发酵，杀灭虫卵；消灭禽舍中的蚯蚓；定期预防性驱虫，每年2～3次。

② 发病后措施

【方案 1】 左旋咪唑，按每千克体重 20～30 毫克，一次内服。

【方案 2】 甲苯咪唑，按每千克体重 20～30 毫克，一次内服。

【方案 3】 甲氧苄啶，按每千克体重 200 毫克，用灭菌蒸馏水配成 10%溶液，皮下注射。

【方案 4】 越霉素 A，按每千克体重 35～40 毫克，一次口服。或按 0.05%～0.5%比例混入饲料，拌匀后连喂 5～7 天。

【方案 5】 四咪唑，每千克体重 40 毫克，溶于水中饮服。

五、裂口线虫病

鹅裂口线虫病是寄生于鹅肌胃内的一种常见寄生虫病，对鹅尤其是幼鹅危害较大，严重感染时，常引起大批死亡，是鹅的一种重要的寄生虫病。

(1) 病原及生活史　鹅裂口线虫属线虫纲、圆形目、毛圆科。虫体细长，微红，表面有横纹，口囊短而宽，底部有 3 个尖齿（图 11-49）。雄虫长 10～17 毫米，宽 250～350 微米。雌虫长 12～24 毫米，阴门处宽 200～400 微米，虫体的两端均逐渐变细。卵壳薄，虫卵呈卵圆形，大小为（60～73)微米×(44～48)微米。虫卵随病鹅的粪便排出体外，在 28～30℃下，经 2 天在虫卵内形成幼虫，再经 5～6 天，幼虫从卵内孵出经两次蜕皮，发育为感染性幼虫。感染性幼虫能在水中游泳，爬到水草上，鹅吞食受感染性幼虫污染的食物、水草或水时而遭受感染。在牧场上感染性幼虫也可以通过鹅的皮肤引起感染（幼虫在牧场上能存活近 3 周)。皮肤感染时，幼虫经肺移行，幼虫在鹅体内约经 3 周发育为成虫，成虫的寿命为 3 个月。

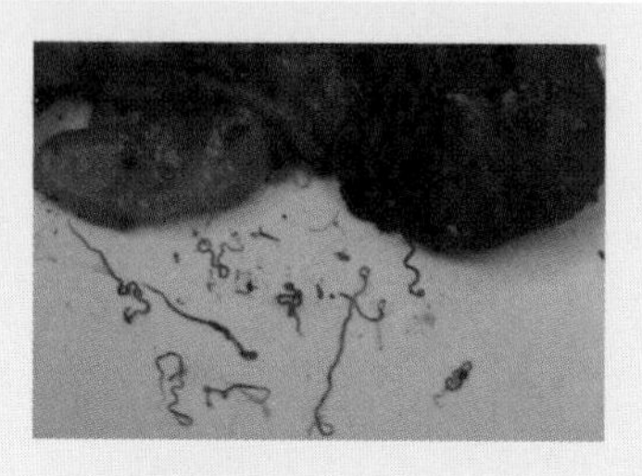

图 11-49　鹅的裂口线虫

（2）流行病学　该病常发生夏秋季节，主要发生于2月龄左右的幼鹅，幼鹅感染后发病较为严重，常引起衰弱死亡。成年鹅感染，多为慢性，一般呈良性经过，成为带虫者，我国不少省（区、市）均发生过该病的报道，鹅群的感染率有的可高达96.4%，常呈地方性流行。

（3）临床症状　患病鹅精神委顿、羽毛松乱、无光泽、食欲不振、消瘦、生长发育缓慢、贫血、腹泻，严重者排出带有血黏液的粪便，常衰弱死亡（图11-50）。

图11-50 患病青年鹅精神委顿，蹲卧，不愿站立

（4）病理变化　病死鹅通常较瘦弱，眼球轻度下陷，皮肤及脚、蹼外皮干燥，剖检可见肌胃角质膜呈暗棕色或黑色，角质膜松弛易脱落，角质层下常见肌胃有出血斑或溃疡灶，幽门处黏膜坏死、脱落，常见虫体积聚，其周围的角质膜亦坏死脱落，肠道黏膜呈卡他性炎症，严重者内有多量暗红色血黏液（图11-51）。

（5）诊断　病死鹅肌胃角质层中发现虫体或粪检发现虫卵，即可确诊。

（6）防制

① 预防措施。搞好日常环境卫生，及时清除粪便，堆积发酵，杀灭虫卵；在流行的牧场或地区，每年需进行2～3次预防性驱虫（一般在20～30日龄进行第1次，3～4月龄再驱虫1次）。

② 发病后措施

【方案1】丙硫咪唑，按25毫克/千克体重，内服，每日一次，连用2日。

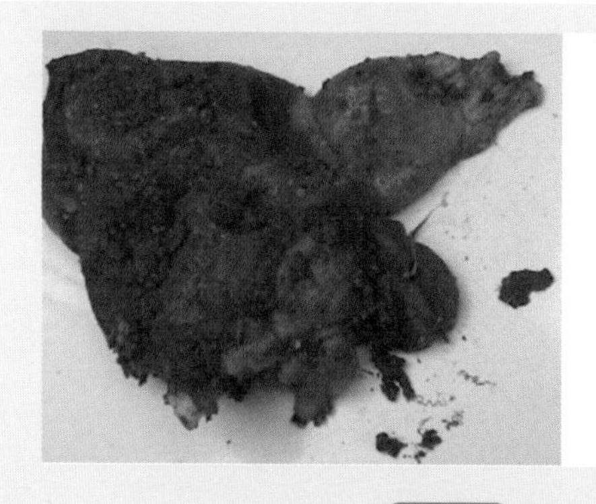

图 11-51 裂口线虫病的病变

患病雏鹅肌胃角质膜脱落，角质膜下充血、出血，肌胃角质膜呈暗棕色或黑色（左图）；角质膜松弛易脱落，肌胃有出血斑（右图）

【方案 2】 甲苯咪唑，按每千克体重 50 毫克，内服，每日一次，连用 2 日。

【方案 3】 四咪唑，每千克体重 40～50 毫升，一次内服，或 0.01%浓度混饮，连用 7 天。

【方案 4】 四氯化碳，20～30 日龄鹅，每只 1 毫升；1～2 月龄鹅，每只 2 毫升；2～3 月龄鹅，每只 3 毫升；3～4 月龄鹅，每只 4 毫升；5 月龄以上鹅，每只 5～10 毫升。早晨空腹一次性口服。

六、绦虫病

鹅绦虫病全称为鹅矛形剑带绦虫病，发生于放养在河、湖、沟、塘的小鹅和中龄鹅。当虫体大量积于肠道内时，可阻塞肠腔，破坏和影响鹅的消化吸收，并能吸收营养、分泌毒素，导致鹅只生长发育受阻和产蛋性能下降乃至发生大批死亡。主要表现为食欲减退、贫血、消瘦和下痢，生长发育不良。幼小鹅严重感染时常引起死亡。

（1）病原及生活史　矛形剑带绦虫的成虫长达 11～13 厘米，宽 18 毫米。顶突上有 8 个钩排成单列。成虫寄生在鹅的小肠内。孕卵节片随禽粪排出到外界。孕卵节片崩解后，虫卵散出。虫卵如果落入水中，被剑水蚤吞食后，虫卵内的幼虫就会在其体内逐渐发育成为似囊尾蚴。当鹅吃到了这种体内含有似囊尾蚴的剑水蚤，就发生感染。在鹅的消化道中，似囊尾蚴能吸着在小肠黏膜上并发育为成虫。

（2）流行病学　矛形剑带绦虫病主要危害数周到5月龄的鹅，感染严重时会表现出明显的全身性症状。青年鹅、成年鹅也可感染，但症状一般较轻。多发生在秋季，患鹅发育受阻，周龄内死亡率甚高（60%以上），带黏液性的粪便很臭，可见虫体节片。

（3）临床症状　患鹅首先出现消化机能障碍的症状，排出灰白色或淡绿色稀薄粪便，污染肛门四周羽毛，粪便中混有白色的绦虫节片，食欲减退。病程后期患鹅拒食，口渴增加，生长停顿，消瘦，精神萎靡，不喜活动，常离群独居，翅膀下垂，羽毛松乱。有时显现神经症状，运动失调，走路摇晃，两腿无力，向后面坐倒或突然向一侧跌倒，不能起立。发病后一般1～5天死亡（图11-52）。有时由于其他不良环境因素（如气候、温度等）的影响而使大批幼年患鹅突然死亡。

图11-52　绦虫病的临床症状

患病鹅腹泻，被毛松乱，精神不振（上左图）；患病鹅行走困难，扑翅前进（上右图）；严重感染的病鹅卧地，站立不稳（下左图）；严重感染的病鹅倒向一侧，起立困难（下右图）

（4）病理变化　病死鹅血液稀薄如水，剖检可见肠黏膜肥厚，呈卡他性炎症，有出血点和米粒大、结节状溃疡，十二指肠和空肠内可见扁平、分节的虫体，有的肠段变粗、变硬，呈现阻塞状态。心外膜有明显出血点或斑纹（图 11-53）。

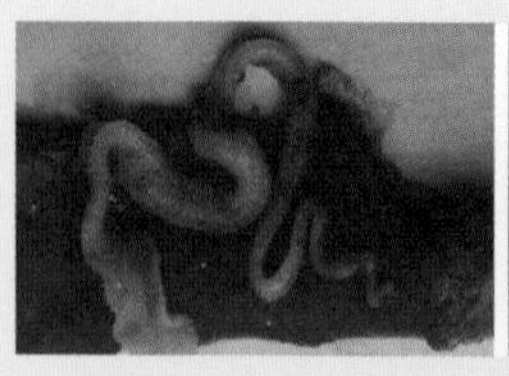

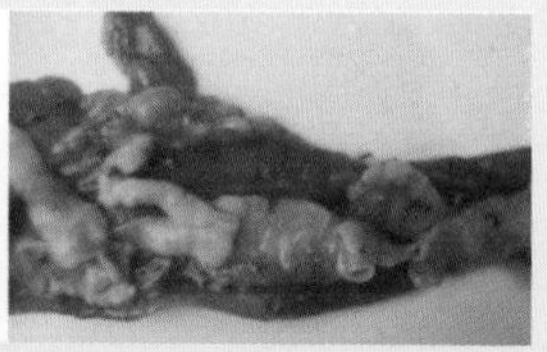

图 11-53　绦虫病的病变
肠道中的绦虫成虫（左图）；寄生在小肠内的成虫（中图）；
肠道中的虫体和肠道黏膜增厚，有炎症（右图）

（5）诊断　可根据粪便中观察到的虫体节片以及小肠前段的肠内虫诊断。

（6）防制

① 严格饲养管理。雏鹅与成年鹅分开饲养，3 月龄内雏鹅最好实行舍饲，特别是不应到不流动、小而浅的死水域去放牧（因为这种水域有利于中间宿主剑水蚤的滋生）；注意鹅群驱虫前，应绝食 12 小时，投药时间宜在清晨进行，鹅粪应收集堆积发酵处理，以防散播病原。

② 定期驱虫。每年对鹅群定期进行两次驱虫，一次在春季鹅群下水前，一次在秋季终止放牧后。平时发现虫体，随时驱虫。驱虫办法如下：氢溴酸槟榔碱，配成 0.1％的水溶液，一次灌服，每千克体重用药 1～2 毫克。或槟榔 100 克、石榴皮 100 克，加水至 1000 毫升，煎成 800 毫升。内服剂量：20 日龄雏鹅 1.2 毫升，30～40 日龄雏鹅 1.8～2.3 毫升，成年鹅 4～5 毫升，连喂 2 次，1 日 1 次。

③ 发病后的措施。由于绦虫的头牢固地吸附在肠壁上，往往后面的节片已被驱出，而头节还没有驱出，经过 2～3 周，又重新长出节片变成一条完整的绦虫。所以第一次喂药后，隔 2～3 周应再驱虫

一次，才能达到彻底驱除绦虫的效果。其粪便须经堆积发酵腐熟杀死虫卵后才作肥料，对病死鸭鹅采用深埋处理，减少二次感染的机会。治疗原则是“急则治其标，缓则治其本”。

【方案 1】阿苯达唑，25 毫克/千克体重，复方新诺明，250 毫克/只，每天 1 次，连用 2 次。黄连解毒散，按 500 克拌料 200 千克的量使用，每天 2 次，连用 3 天。

【方案 2】吡喹酮，每千克体重 10～15 毫克内服，本药效果较好。

【方案 3】氯硝柳胺（灭滴灵），按 60～150 毫克/千克体重，一次口服。

【方案 4】硫双二氯酚，每千克体重用药 90～110 毫克，把药片磨细后加水稀释，用胶头滴管灌入食管或与精饲料拌匀，于早晨喂饲料后喂服。

【方案 5】丙硫咪唑，按 20～30 毫克/千克体重，一次口服。

【方案 6】南瓜粉，将南瓜子煮沸 1 小时后，取出脱脂晒干研成粉末。本法常用于鹅，每只取南瓜粉 25～50 克拌料饲喂。

【注意】与大肠杆菌混合感染时，上述处方可配合中药（黄连解毒散与白头翁散加减）治疗。方剂：黄连 45 克、黄芩 45 克、黄柏 45 克、白头翁 45 克、栀子 50 克、苦参 50 克、龙胆草 45 克、郁金 35 克、甘草 40 克（以上为 200 只成年鹅一天的用量），加水 2000 毫升煎成 1600 毫升，每只鹅内服 8 毫升。有条件的可根据药敏试验选择用药，力争把损失控制在最小范围之内；对有病毒感染的可配合使用生物干扰素，每瓶 5 克拌料 10 千克，每天 2 次，连用 3 天。

七、嗜眼吸虫病

鹅嗜眼吸虫病是寄生在鹅眼结膜上的一种外寄生虫病，能引起鹅（鸭也能感染）的眼结膜、角膜水肿发炎。流行地区的鹅群致病率平均为 35%左右。

（1）病原及生活史　病原常见的种类为涉禽嗜眼吸虫。新鲜虫体呈微黄色，外形似矛头状、半透明。虫体大小为（3～8.4）毫米×（0.7～2.1）毫米，腹吸盘大于口吸盘，生殖孔开口于腹吸盘和口吸盘之间，雄精囊细长，睾丸呈前后排列，卵巢位于睾丸之前，卵黄腺呈管状，位于虫体中央两侧，腹吸盘后至睾丸前充满被盘曲的子宫，子宫内虫卵都含有发育完全的毛蚴。

虫体寄生于眼结膜囊内，虫卵随眼分泌物排出，遇水立即孵化出毛蚴，毛蚴进入适宜的螺蛳体内，经发育后形成尾蚴，从毛蚴发育为尾蚴约需3个月的时间。尾蚴主动地从螺蛳体内逸出，可以在螺蛳外壳或任何一种固体物的表面形成囊蚴。当含有囊蚴的螺等被禽类吞食后即被感染，囊蚴在口腔和食管内脱囊逸出童虫，在5天内经鼻泪管移行到结膜囊内，约经1个月发育成熟。

（2）流行病学　涉禽嗜眼吸虫可寄生于各种不同种类的禽类，鹅、鸡、火鸡、孔雀等是本虫常见的宿主。但临床上主要见于鹅、鸭，以散养的成年鹅、鸭多见。

（3）临床症状　散养的成年鹅和鸭多见。早期病鹅症状不明显，仅见畏光流泪，食欲降低，时有摇头弯颈，用脚搔眼动作。观察鹅眼睛，可见眼睑水肿，眼部见有黄豆大隆起的泡状物，结膜呈网状充血，有出血点。少数严重病鹅可见角膜混浊溃疡，并有黄色块状坏死物突出于眼睑之外。虫体多数吸附于近内眼角瞬膜处。病鹅左右眼内虫体寄生多的有30余条，平均有7～8条。日久可见病鹅精神沉郁，消瘦，种鹅产蛋减少，最后失明，或并发其他疾病死亡。

（4）病理变化　剖检病变与上述的临床症状描述眼部变化相同，另外可以在眼角内的瞬膜处发现虫体，而内脏器官未见明显病变。

（5）诊断　从眼内挑取可疑物，置载玻片上，滴加生理盐水1滴，压片，置10×10显微镜下检查，如发现淡黄色、半透明、与嗜眼吸虫一致的虫体，即可确诊。

（6）防制

① 预防措施。禁止在该病流行地区的水域中放养鹅。若将水生作物（或螺蛳）作为饲料饲喂时应事先进行灭囊处理。

② 发病后的措施。75%酒精滴眼。由助手将鹅体及头固定，自己左手固定鹅的头，右手用钝头金属细棒或眼科玻璃棒插入眼膜，向内眼角方向拨开瞬膜（俗称“内衣”），用药棉吸干泪液后，立即滴入75%酒精4～6滴。用此法滴眼驱虫，操作简便，可使病鹅症状很

快消失，驱虫率可达100%。其次还可用人工的方法摘除虫体，但必须去除干净，否则效果不佳。

八、前殖吸虫病

前殖吸虫病是由前殖科前殖属的多种吸虫寄生于鸡、鸭、鹅等禽、鸟类的直肠、泄殖腔、法氏囊和输卵管内引起的，常导致母禽产蛋异常，甚至死亡。

（1）病原及生活史　透明前殖吸虫属前殖科、前殖属。虫体呈梨形，前端稍尖，后端钝圆，大小为（6.5～8.2）毫米×（2.5～4.2）毫米，体表前半部有小刺。口吸盘近似圆形，腹吸盘呈圆形，两者大小几乎相等；睾丸呈卵圆形，不分叶，位于虫体中央的两侧，左右并列，二者几乎相等大小；雄茎囊弯曲于口吸盘与食管的左侧，生殖孔开口于吸盘的左上方。卵巢多分叶，位于两睾丸前缘与腹吸盘之间。子宫盘曲于腹吸盘与睾丸后的空隙中。卵黄腺的分布始于腹吸盘后缘的体两侧，后端终于睾丸之后。虫卵呈深褐色，大小为（26～32）毫米×（10～15）毫米，一端有卵盖，另一端有小刺。

前殖吸虫生活过程中需要两个以上的中间宿主，第一中间宿主为多种淡水螺蛳，第二中间宿主为蜻蜓的幼虫或稚虫。成虫在鹅的输卵管和法氏囊内产卵，虫卵随粪便或排泄物排出体外，进入水中被淡水螺蛳吞食，即在其肠内孵出毛蚴，再钻入螺蛳肝脏内发育成胞蚴和尾蚴（无雷蚴期），成熟的尾蚴离开螺体，进入水中，遇到第二中间宿主蜻蜓幼虫或稚虫钻入其腹肌内发育为囊蚴。鹅啄食蜻蜓或其幼虫即被感染，囊蚴进入家禽消化道后，囊壁消化，游离的童虫经肠道下行移至泄殖腔，然后进入法氏囊或输卵管内，经1～2周发育为成虫。

（2）流行病学　该病常呈地方性流行，分布于全国各地，但以华东、华南地区较为多见，以春、夏两季较为流行，各种年龄的鹅均可发生感染，但以产蛋母鹅发病严重。

（3）临床症状　感染初期，患禽外观正常，但蛋壳粗糙或产薄壳蛋、软壳蛋、无壳蛋，或仅排蛋黄或少量蛋清；继而患禽食欲下降，消瘦，精神萎靡，蹲卧墙角，滞留空巢，或排乳白色石灰水样液体，有的腹部膨大，步态不稳，两腿叉开，肛门潮红、突出，泄殖腔周围沾满污物；严重者因输卵管破坏，导致泛发性腹膜炎而死亡。

（4）病理变化　输卵管发炎，黏膜充血、出血，极度增厚，后期输卵管壁变薄甚至破裂。腹腔内有大量浑浊的黄色渗出液或脓样物，并可查到虫体（图 11-54）。

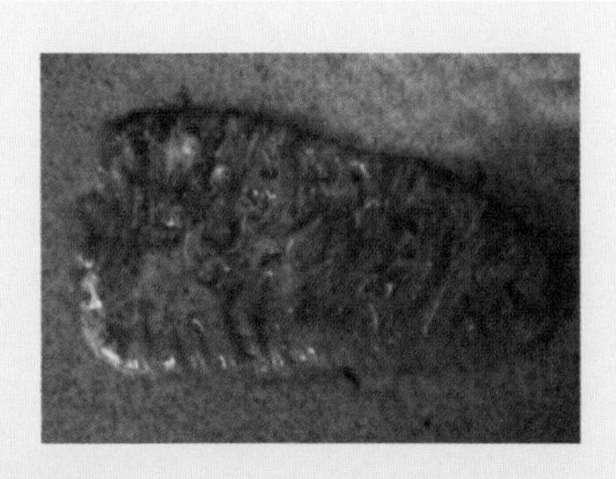

图 11-54　寄生于病鹅直肠黏膜上的前殖吸虫（远观）

（5）诊断　粪便中检出虫卵可确诊。

（6）防制

① 预防措施。勤清除粪便，堆积发酵，杀灭虫卵，避免活虫卵进入水中；圈养家禽，防止吃入蜻蜓及其幼虫；及时治疗病禽，每年春、秋两季有计划地进行预防性驱虫。

② 发病后的措施

【方案 1】六氯乙烷，以每千克体重 200～300 毫克，混入饲料中喂给，每天 1 次，连用 3 天。或六氯乙烷粉剂，每只按 200～500 毫克的剂量，制成混悬液拌于少量精料中喂鹅，连续 3 天。

【方案 2】丙硫咪唑（抗蠕敏），每千克体重 80～100 毫克，一次内服。

【方案 3】吡喹酮，每千克体重 30～50 毫克，一次内服。

九、隐孢子虫病

禽隐孢子虫病是由隐孢子虫科隐孢子虫属的贝氏隐孢子虫寄生于家禽的呼吸系统、消化道、法氏囊和泄殖腔内所引起的一种原虫病。

（1）病原及生活史　贝氏隐孢子虫的卵囊大多为椭圆形，部分为卵圆形和球形，（4.5～7.0）微米×（4.0～6.5）微米，卵囊壁薄、单层、光滑、无色；无卵膜孔和极粒。孢子化卵囊内含4个裸露的子孢子和1个较大的残体，子孢子呈香蕉形，（5.7～6.0）微米×（1.0～1.43）微米，无折光球，子孢子沿着卵囊壁纵向排列在残体表面；残体球形或椭圆形，（3.11～3.56）微米×（2.67～3.38）微米，中央为均匀物质组成的折光球，约2.14微米×1.79微米，外周有1～2圈致密颗粒，颗粒直径0.36～0.46微米。在不同的介质中，卵囊的颜色有变化，在蔗糖溶液中，卵囊呈粉红色，在硫酸镁溶液中无色。

隐孢子虫的发育可分为裂体生殖、配子生殖和孢子生殖3个阶段。孢子化的卵囊随受感染的宿主粪便排出，通过污染的环境，包括食物和饮水，卵囊被禽吞食，引起感染，亦可经呼吸道感染。在禽的胃肠道或呼吸道，子孢子从卵囊脱囊逸出，进入呼吸道和法氏囊上皮细胞的刷状缘或表面膜下，经无性裂体生殖，形成Ⅰ型裂殖体，其内含有6或8个裂殖子。Ⅰ型裂殖体裂解后，各裂殖子再进行裂体生殖，产生Ⅱ型裂殖体，其内含有4个裂殖子。从Ⅱ型裂殖体裂解出来的裂殖子分别发育为大、小配子体，小配子体再分裂成16个没有鞭毛的小配子。大小配子结合形成合子，由合子形成薄壁型和厚壁型两种卵囊，在宿主体内行孢子生殖后，各含4个孢子和1团残体。薄壁型卵囊囊壁破裂释放出子孢子，在宿主体内行自身感染；厚壁型卵囊则随宿主的粪便排出体外，可直接感染新的宿主。

（2）流行病学　隐孢子虫病呈世界性分布。隐孢子虫是一种多宿主寄生原虫，在中国发现于鸡、鸭、鹅、火鸡、鹌鹑、孔雀、鸽、麻雀、鹦鹉、金丝雀等鸟禽类体内。除薄壁型卵囊在宿主体内引起自身感染外，主要感染方式是发病的禽类和隐性带虫者粪便中的卵囊污染了禽的饲料、饮水等经消化道感染，此外亦可经呼吸道感染。发病无明显季节性，但以温暖多雨的8～9月份多发，在卫生条件较差的地区容易流行。

（3）临床症状　病禽精神沉郁，缩头呆立，眼半闭，翅下垂，食欲减退或废绝，张口呼吸，咳嗽，严重的呼吸困难，发出的“咯咯”的呼吸音，眼睛有浆液性分泌物，腹泻，排血便。人工感染严重发病者可在2～3天后死亡，死亡率可达50.8%。

（4）病理变化　泄殖腔、法氏囊及呼吸道黏膜上皮水肿，肺腹侧坏死，气囊增厚，混浊，呈云雾状外观。双侧眶下窦内含黄色液体。

（5）诊断　可采用卵囊检查及病理组织学诊断。卵囊检查常用饱和蔗糖溶液漂浮法：取新鲜禽粪，加10倍体积的水，浸泡5分钟充分搅匀，用铜网过滤，取滤液经3000转/分离心10分钟，弃去上清液，加蔗糖漂浮液（蔗糖454克、蒸馏水355毫升、石炭酸6.7毫升），充分混匀，3000转/分离心10分钟，用细铁丝圈蘸取表层漂浮液，在400～1000倍光镜下检查。或用饱和食盐水作漂浮液。亦可采肠黏膜刮取物或粪便作涂片，用姬氏液或石炭酸品红液染色镜检。病理组织学诊断：取气管、支气管、法氏囊或肠道作病理组织学切片，在黏膜表面发现大小不一的虫体可确诊。

（6）防制

① 预防措施。加强饲养管理和环境卫生，成年禽与雏禽分群饲养。饲养场地和用具等应经常用热水或5%氨水或10%福尔马林消毒。粪便污物定期清除，进行堆积发酵处理。

② 发病后的措施。目前没有有效的抗贝氏隐孢子虫的药物，据报道百球清在推荐的浓度下，治疗有效率达52%。对该病的临床治疗尚可采用对症治疗。

十、住白细胞虫病

住白细胞虫病又名住白虫病、白细胞孢子病或嗜白细胞体病，它是由西氏住白细胞原虫侵入鹅只血液和内脏器官的组织细胞而引起的一种原虫病。

（1）病原及生活史　病原为西氏住白细胞虫。西氏住白细胞虫的发育史中需要吸血昆虫——库蠓或蚋作为中间宿主。这种虫在鹅的内脏器官（肝、脾、肺、心等）内进行裂殖生殖，产生裂殖子和多核体。一些裂殖子进入肝的实质细胞，进行新的裂殖生殖；另一些则进入淋巴细胞和白细胞并发育为配子体。这时的白细胞呈纺锤形，当吸血昆虫——蚋叮咬鹅只吸血时，同时也吸进配子体。西氏住白细胞虫的孢子生殖在蚋体内经3～4天完成发育。大配子体受精后发育成合子，继而成为动合子，在蚋的胃内形成卵囊，产生子孢子。子孢子从卵囊逸出后，进入蚋的唾液腺，当蚋再叮咬健康的鹅时，传播子孢子，使鹅致病。

（2）流行病学　该病的发病、流行与库蠓或蚋等吸血昆虫的活动规律有关，发病高峰都在库蠓和蚋大量出现的夏、秋季节。各日龄的鹅都能感染，但幼禽和青年禽的易感性最强，发病也最严重。

（3）临床症状　雏鹅发病后，精神委顿，体温升高，食欲消失，渴欲增加，流涎；体重下降，贫血，下痢，粪便呈淡黄色；两肢轻瘫，走路不稳，全身衰弱，常伏卧地上；呼吸急促，流鼻液和流泪，眼睑粘连；成年鹅感染后呈慢性经过，表现为不安和消瘦。

（4）病理变化　病死鹅消瘦，肌肉苍白，肝、脾肿大，呈淡黄色；消化道黏膜充血，心包积液，心肌松弛苍白，全身皮下、肌肉有大小不等出血点，并有灰白色的针尖至粟粒大小结节；腺胃、肌胃、肺、肾等的黏膜有出血点。

（5）诊断　采取病禽血液涂片，吉姆萨染色，镜检查找虫体或从内脏、肌肉上采取小的结节，压片镜检找虫体，亦可做组织切片查找虫体。

（6）防制

① 消灭中间宿主。在住白细胞虫流行的地区和季节，应首先消灭其媒介者——吸血昆虫库蠓和蚋，方法可用0.2%敌百虫溶液在鹅舍内和周围环境喷洒，也可用0.1%的溴氰菊酯溶液。保持鹅舍的卫生、通风和干燥。禁止将幼雏与成年禽混群饲养。

② 药物预防。预防用药应在该病流行前进行，可选用磺胺二甲氧嘧啶混料或饮水；磺胺喹噁啉混料或饮水；乙胺嘧啶0.0001%混料；克球粉0.0125%混料；氯苯胍0.0033%混料。

③ 发病后的措施

【方案1】磺胺二甲氧嘧啶0.05%饮水2天，再以0.03%饮水2天。

【方案2】乙胺嘧啶0.0005%混料3天。

【方案3】氯苯胍0.0066%混料或用0.01%泰灭净钠粉剂饮水3天，然后改用0.001%浓度连用2周，效果较好。

十一、鹅虱病

鹅虱是常见的体表寄生虫，寄生在鹅的头部和体部羽毛上，以食羽毛和皮屑为生，也吞食皮肤损伤部位外流的血液。寄生严重时，鹅奇痒不安，羽毛脱落，食欲不振，产蛋下降，影响母鹅抱窝孵化，甚至衰弱消瘦死亡。

（1）病原及生活史　鹅虱是鹅的一种体表寄生虫，体型很小，分为头、胸、腹3部分。鹅虱的全部生活史离不开鹅的体表。鹅虱产的卵常集合成块，黏着在羽毛的基部，依靠鹅的体温孵化，经5～8天变成幼虱，在2～3周内经过几次蜕皮而发育为成虫。

（2）流行病学　传播方式主要是鹅的直接接触传染，一年四季均可发生，冬春季较严重。

（3）临床症状　鹅虱吞噬鹅羽毛的皮屑，虽不引起鹅死亡，但可使鹅体奇痒不安，羽毛脱落，有时甚至使鹅毛脱光，民间称之“鬼拔毛”。鹅只表现不安，影响母鹅产蛋率，抵抗力有所降低，体重减轻。

（4）防制

① 预防措施。对新引进的种鹅必须检疫，如发现有鹅虱寄生，应先隔离治疗，愈后才能混群饲养。灭鹅虱同时，应在鹅舍、用具垫料、场地进行灭虱消毒，以求彻底消除隐患。在鹅虱流行的养鹅场，栏舍、饲具等应彻底消毒。可用0.5％杀螟松和0.2％敌敌畏合剂，或以0.03％拟除虫菊酯类杀虫剂和0.3％敌敌畏合剂进行喷洒。

② 发病后的措施。灭鹅虱同时，应在鹅舍、用具垫料、场地进行灭虱消毒，以求彻底消除隐患。

【方案1】内服灭虫灵（阿维菌素），鹅每千克体重一次内服0.1～0.3克，15～20天再服一次，灭虱效果很好。

【方案2】0.2％敌百虫或0.3％杀灭菊酯晚上喷洒到鹅体羽毛表面，当虱夜间从羽毛中外出活动时沾上药物即被杀死。对于颊白羽虱可用0.1％敌百虫滴入鹅外耳道，涂擦于鹅颈部、羽翼下面以杀灭鹅虱。

【方案3】虱癞灵（含12.5％双甲脒乳油）配成0.05％溶液（即在1000毫升开水中加4毫升12.5％的双甲脒充分搅拌，使之成乳白色液体），在鹅体及圈舍、场地喷雾、喷洒，杀灭虱的效果很好，但不宜药浴。

第四节　营养代谢病

一、脂肪肝综合征

脂肪肝综合征又称脂肝病，是由于鹅体内脂肪代谢障碍，大量的脂肪沉积于肝脏，引起肝脏脂肪变性的一种内科疾病。该病多发生于寒冷的冬季和早春，主要见于产蛋鹅群。

（1）病因

① 饲料单一，营养不全。鹅群长期饲喂碳水化合物过高的日粮，缺乏青绿饲料，饲料种类单一等，同时饲料中甲硫氨酸、胆碱、生物素、维生素 E、肌醇等中性脂肪合成磷脂所必需的因子不足，造成大量的脂肪沉积于肝脏而产生脂肪变性。

② 缺乏运动或运动少。活动量不足容易使脂肪在体内沉积，往往也是诱发该病的重要因素。

③ 毒素和疾病。某些传染病和黄曲霉毒素等也可能引起肝脏脂肪变性。

（2）临床症状　发病鹅群营养良好，产蛋率不高，病鹅无特征性临床症状而急性死亡。

（3）病理变化　可见皮肤、肌肉苍白、贫血，肝脏肿大，色泽变黄，质地较脆，有时表面有散在的出血斑点，常见肝包膜下（一侧肝叶多见）或体腔中有大量的血凝块，腹腔和肠系膜有大量的脂肪组织沉着。若并发副伤寒，可见肝脏表面有散在的坏死灶。

（4）防治

① 预防措施。合理调配饲料日粮，适当控制鹅群稻谷的饲喂量，以及饲料中添加多种维生素和微量元素，一般可预防该病的发生。

② 治疗措施。发病鹅群的饲料中可添加氯化胆碱、维生素 E 和肌醇。按每吨饲料加 1000～1500 克氯化胆碱、1 万国际单位维生素 E 和 5 克肌醇，连续饲喂数天，具有良好的治疗效果。

二、痛风

痛风是由于鹅体内蛋白质代谢发生障碍所引起的一种内科病。其主要病理特征为关节或内脏器官及其他间质组织蓄积大量的尿酸盐。该病多发生于缺乏青绿饲料的寒冬和早春季节。不同品种和日龄的鹅均可发生，临床上多见于幼龄鹅。鹅患病后引起食欲不振、消瘦，严重的常导致死亡，是危害养鹅业生产的一种重要的营养代谢疾病。

（1）病因　主要与饲料和肾脏机能障碍有关。饲喂过量的蛋白质饲料，尤其是富含核蛋白和嘌呤碱的饲料。常见的包括大豆粉、鱼粉等以及菠菜、甘蓝等植物。肾脏机能不全或机能障碍。幼鹅的肾脏功能不全，饲喂过量的蛋白质饲料，不仅不能被机体吸收，相反会加重肾脏负担，破坏肾脏功能，导致该病的发生，而临床上所见的青年鹅、成年鹅病例，多与过量使用损害肾脏机能的抗菌药物（如磺胺类药物等）有关。缺乏充足的维生素。如饲料中缺少维生素 A 也会促进该病的发生。

此外，鹅舍潮湿、通风不良、缺乏光照以及各种疾病引起的肠道炎症都是该病的诱发因素。

（2）临床症状　根据尿酸盐沉积的部位不同可分为内脏型痛风和关节型痛风。

① 内脏型痛风。主要见于一周龄以内的幼鹅，患病鹅精神委顿，常食欲废绝，两肢无力，行走摇晃、衰弱，常在 1～2 天内死亡。青年鹅或成年鹅患病，常精神、食欲不振，病初口渴，继而食欲废绝，形体瘦弱，行走无力，排稀白色或半黏稠状含有多量尿酸盐的粪便，逐渐衰竭死亡，病程 3～7 天。有时成年鹅在捕捉中也会突然死亡，多因心包膜和心肌上有大量的尿酸盐沉着，影响心脏收缩而导致急性心力衰竭（图 11-55）。

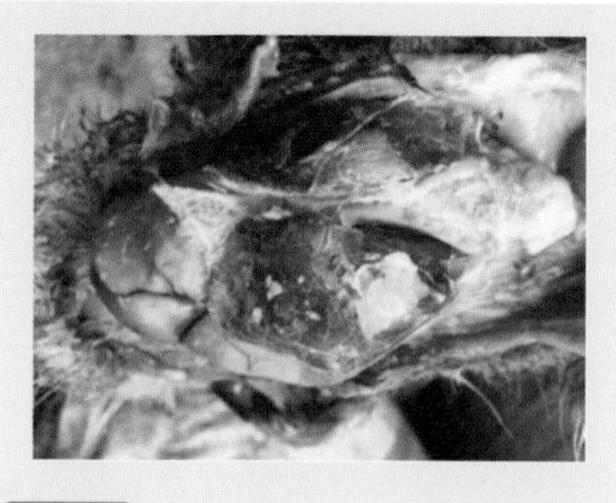

图 11-55　内脏型痛风心脏沉积的大量尿酸盐

② 关节型痛风。主要见于青年鹅或成年鹅，患病鹅病肢关节肿大，触之较硬实，常跛行，有时见两肢的关节均出现肿胀，严重者瘫痪，其他临床表现与内脏型痛风病例相同，病程为7～10天。有时临床上也会出现混合型病例。

（3）病理变化　所有死亡病例均见皮肤、脚趾干燥。内脏型病例剖检可见内脏器官表面沉积大量的尿酸盐，如一层重霜，尤其心包膜沉积最严重，心包膜增厚，附着在心肌上，与之粘连，心肌表面亦有尿酸盐沉着；肾脏肿大，呈花斑样，肾小管内充满尿酸盐，输尿管扩张、变粗，内有尿酸结晶，严重者可形成尿酸结石。少数病例皮下疏松结缔组织亦有少量尿酸盐沉着。关节型病例，可见病变的关节肿大，关节腔内有多量黏稠的尿酸盐沉积物。

（4）防治

① 预防措施。改善饲养管理，调整饲料配合比例，适当减少蛋白质饲料，同时供给充足的新鲜青绿饲料，添加充足的维生素。在平时疾病预防中也要注意防止用药过量。

② 发病后的治疗。发病鹅群停用抗菌药物，特别是对肾脏有毒害作用的药物。增加青绿饲料喂量，并在饮水中添加5%的食用碱或碳酸氢钠，加速体内尿液的排出。同时使用肾肿解毒药（主要成分为磷酸二氢钾、碘化钾、亚硒酸钠），按明说明书用量饮水。

三、维生素A缺乏症

维生素A对于鹅的正常生长发育和保持黏膜的完整性以及良好的视觉都具有重要的作用。维生素A缺乏症主要表现以生长发育不良，器官黏膜损害，上皮角化不全，视觉障碍，种鹅的产蛋率、孵化率下降，胚胎畸形等为特征。不同品种和日龄的鹅均可发生，但临床上以一周龄左右雏鹅多见，主要发生于冬季和早春季节。一周龄以内的雏鹅患该病，常与种鹅缺乏维生素A有一定的关系。

（1）病因

① 日粮中维生素A或胡萝卜素含量不足或缺乏。鹅可以从植物性饲料中获得胡萝卜素维生素A原，可在肝脏转化为维生素A。当长期使用谷物、糠麸、粕类等胡萝卜素含量少的饲料，极易引起维生

素 A 的缺乏。

② 消化道及肝脏的疾病，影响维生素 A 的消化吸收。由于维生素 A 是脂溶性的物质，它的消化吸收必须在胆汁酸的参与下进行，因此肝胆疾病、肠道炎症会影响脂肪的消化，阻碍维生素 A 的吸收。此外肝脏的疾病也会影响胡萝卜素的转化及维生素 A 的贮存。

③ 饲料贮存时间太长或加工不当，降低饲料中维生素 A 的含量。如黄玉米贮存期超过 6 个月，约损失 60%的维生素 A；颗粒饲料加工过程中可使胡萝卜素损失 32%以上；夏季添加多维素拌料后，堆积时间过长，使饲料中的维生素 A 遇热氧化分解而遭破坏。

④ 选用的禽用多种维生素（包括维生素 A）制剂质量差或失效。

（2）临床症状　幼鹅缺乏时，表现出生长停滞、体质衰弱、羽毛蓬松、步态不稳、不能站立，喙和脚蹼颜色变淡，常流鼻液，流泪，眼睑羽毛粘连、干燥，形成一干眼圈。有些雏鹅眼睑粘连或肿胀隆起，剥开可见有白色干酪样渗出物，以致有的眼球下陷、失明，病情严重者可出现神经症状，如运动失调。病鹅易患消化道、呼吸道的疾病，引起食欲不振、呼吸困难等症状。成年鹅缺乏维生素 A，产蛋率、受精率、孵化率均降低，也可出现眼、鼻的分泌物增多，口腔、咽、食管黏膜发炎脱落、坏死等症状。种蛋孵化初期死胚较多，出壳雏鹅体质虚弱，易患眼病及感染其他疾病。

（3）病理变化　剖检死胚可见，畸形胚较多，胚皮下水肿，常出现尿酸盐在胚胎、肾及其他器官沉着，眼部常肿胀。病死雏鹅剖检，可见消化道黏膜尤其咽部和食管出现白色坏死病灶，不易剥落，有的呈白色假膜状覆盖；呼吸道黏膜及其腺体萎缩、变性，原有的上皮由一层角质化的复层鳞状上皮代替；眼睑粘连，内有干酪样渗出物；肾肿大，颜色变淡，呈花斑样，肾小管、输尿管充满尿酸盐，严重时心包、肝、脾等内脏器官表面也有尿酸盐沉积。

（4）防治

① 预防措施。注意合理搭配饲料日粮，防止饲料品种单一。

② 发病后的措施。发病后，多喂胡萝卜、青菜等富含维生素 A 的饲料，也可在饲料中添加鱼肝油，按每千克饲料 2～4 毫升添加，连用 10～20 天。维生素 A 制剂，对于鹅，一般每千克饲料中具有

4000国际单位的维生素A即可预防该病的发生。治疗该病可用预防量的2～4倍，连用2周，同时饲料中还应添加其他种类的维生素。成年重症病鹅可口服浓缩鱼肝油丸，每只1粒，连用数日，方可奏效。

四、维生素E及硒缺乏症

维生素E及硒缺乏症又名白肌病，是鹅的一种因缺乏维生素E或硒而引起的营养代谢病。主要病理特征为脑软化、渗出性素质、肌营养不良、出血和坏死。不同品种和日龄的鹅均可发生，但临床上主要见于1～6周龄的幼鹅。患病鹅发育不良，生长停滞，日龄小的雏鹅发病后常引起死亡。

（1）病因

① 饲料调制、储存不当等。饲料加工调制不当，或因饲料长期储存，饲料发霉或酸败，或因饲料中不饱和脂肪酸过多等，均可使维生素E遭受破坏，活性降低。若用上述饲料喂鹅容易发生维生素E缺乏，同时也会诱发硒缺乏。相反如果饲料中硒严重不足，也同样能影响维生素E的吸收。

② 饲料搭配不当，营养成分不全。饲料中的蛋白质及某些必需氨基酸缺乏或矿物质（钴、锰、碘等元素）缺乏，以及维生素C的缺乏和各种应激因素，均可诱发和加重维生素E及硒缺乏症。

③ 环境污染。环境中铜、汞等金属与硒之间有拮抗作用，可干扰硒的吸收和利用。

（2）临床症状　根据临床表现和病理特征可分为三种病型。

① 脑软化。主要见于1～2周龄以内的雏鹅。病鹅减食或不食，运动失调，头向后方或下方弯曲，有的两肢瘫痪、麻痹，3～4日龄雏鹅患病，常在1～2天内死亡。

② 渗出性素质。临床上见于3～6周龄的幼鹅，主要表现为精神不振，食欲下降，排稀便，消瘦，喙尖和脚蹼常局部发紫，有时可见育肥仔鹅腹部皮下水肿，外观呈淡绿色或淡紫色。

③ 肌营养不良。主要见于青年鹅或成年鹅。青年鹅常生长发育不良，消瘦，减食，排稀便；成年母鹅的产蛋率下降，孵化率降低，

胚胎发生早期死亡；种公鹅生殖器官发生退行性变化，睾丸萎缩，精子数减少或无精。

（3）病理变化　死于脑软化的雏鹅，可见脑颅骨较软，小脑发生软化和肿胀，表面常见有出血点。渗出性素质病例剖检可见头颈部、胸前、腹下等的皮下有淡黄色或淡绿色胶冻样渗出，胸、腿部肌肉常见有出血斑点，有时可见心包积液，心肌变性或呈条纹状坏死。可见全身的骨骼肌肌肉色泽苍白，胸肌和腿肌中出现条纹状灰白色坏死。心肌变性、色淡，呈条纹状坏死，有时也可见肌胃有坏死。

（4）防治

① 预防措施。注意饲料搭配，保证饲料营养全面平衡，特别是氨基酸的平衡，禁止饲喂霉变、酸败的饲料。

② 发病后的措施。在鹅饲粮中添加足够量的亚硒酸钠维生素E制剂，通常每千克饲料添加0.5毫克硒和50国际单位维生素E可以预防该病的发生。

【方案1】 每千克饲料中加入2.5毫克硒和250国际单位维生素E。

【方案2】 每千克日粮添加维生素E 250国际单位或植物油10克、亚硒酸钠0.2毫克、甲硫氨酸2～3克，连用2～3周。

【方案3】 每只喂服300国际单位的维生素E，同时每千克饲料中补充含硒0.05～0.1毫克的硒制剂，也可用每升含硒0.1毫克的亚硒酸钠水饮服。每千克饲料补充甲硫氨酸0.2毫克。

【方案4】 当归、地龙各0.1克，川芎0.05克（川芎地龙汤），煎煮取汁，每只每天饮用，饮用前需停水2小时，连用3天。

五、软骨症

软骨症是由维生素D缺乏或钙、磷缺乏或钙、磷比例失调引起的一种病。幼鹅表现为佝偻病，成年鹅表现为软骨症。该病是一种营养性骨病，不同日龄的鹅均可发生，临床上常见于5～6周龄的幼鹅。主要表现为生长发育停滞、骨骼变形、肢体无力、软脚以致瘫痪。成年鹅患病时产蛋减少或产软壳蛋。此外，该病尚可诱发其他疾病，常给养鹅业造成一定的经济损失。

（1）病因

① 钙磷不足或不平衡。钙、磷是机体重要的常量元素，参与禽骨骼和蛋壳的构成，并具有维持体液酸碱平衡及神经肌肉的兴奋性、构成生物膜结构等的功能。鹅对钙、磷需求量大，一旦饲料中钙、磷总量不足或比例失调则必然引起代谢的紊乱。

② 维生素D不足。维生素D是一种脂溶性维生素，具有促进机体对钙、磷的吸收的作用。在舍饲条件下，尤其是育雏期间，雏鹅得不到阳光照射，必须从饲料中获得，当饲料中维生素D含量不足或缺乏，都可引起鹅体维生素D缺乏，从而影响钙、磷的吸收，导致该病的发生。

③ 日粮中矿物质比例不合理或有其他影响钙、磷吸收的成分存在。许多二价金属元素间存在抑制作用，例如饲料中锰、锌、铁等过高可抑制钙的吸收；含草酸盐过多的饲料也能抑制钙的吸收。

④ 疾病。肝脏疾病以及各种传染病、寄生虫病引起的肠道炎症均可影响机体对钙、磷以及维生素D的吸收，从而促进该病的发生。

（2）临床症状　病雏鹅生长缓慢，羽毛生长不良，鹅喙变软，易扭曲，腿虚弱无力，行走摇晃，步态僵硬，不愿走动，常蹲卧，病初食欲尚可，病鹅逐渐瘫痪，需拍动双翅移动身体，采食受限，若不及时治疗常衰竭死亡。

产蛋母鹅可表现产蛋减少，蛋壳变薄易碎，时而产生软壳蛋或无壳蛋。鹅腿虚弱无力，步态异常，重者发生瘫痪。在产蛋高峰期或在春季配种旺季，易被公鹅踩伤（图11-56）。

图11-56 鹅的软骨症

（3）病理变化　幼鹅剖检可见甲状旁腺增大，胸骨变软呈“S”状弯曲，长骨变形，骨质变软，易折，骨髓腔增大；关节肿大，肋骨与肋软骨的结合部可出现明显球形肿大，排列成“串珠”状。鹅喙色淡、变软、易扭曲。成年产蛋母鹅可见骨质疏松，胸骨变软，胫骨易折。种蛋孵化率显著降低，早期胚胎死亡增多，胚胎四肢弯曲，腿短，多数死胚皮下水肿，肾脏肿大。

（4）防治

① 预防措施。平时注意日粮中钙、磷的含量及比例，合理的钙、磷比例一般为2∶1，产蛋期为5∶1～6∶1。由于钙磷的吸收代谢依赖于维生素D的含量，故日粮中应有足够的维生素D供应。阳光照射可以使鹅体合成维生素D_3，因此，要根据不同的饲养方式在日粮中补充相应含量的维生素D或保证每天一定时间的舍外运动，多晒阳光促使鹅体维生素D的合成。在阴雨季节应特别注意饲料中补充维生素D或给予如苜蓿等富含维生素D的青绿饲料。

② 发病后的措施

【方案1】患病鹅肌内注射维丁胶性钙2～3毫升/只，每天1次，连用2～3天。

【方案2】鱼肝油每天两次，每只每次2～4滴。

【方案3】维生素D_3，每只内服15000单位，或肌内注射4万单位。若同时服用钙片，则疗效更好。

六、微量元素缺乏症

微量元素缺乏症见表11-5。

表11-5　微量元素缺乏症

微量元素缺乏症简介		预防	治疗
锰缺乏症	膝关节异常肿大，病禽腿部弯曲或扭转，不能站立；产蛋母禽蛋的孵化率显著下降，胚胎在出壳前死亡；胚胎表现腿短而粗，翅膀变短，头呈球形，鹦鹉嘴，腹膨大	饲料中加入一定量的米糠	每千克饲料中加硫酸锰0.1～0.2克或0.005%～0.01%高锰酸钾溶液饮水，连喂2天停2～3天后再喂2天

续表

微量元素缺乏症简介		预防	治疗
硒缺乏症	表现为头、颈部皮下水肿，精神不振，不愿走动，有的卧地不起，鼻腔分泌物增多，下痢。皮下水肿，呈黄色胶冻样物浸润，腿部、腹部、髋关节处皮下水肿，肌肉出血，并有大米粒状黄色坏死灶	每吨饲料中保持250毫克硒	饲料中补充亚硒酸钠0.03%。或亚硒酸钠维生素注射液1毫升，用水稀释20倍，皮下或肌内注射，再取1毫升混入100毫升水中饮用
锌缺乏症	雏禽表现衰弱，站不起来，食欲消失，羽毛发育不良等症状。如受惊吓，则表现呼吸困难，死亡雏禽剖检无特征性变化	日粮中含锌50～100毫克/千克	添加硫酸锌或碳酸锌，使日粮含锌量达150毫克/千克，约10天后，降至预防量。或饲料中补充含锌丰富的鱼粉和肉粉

第五节 中毒性疾病

一、黄曲霉毒素中毒

黄曲霉毒素中毒是由黄曲霉毒素引起鹅的一种中毒性疾病。临床上以消化机能障碍、全身浆膜出血、肝脏器官受损以及出现神经症状为主要特征，呈急性、亚急性或慢性经过，不同种类和日龄的家禽均可致病，但以幼禽易感。幼鹅中毒后，常引起死亡。

（1）病因　黄曲霉毒素主要是由黄曲霉、寄生曲霉等产生。鹅饲喂受黄曲霉污染的花生、玉米、黄豆、棉籽等作物及其副产品，很容易引起中毒。黄曲霉毒素对人和各种动物都有较强的毒性，其中黄曲霉毒素 B_1 的毒力最强，能诱发鹅等家禽的肝癌。

（2）临床症状　病鹅最初采食减少，生长缓慢、羽毛脱落。腹泻、步态不稳，常见跛行，腿部和脚蹼可出现紫色出血斑点，一周龄以内的雏鹅多呈急性中毒，死前常见有共济失调、抽搐、角弓反张等神经症状，死亡率可达100%。成年鹅通常呈亚急性或慢性经过，精神、食欲不振，排稀便，生长缓慢，有的可见腹围增大。

（3）病理变化　剖检病雏可见胸部皮下和肌肉有出血斑点，肝脏肿大、色淡、有出血斑点或坏死灶，胆囊扩张，肾脏苍白、肿大或有点状出血，胰腺亦有出血点。病死成年鹅可见心包积液，腹腔常有腹水，肝脏颜色变黄，肝硬化，肝实质有坏死结节或有黄豆大小的增生物，严重者肝脏癌变。

（4）防治

① 预防措施。禁喂霉变饲料是预防该病的关键，同时应加强饲料贮存保管，注意保持通风干燥，防止潮湿霉变。用2%次氯酸钠溶液消毒环境，粪便用漂白粉处理。仓库用福尔马林熏蒸消毒。饲料中添加防霉剂，主要有富马酸二甲酯、苯甲酸钠（以0.1%混料）和硅酸铝钠钙水合物（商品名“速净”，以0.1%剂量混料）。

② 发病后的措施。发现鹅有中毒症状时，应立即检查饲料是否发霉，若饲料发霉，立即停喂，改用易消化的青绿饲料。病雏饮用5%葡萄糖水，饲料中补加维生素AD_3粉、维生素B_1、维生素B_2和维生素C，或添加禽用多维素。为避免继发细菌感染，可投喂土霉素等抗菌药物。

二、磺胺类药物中毒

鹅的磺胺类药物中毒是在用磺胺类药物防治鹅只的细菌性疾病过程中，由于应用不当或剂量过大而引起鹅只发生急性或慢性中毒症。其毒害作用主要是损害肾、肝、脾等器官，并导致鹅只发生黄疸、过敏、酸中毒以及免疫抑制等，往往会造成大批鹅只死亡。

（1）病因

① 使用不当。使用磺胺类药物剂量过大，用药时间过长，拌料不均匀。

② 疾病。因磺胺类药物本身在体内代谢较缓慢，不易排泄，当肝、肾有疾患时更易造成在体内的蓄积而导致中毒。

（2）临床症状　急性中毒时主要表现为痉挛和神经症状；慢性中毒时精神沉郁，食欲不振或消失，饮水增加，排稀便，粪便黄色或带血丝，贫血，黄疸，生长缓慢。产蛋禽表现为产蛋明显下降，产软壳蛋和薄壳蛋。

（3）病理变化　剖检表现为出血综合征。出血可发生于皮肤、肌肉及内部器官，也可见于头部、冠髯、眼前房。出血凝固时间延长，骨髓由暗红变为淡红甚至黄色。腺胃及肌胃角质膜下出血，整个肠道有出血斑点。肝、脾肿大，散在出血，有坏死灶。心肌呈刷状出血，肺充血与水肿。肾肿大，肾小管内析出磺胺结晶而造成肾阻塞与损伤，产生尿酸盐沉积。

（4）防治

① 预防措施。使用磺胺类药物时应严格控制使用剂量与疗程，并保证充分供给饮水。投药期间，在饲料中添加维生素 K_3、维生素 B_1，其剂量为正常量的 10～20 倍。

② 发病后的措施。发现中毒后立即停药，大量供水。1%～5%碳酸氢钠溶液适量，自由饮用。或维生素 C 片 25～30 毫克，一次口服，或肌内注射 50 毫克的维生素 C 注射液。饮用车前草和甘草糖水，以促进药物从肾排出。

三、家禽亚硝酸盐中毒

亚硝酸盐中毒是指家禽采食富含亚硝酸盐或亚硝酸饲料造成高铁血红蛋白症，导致组织缺氧的急性中毒病症，以鸭、鹅多发而鸡次之。

（1）病因 由于采食贮藏或加工方法不当的叶菜类饲料以及富含大量亚硝酸盐的秧苗等而引起家畜中毒。如将青绿饲料温水浸泡、文火焖煮以及加热堆放都可导致大量的亚硝酸盐产生。亚硝酸盐能迅速使氧合血红蛋白氧化成高铁血红蛋白，失去载氧能力而引起机体缺氧。亚硝酸盐具有扩张血管的作用，导致外周循环衰竭，更加重组织缺氧、呼吸困难及神经功能紊乱。

（2）临床症状 发病急且病程短，一般在食入后 2 小时内发病。发病时呼吸困难，口腔黏膜和冠髯发紫，并伴有抽搐、四肢麻痹、卧地不起等症状。严重时很快窒息死亡。

（3）病理变化 剖检可见血液不凝固，呈酱油色，遇空气不变成鲜红色。肺内充满泡沫样液体，肝、脾、肾有淤血，消化道黏膜充血。心包、腹腔积水，心房脂肪出血。

有饲喂贮藏、加工和调剂方法不当的饲料病史和典型缺氧症状且血液呈酱油色遇空气不变红色即可诊断。

（4）防治

① 预防措施。不喂堆积、闷热、变质的青绿饲料。贮存青绿饲

料应在阴凉处松散摊放。不喂文火煮熟的青绿饲料，蒸煮过的饲料不宜久放。

② 发病后的措施。更换新鲜饲料，禁止饲喂含亚硝酸盐的饲料。

【方案1】 每只病禽口服维生素C片（100毫克），每天1次，连用2～3天。更换新鲜饲料和清洁饮水。

【方案2】 亚甲蓝2克、95%酒精10毫升、生理盐水90毫升，溶解后每千克体重注射1毫升，同时饮服或腹腔注射25%葡萄糖溶液、5%维生素C溶液。用盐类泻剂加速肠胃内容物排出。

四、有机磷农药中毒

有机磷农药包括敌百虫、对硫磷（1605）、内吸磷（1059）、甲胺磷、马拉松、乐果、杀螟松、敌敌畏、二嗪农、倍硫磷等，是一种接触性剧毒农药，进入鹅体可引起中毒。

（1）病因　禽类因误食施用过有机磷农药的蔬菜、谷类、植物种子或被农药污染过的沟水而引起中毒。农药在舍内供驱虫灭蚊用或超量用含磷药杀灭体外寄生虫等。

（2）临床症状和病理变化　临床表现为肌肉震颤或无力，运动失调，食欲减退或废绝，流涎，流泪，下痢，排血便，昏睡，呼吸困难。冠、肉髯变紫红色，体温下降，抽搐，窒息，倒地死亡。剖检胃内容物有大蒜臭味、胡椒味，胃肠黏膜出血、脱落和溃疡。肝、肾肿大变脆，胆囊胀满。

（3）防治

① 预防措施。妥善保管、贮存和正确使用农药，严禁在禽场附近存放和使用此类农药。使用过农药的农田附近的沟塘和田间，禁止放牧家禽。驱虫时，也应注意选择安全性高的药品。

② 发病后的措施。发现中毒，立即停喂被污染的饲料和饮水。

【方案1】 氯解磷定，鹅肌内或皮下注射0.2～0.5毫升（每毫升含氯解磷定40毫克），只要抢救及时，注射后数分钟症状即有所缓解。也可配合肌内注射硫酸阿托品注射液，鹅注射1毫升（每毫升含硫酸阿托品0.5毫克），以后每隔30分钟服用1片阿托品，一般喂服

2～3次；雏禽可内服阿托品1/3～1/2片，以后按每只1/10片的剂量溶于水饮服，每隔30分钟1次，连用2～3次。

【方案2】早期中毒，可采取嗉囊（食管膨大部）切开术，用0.1%的高锰酸钾冲洗，同时每禽肌注0.5%阿托品溶液0.2～0.5毫升，鹅可注射1毫升。必要时2小时后重复注射1次。

【方案3】经皮肤或口腔中毒者，迅速用5%碳酸氢钠溶液或1%食醋，洗涤皮肤或灌服。

【方案4】对尚未出现症状的，每只鹅口服1毫升阿托品。

五、有机氯农药中毒

有机氯中毒是指家禽摄入有机氯农药引起的以中枢神经机能紊乱为特征的中毒病。有机氯农药包括六六六、滴滴涕（DDT、二二三）、氯丹、碳氯灵等。

（1）病因　用有机氯农药杀灭体表寄生虫时，用量过大或体表接触药物的面积过大，经过皮肤吸收而中毒；采食被该类农药污染的饲料、植物、牧草或拌过农药的种子而引起中毒；饮服了被有机氯农药污染的水而中毒。因这类农药对环境污染和对人类的危害大，我国已停止生产。但还有相当数量的有机氯农药流散在社会，由于管理使用不当，引起家禽中毒。

（2）临床症状和病理变化　急性中毒时，先兴奋后抑制，表现不断鸣叫，两翅扇动，角弓反张，很快死亡。短时间内不死者，则很快转为精神沉郁，肌肉震颤，共济失调，卧地不起，呼吸加快，口鼻分泌物增多，最后昏迷、衰竭死亡。慢性中毒时，常见肌肉震颤，消瘦，多从颈部开始震颤，再扩散到四肢。预后不良。腺胃、肌胃和肠道出血、溃疡或坏死。肝脏肿大、变硬，肾脏肿大、出血，肺脏出血。

（3）防治　禁止鸭鹅到喷洒过有机氯农药的牧地和水域放牧。发病鹅每只肌注阿托品0.2～0.5毫升。若毒物由消化道食入，则用1%石灰水灌服，每只禽10～20毫升。若经皮肤接触而引起中毒，则用肥皂水刷洗羽毛和皮肤。每只禽灌服硫酸钠1～2天，有利于消化道毒物排出。

六、肉毒毒素中毒

该病是由于食入了肉毒梭菌产生的外毒素而引起的急性中毒性疾病。该病特征是全身性麻痹、头下垂、软弱无力，故又称软颈病。

（1）病因　病原为肉毒梭菌，但细菌本身不致病，而是其产生的肉毒毒素，有极强的毒力，对人、畜、禽均有高度致死性。该病多发于温暖的季节，气温高，饲料易腐败，或死鱼烂虾的腐败产生该毒素。当鹅、鸭等水禽吃了这些腐败食物就发生中毒，也可因吃了身体沾上了该毒素的蝇蛆而致病。

（2）临床症状和病理变化　该病潜伏期1～2天，患鹅突然发病，典型的症状是“软颈”，头颈伸直下垂，眼紧闭，翅膀下垂拖地，昏迷死亡。严重病禽羽毛松乱，容易拨落，也是该病的特征性症状之一。该病无特征性病变，一些出血性变化无诊断意义（图11-57）。根据特征性“软颈”麻痹的症状，流行病学调查有吃腐败食物或接触过污水、粪坑等情况，可做出初步诊断。确诊需取病鹅肠内容物的浸出物，接种小白鼠，如在1～2天内发生麻痹即可确诊。

图11-57　肉毒毒素中毒症状和病变

头颈伸直下垂，眼紧闭，两腿瘫软，翅膀下垂（左图）；
十二指肠充血、出血和轻度炎症（右图）

（3）防治　平时禁喂腐败的饲料、死鱼烂虾、粪坑蝇蛆等。同时注意死于该病的尸体仍有极强毒力，仍可致死人或犬等动物，严禁食用或喂动物，务必深埋或销毁。该病无特效治疗药物。肉毒梭菌C型抗毒素，每只注射2～4毫升。硫酸镁2～3克/只加水灌服，加速毒素的排出，同时口服抗生素，抑制肠道菌产生毒素。或用仙人掌洗净、切碎，并按100克仙人掌加入5克白糖，捣烂成泥，每只灌服仙人掌泥3～4克，每天2次，连用2天。

第六节 其他病

一、感冒

（1）病因 感冒是家禽的一种常见疾病，由于气温骤变，家禽突然受寒冷袭击而引起的以呼吸道感染为主的全身发热性疾病，临床上以鼻炎、结膜炎、咳嗽和呼吸增快为特征。多发生于雏禽。

（2）临床症状和病理变化 该病往往是由寒冷的刺激而引起。病禽精神沉郁，体温升高，羽毛松乱，鼻流清涕，眼结膜发红，流泪，打喷嚏，行动迟缓，食欲降低或不吃食，怕冷挤堆，有的因上呼吸道感染或继发支气管炎或肺炎，咳嗽，夜间尤甚，呼吸粗粝，最终因继发肺炎而死亡。剖检可见鼻腔有黏液蓄积，喉部有炎症病变，并有多量黏液，气管内有炎性渗出物积聚，肺充血肿大。

（3）防治 加强饲养管理，做好育雏室的保温工作（32℃左右），饲养密度适中，采光和通风良好，防止贼风侵袭。水禽在外面放养时，要注意天气变化，遇有风雨，特别是严冬遇恶劣天气，要及时赶进舍内避风寒，夏天防止雨淋（尤其是暴风雨）。在饲料中添加少量的鱼肝油或维生素A，可以增强抗病力。发病后阿司匹林，每天每100只病禽用0.5～1克拌料饲喂，连用2～3天。饲料中拌入0.02%的土霉素，连用3～4天；或长效磺胺，首次按每千克体重0.2克，以后减半，每天1次，连用5～7天。

二、鹅喉气管炎

（1）病因 由于鹅受到寒冷刺激及各种有刺激性的气体（如氨

气、二氧化碳等）的刺激，而引起喉及气管的炎症过程。

（2）临床症状和病理变化　临床上以鼻孔有多量黏液流出，呼吸困难，并有“咯咯”的呼吸声为特征。主要表现为鼻有多量黏液流出，喉头有白色黏液附着，常有张口伸颈，呼吸困难，并有“咯咯”的呼吸声，特别是驱赶后表现更为明显。病初精神尚好，食欲时有减退，但喜饮清水；随病情恶化，食欲废绝，体温升高，几天后死亡。剖检可见喉、气管黏膜充血、水肿，甚至有出血点，并有黏液附着。胆汁浓稠，心包积液。

（3）防治　平时要加强饲养管理，防止受寒，保持鹅舍清洁、干燥及通风良好；发病后，每千克体重肌内注射青霉素1万单位，链霉素每千克体重0.01克，每天1～2次，连用3天。或口服土霉素，每只0.1～0.5克，每天1次，连用2～3天。或中草药制剂，柴胡50克、知母50克、金银花50克、连翘50克、枇杷叶50克、莱菔子50克，煎水1000毫升（解表清热、化痰止咳）。1000只4日龄雏鹅拌料早、晚各1次，每日1剂，连用5～7天。

三、中暑

中暑是家禽热射病与日射病的总称。

（1）病因　由于烈日暴晒，环境气温过高导致家禽中枢神经紊乱、心衰猝死的一种急性病。该病常发生于炎热季节，家禽群处于烈日暴晒之下或处于闷热的栏舍中，会突然发生零星的或众多的禽只猝死，且以体型肥胖的禽只易发病。

（2）临床症状和病理变化　该病的特征症状是鹅群突然发病，患鹅一般表现为烦躁不安，战栗，两翅张开，走路摇摆，站立不稳，呼吸急促，体温升高，跌倒在地翻滚，两脚朝天，在水中不时扑打翅膀，最后昏迷、麻痹、痉挛死亡。剖检可见禽大脑实质及脑膜不同程度充血、出血。其他组织亦可见有出血，另外，刚死亡的禽只，其胸腹内温度升高，热可灼手。

（3）防治

① 防暑降温。加强禽舍内通风换气，有条件的可安装排气扇、吊扇，增加空气流通速度，保证室内空气新鲜；在禽舍周围栽阔叶树

木遮阴或搭盖阴棚，窗户上也要安装遮阳棚，避免阳光直射；每天向禽舍房顶喷水或向鹅体喷雾 1～2 次（下午 2 时左右，晚上 7 时左右），有防暑降温之效。

② 充分供应饮水。高温季节家禽饮水量是平时的 7～8 倍，要保证饮水的供应。为有效控制热应激发生，可在饮水中加入 0.15%～0.30%氯化钾、0.5%小苏打（碳酸氢钠）和按 150～200 毫克/千克的比例添加维生素 C。

③ 调整营养结构。适当调整饲料营养水平，在饲料中添加 2%～3%脂肪，可提高家禽的抗应激能力。在产蛋禽日粮中加喂 1.5%动物脂肪（需同时加入乙氧喹类等抗氧化剂），能改善饲料适口性，提高产蛋率和饲料转化率；提高日粮中甲硫氨酸和赖氨酸含量；加倍补充 B 族维生素和维生素 E，可增强家禽的抗应激能力。同时，在饲料中添加 0.004%～0.01%杆菌肽锌，可降低热应激，提高饲料转化率。

④ 药物保健。添加大蒜素。大蒜素具有抗菌杀虫、促进采食、帮助消化和激活动物免疫系统的作用，可在饲料中按说明添加使用。此外，将生石膏研成细末，按 0.3%～1%混饲，有解热清火之效。添加中药，方剂：滑石 60 克、薄荷 10 克、藿香 10 克、佩兰 10 克、苍术 10 克、党参 15 克、金银花 10 克、连翘 15 克、栀子 10 克、生石膏 60 克、甘草 10 克，粉碎过 100 目筛混匀，以 1%比例混料，每日上午 10 时喂给，可清热解暑，缓解热应激。

⑤ 加强饲养管理。坚持每天清洗饮水设备，定期消毒。及时清理禽粪，消灭蚊蝇。改进饲喂方式，以早晚进行饲喂为主。减少对家禽的惊扰，控制人员、车辆出入，防止病原菌传入。放牧应早出晚归，并选择凉爽的地方放牧。

⑥ 发病后的措施。鹅群一旦发生中暑，应立即进行急救，把鹅赶入水中降温，或赶到阴凉的地方，给予充足清洁饮水，并用冷水喷淋头部及全身；个别患禽还可放在冷水里短时间浸泡。

【方案 1】喂服酸梅加冬瓜水或 3%～5%红糖水解暑。少量鹅发病时，可口服 2%～3%冷盐水，也可用冷水灌肠（如家禽体温很高，不宜降温太快）。

【方案 2】 病重的小鹅每只可喂仁丹半粒和针刺翼脉穴、脚盘穴。

【方案 3】 中暑严重的鹅可放脚趾静脉血数滴。不定时让家禽饮用 5%～10%绿豆糖水和维生素 C 溶液。

【方案 4】 甘草、鱼腥草、金银花、生地、香薷各等份煎水内服，按每只鹅 0.5 克干品的剂量，每天一剂，连服两剂。

【方案 5】 藿香、金银花、板蓝根、苍术、龙胆草各等份混合研末（消暑散），按 1%的比例添加到饲料中。

【方案 6】 甘草 3 份、薄荷 1 份、绿豆 10 份，煎汤让鹅自由饮服。

四、禽输卵管炎

（1）病因　饲喂过多的动物性饲料，饲料中缺乏维生素 A、维生素 D、维生素 E，产过大的双黄蛋，卵在输卵管中破裂，细菌侵入等均可引起该病。

（2）临床症状和病理变化　主要症状是排出黄白色脓样分泌物，污染肛门周围的羽毛。产蛋困难有痛感，蛋壳上常带有血迹。随着病程发展，疼痛不安，体温升高，有时呈昏睡状，常卧地不起，走路腹部着地。炎症蔓延可引起腹膜炎。该病常继发输卵管脱垂、蛋滞。

（3）防治　搞好环境卫生和消毒工作，保证饲料中充足的维生素供给，做好禽流感、传染性支气管炎和新城疫等疾病预防工作。发现病鹅隔离饲养，及时检查，并助产。用 0.5%高锰酸钾、0.01%新洁尔灭或 3%硼酸溶液或普息宁 1∶100 稀释冲洗泄殖腔和输卵管，然后注入青霉素和链霉素或用土霉素拌料喂服禽群。

五、泄殖腔外翻（脱肛）

泄殖腔外翻主要是指输卵管或泄殖腔翻出肛门之外造成的一种疾患，初产或高产母禽易发生此病。

（1）病因

① 营养因素。蛋白质含量过高、喂料过多、维生素缺乏，使产蛋多或大，产蛋时用力过度造成脱肛。

② 管理因素。饲养密度过大，通风不良，饮水不足，光照不合

理，地面潮湿，卫生条件差，泄殖腔发炎等造成脱肛。

③ 疾病因素。患胃肠炎或其他病导致腹泻，产蛋时用力过度而脱肛。

④ 应激因素。惊吓、响声对产蛋禽是超强刺激，使输卵管外翻不能复位而脱肛。

（2）临床症状和病理变化　病初肛门周围的绒毛湿润，从肛门流出白色或黄色黏液，随后呈肉红色的泄殖腔脱出肛门外，颜色渐变为暗红色，甚至紫色，粪便难于排出。脱出部分发炎、水肿甚至溃烂，脱出物常引起其他禽啄食，病禽最后死亡。

（3）防治　注意饲养密度和舍温适宜，通风良好，给水充足，及时清除粪便，保持地面干燥，在日粮中增加维生素和矿物质。发现病禽，及时隔离，防止啄食。发病后治疗方法如下。

【方案 1】外翻泄殖腔用0.1%高锰酸钾或硼酸水或明矾水冲洗，涂布消炎软膏，并以消毒纱布托着缓慢送回，然后进行肛门烟包缝合，保持3～5天。

【方案 2】用1%普鲁卡因溶液清洗外翻泄殖腔，并于肛门周围作局状麻醉，以减少发炎和疼痛，减少努责，避免再度外翻。或整复后倒吊1～2小时，内服补中益气丸，每次15～20粒，每天1～2次，连用数日。

六、难产

母禽产蛋过程中，超过正常时间不能将蛋产出时，称为难产。鸡、鸭、鹅等均可发生。

（1）病因　主要原因是输卵管炎，或蛋过大，或输卵管狭窄、扭转或麻痹；因啄肛而造成的肛门瘢痕、输卵管脓肿等，也可造成禽的难产。

（2）临床症状和病理变化　难产母禽主要表现为羽毛逆立，起卧不安，频繁努责，全身用力做产蛋动作却又产不出蛋。有时蜷曲于窝内，呼吸急促。站立后可见到后腹部膨大，向下脱垂。触诊此处可明显感觉到有蛋。

（3）防治　注重禽群培育期的骨骼发育；保持饲料中适量的蛋白

质和减少输卵管炎症。发病后，泄殖腔内注入 10 毫升液体石蜡，再由前向后逐渐挤压，也可将手伸入泄殖腔，将蛋挤碎，使内容物流出，再抠出蛋壳，并在输卵管中注入 40 万单位青霉素。

七、皮下气肿

皮下气肿是幼鹅的一种常见外伤性疾病。

（1）病因　多见于粗暴捕捉使颈部气囊及腹部气囊破裂；也可因尖锐异物刺破气囊或乌喙骨和胸骨等有气腔的骨骼发生骨折，使气体积聚于皮下，造成皮下气肿。该病多发于 1～2 周龄的幼禽，常发生颈部皮下气肿，俗称“气脖子”或“气嗉子”。

（2）临床症状和病理变化　颈部气囊破裂时，可见颈部羽毛逆立，颈的基部或整个颈部气肿，以致头部和舌系带下部出现鼓气泡。腹部气囊破裂或颈部气体向下蔓延时，可见胸腹围增大，皮肤紧张，叩诊呈鼓音。如延误治疗，则气肿继续增大，病鹅精神沉郁，呆立，呼吸困难，饮欲、食欲废绝，衰竭死亡。该病无其它明显病变，仅见气肿部皮下充满气体。根据该病特殊的症状不难做出诊断。

（3）防治　主要是避免粗暴捉鹅和鹅群拥挤、摔伤和踩伤。发病后，刺破膨胀皮肤，放出气体。注意须多次放气，或用烧红的烙铁在膨胀部烙个缺口，使伤口暂不愈合而持续放气，患鹅可逐渐自愈。

八、异食癖

鹅异食癖也称恶食癖或啄癖，是鹅的一种因多种原因引起的代谢机能紊乱性综合征，表现有摄食通常认为无营养价值或根本不应该吃的东西的癖好，如食羽、食蛋、食粪等。

（1）病因　异食癖的原因非常复杂，常常找不到确定的原因，被认为是综合性因素的结果。

① 日粮营养成分缺乏、不足或其比例失调。日粮中蛋白质和某些必需氨基酸如赖氨酸、甲硫氨酸、色氨酸等缺乏或不足；日粮缺乏某些矿物质或矿物质不平衡，如钠、钙、磷、硫、锌、锰、铜等，尤其钠、锌等缺乏可引起味觉异常，引起异食。饲料中某些维生素的缺乏与不足，尤其是维生素 A、维生素 D 及 B 族维生素缺乏，如维生

素 B_{12}、叶酸等的缺乏可引起食粪癖。

② 饲养管理不当。如饲养密度过高，光线过强，噪声过大，环境温度、湿度过高或过低，混群饲养，外伤，过于饥饿等。

③ 疾病。继发于一些慢性消耗性疾病，如寄生虫病或泄殖腔炎、脱肛、长期腹泻等疾病。

（2）临床症状和病理变化　根据异食癖发生的类型不同表现不一样。食肛则肛门周围破裂、流血，严重的肠道或子宫也可被拖出肛门外，可引起死亡；食羽则背部常无毛，有的留有羽根，皮肤出血破损；另有表现啄食蛋，啄食地面水泥、墙上石灰，啄食粪便等嗜好的。啄癖往往首先在个别鹅发生，以后迅速蔓延。

（3）防治

① 预防措施。加强饲养管理，使用全价日粮，保证良好的环境条件。注意纠正不合理的饲养管理方法，积极治疗某些原发性疾病。

② 发病后的措施。发现啄癖后，首先隔离“发起者”和“受害者”，然后采取综合分析的办法尽快找出原因，采取缺什么补什么的措施。对肛门出血的被啄鹅，可用 0.1%高锰酸钾溶液洗患部后涂磺胺软膏。

【方案 1】啄羽癖可增加蛋白质的喂量，增喂含硫氨基酸、维生素、石膏等。啄蛋癖者若以食蛋壳为主，要增加钙和维生素 D；若以食蛋清为主，要增加蛋白质；若蛋壳和蛋清均食，要同时添加蛋白质、钙和维生素 D。

【方案 2】可采用 2%氯化钠饮水，每日半天，连用 2～3 天；饲料中添加生石膏粉，每天每只鹅 0.5～3 克，连用 3～4 天；饲料中添加 1%小苏打，连用 3～5 天等。

【方案 3】饲料中添加 3%～4%羽毛粉，连续饲喂 1～2 周。

九、公鹅生殖器官疾病

（1）病因　公鹅在寒冷天气配种，阴茎伸出后被冻伤，不能内缩，因而失去配种能力；也有的因公、母比例不当，公鹅长期滥配而过早地失去配种能力；再者，在水里配种时，阴茎露出后被蚂蟥咬伤，使阴茎受到感染发炎而失去配种能力。

（2）临床症状　公鹅生殖器官疾病的表现是阴茎露出后不能缩回，阴茎红肿，甚至感染化脓。如因交配频繁，则露出阴茎呈苍白色，久之变成暗红色。公鹅阳痿者，则虽有爬跨，但阴茎伸不出来，无法交配。

（3）防治　合理调整公、母配种比例，一般应为1∶4～1∶6。另外，在母鹅产蛋期到来之前，提早给公鹅补料。发病后，淘汰阳痿和阴茎已呈暗红色的鹅。当阴茎受冻垂出在外，不能缩回时，应及时用温水温敷，或用0.1%高锰酸钾温热溶液冲洗干净，涂以抗生素软膏或三黄软膏，并矫正其位置。

十、卵黄性腹膜炎

卵黄性腹膜炎（鹅蛋子瘟）主要发生于产蛋鹅，尤其是产蛋高峰期，由于其具有较低的抗病力，更容易暴发卵黄性腹膜炎。

（1）病因　病毒性传染病（小鹅瘟、禽流感、黄病毒病等）、细菌性传染病（大肠杆菌病、产气荚膜梭菌病、沙门菌病、巴氏杆菌病等）、其他发热性疫病、应激因素（各种原因导致的惊群、炸群等）、其他因素（强烈冲击性外力导致腹压过大等）。

（2）临床症状　患病鹅初期精神萎靡，食欲不振，嗜睡，产蛋率由原来的85%下降至70%。随着病情发展，病鹅产软壳蛋、畸形蛋、沙皮蛋等，有的甚至停产，卧地不动，羽毛蓬乱、无光泽，肛门周围羽毛上糊满了带有蛋清或蛋黄碎块的黏性排泄物。大部分病鹅出现体温升高，排稀糊状粪便，脱水、消瘦、眼球下陷，喙、蹼发黄及干燥等全身症状，发病后期常衰竭死亡，病程一般2～4天。

（3）病理变化　可见大部分鹅腹膜及输卵管呈弥漫性出血，有的输卵管与肠系膜粘连、坏死，腹腔有大量散在绿豆粒至玉米粒大小的卵黄，腹膜上也有淡黄色污浊恶臭的液体和破碎的卵黄，未成熟的卵子呈凝结状干酪样物（图11-58）。

（4）诊断　通常可根据具体的发病时间、临床症状和尸检病变进行诊断。如有必要，应使用腹部渗出物进行涂片、染色和显微镜检查或细菌分离。

（5）防治　加强产蛋期的饲养管理和监测，做好繁殖期繁殖环境的卫生和消毒工作。

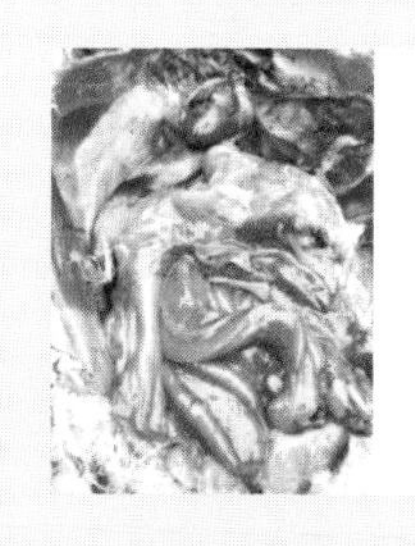  

图 11-58 鹅蛋子瘟病变

打开腹腔有腐臭，有破裂的卵黄（左图）；卵黄变色、变性、变形（中图）；肠道颜色变黑，腹腔内有大量干酪样物，泄殖腔内有含蛋清碎块的黏性排泄物（右图）

免疫接种：①鹅蛋子瘟氢氧化铝甲醛灭活菌苗，母鹅开产前1个月，每只成年公母鹅胸肌注射1毫升，每年1次，可有效预防该病的发生；②鹅蛋子瘟多价灭活疫苗，雏鹅颈部皮下注射0.3毫升/只，青年鹅、成年鹅、种鹅，胸肌注射1毫升/只。

药物治疗。将病鹅及疑似病鹅全部隔离饲养，未发病鹅公母分开饲养。病鹅每只肌内注射安普霉素15毫克，每天1次，连续5天。全群混饮氟苯尼考，每1克加水6千克，自由饮用，连用3～5天。中药：黄连20克、黄芩30克、黄柏30克、白头翁30克、紫花地丁30克、板蓝根30克、穿心莲20克、赤芍40克、藿香20克、雄黄5克、木通50克、知母30克、甘草30克，混合粉碎按1%比例混合饲料，饲喂3～5天。

参考文献

[1] 韦光辉，牛可可，魏刚才．生态养鹅实用新技术[M]．郑州：河南科学技术出版社，2017.

[2] 魏刚才，李学斌．规模化鹅场兽医手册[M]．北京：化学工业出版社，2013.

[3] 陈鹏举，贺桂芬，司红彬．鸭鹅病诊治原色图谱[M]．郑州：河南科学技术出版社，2012.

[4] 焦库华，王志强，庄国宏．水禽常见病防治图谱[M]．上海：上海科学技术出版社，2005.

[5] 刁有祥．鹅病图鉴[M]．北京：中国农业科学技术出版社，2019.

[6] 魏刚才，齐永华．鸭鹅科学安全用药指南[M]．北京：化学工业出版社，2012.